AUGUSTINE

Confessions

I

Introduction and Text

JAMES J. O'DONNELL

CLARENDON PRESS · OXFORD

1992

Oxford University Press, Walton Street, Oxford OX2 6DP

Oxford New York Toronto
Delhi Bombay Calcutta Madras Karachi
Petaling Jaya Singapore Hong Kong Tokyo
Nairobi Dar es Salaam Cape Town
Melbourne Auckland
and associated companies in
Berlin Ibadan

Oxford is a trade mark of Oxford University Press

Published in the United States
by Oxford University Press, New York

British Library Cataloguing in Publication Data
Data available

Library of Congress Cataloging in Publication Data
Augustine, Saint, Bishop of Hippo. [Confessiones]
Confessions/Augustine; [commentary by] James J. O'Donnell.
Latin text with English commentary.
Includes bibliographical references and indexes.
Contents: 1. Introduction and text—2. Commentary on Books 1–7—
3. Commentary on Books 8–13; Indexes.
1. Augustine, Saint, Bishop of Hippo. 2. Christian saints—
Algeria—Hippo—Biography. 3. Catholic Church—Algeria—Hippo—
Bishops—Biography. 4. Hippo (Algeria)—Biography. I. O'Donnell,
James Joseph, 1950– . II. Title.
BR65.A6 1992   242—dc20   92—12361
ISBN 0—19—814378—8 (v. 1)

Typeset by Joshua Associates Ltd., Oxford
Printed in Great Britain by
Bookcraft (Bath) Ltd., Midsomer Norton

Contents

VOLUME III

Abbreviations and References

[1] [2] [3] indicate elements in triads of terms or names representing persons of the trinity; see vol. ii, 48 n 17.

THE WORKS OF AUGUSTINE

See Introduction, pp. lxv–lxix.

MANUSCRIPTS

S Rome, Biblioteca Nazionale Centrale, Sessorianus 55. Late 6th cent.
O Paris, Bibliothèque Nationale, lat. 1911. Early 9th cent.
P Paris, Bibliothèque Nationale, lat. 1912. Early 9th cent.
C Paris, Bibliothèque Nationale, lat. 1913. Mid-9th cent.
D Paris, Bibliothèque Nationale, lat. 1913A. Mid-9th cent.
E Paris, Bibliothèque Nationale, lat. 12191. Late 9th–early 10th cent.
G Paris, Bibliothèque Nationale, lat. 12193. 9th/10th cent.
A Stuttgart, Württembergische Landesbibliothek, HB. vii. 15. End 9th cent.
H Paris, Bibliothèque Nationale, lat. 122224. Mid-9th cent.
V Vatican City, Biblioteca Apostolica Vaticana, Vat. lat. 5756. Late 9th cent.

See also Introduction, pp. lvi–lvii.

EDITIONS AND TRANSLATIONS

Editions (cited by editor's last name except where abbr. is indicated)

J. Amerbach (Basle, 1506)
Erasmus (Basle, 1528)
T. Gozaeus and J. Molanus (Louvain, 1576)   [Louvain]
Benedictines of St Maur (Paris, 1679), repr. with minor alterations in *PL* 32 (1845)   [Maur.]
E. B. Pusey (Oxford, 1838)
Raumer (Gütersloh, 1855)
J. Gibb and W. Montgomery (Cambridge, 2nd edn., 1927; repr. New York, 1979)   [G–M]
P. Knöll (*CSEL* 33; Vienna, 1896); I occasionally quote (and specify) his ed. min. (Leipzig, 1898)

F. Ramorino (Rome, 1909)

P. de Labriolle (Paris, 1925–6)

M. Skutella (Leipzig, 1934; from the revision by Juergens–Schaub, Stuttgart, 1969)   [Skut.]

A. C. Vega (*Biblioteca de autores cristianos*, 11; Madrid, fifth edn., 1968)

Bibliothèque Augustinienne (*BA* 13–14; Paris, 1962: reprinting Skutella, with annotation by A. Solignac)   [*BA*]

M. Pellegrino (*Nuova Biblioteca Agostiniana*; Rome, 1975): this edition is mainly a reprinting of Skutella, noted only for a few divergences; the translation is cited as 'Carena'—see below under Translations   [Pell.]

L. Verheijen (*CCSL* 27; Turnhout, 1981)   [Ver.]

Translations (*cited by translator's last name*)

J. K. Ryan (Image Bks., New York, 1960)

R. S. Pine-Coffin (Penguin, Harmondsworth and New York, 1961)

E. B. Pusey (repr. Everyman Library, London, 1962)

J. Bernhart (Munich, 1955; repr. Insel, Frankfurt-am-Main, 1987)

Bibliothèque Augustinienne (Paris, 1962; see above under Editions—the translation is by E. Tréhorel and G. Boissou)

R. Warner (New York, 1963)

A. C. Vega (Madrid, 1968; see above under Editions)

C. Carena (Rome, 1975; see above under Editions)

Professor Henry Chadwick's version (Oxford, 1991) reached me only after the completed manuscript had been sent to the Press.

BOOKS AND PERIODICALS

For bibliographical guidance, the reader should consult the volumes of the *Fichier augustinien* (Boston, 1970–), which incorporate and systematize, and are in turn supplemented by, the annual bibliographical bulletins that appear in the *Revue des études augustiniennes*. As the *Augustinus-Lexikon* fascicles appear, they too will have valuable bibliography; a computerized bibliography prepared in Würzburg is also promised. The works listed below are by and large those most important and generally useful for the student going further. In general, titles of articles are omitted. The latest edition noted is the one actually consulted by me.

AHDLMA	*Archives d'histoire doctrinale et littéraire du moyen âge* (Paris, 1926–)
AJP	*American Journal of Philology*
Alfaric	P. Alfaric, *L'Évolution intellectuelle de saint Augustin* (Paris, 1918)

ALMA	*Archivium Latinitatis Medii Aevi*
Arts	M. R. Arts, *The Syntax of the Confessions of Saint Augustine* (Washington, DC, 1927)
Atti 1986	*Congresso internazionale su s. Agostino nel XVI centenario della conversione* (*Roma, 15–20 settembre 1986*), *Atti* (Rome, 1987)
Aug.-Lex.	*Augustinus-Lexikon* (Basel, 1985–)
Aug. Mag.	*Augustinus Magister* (Paris, 1954)
BA	Bibliothèque augustinienne
Brown	P. Brown, *Augustine of Hippo* (London and Berkeley, 1967)
Brown, *Body and Society*	P. Brown, *The Body and Society* (New York, 1988)
Burnaby	J. Burnaby, *Amor Dei* (London, 1938)
CCSL	*Corpus Christianorum, Series Latina*
CL	Classical Latin
CLA	E. A. Lowe, *Codices Latini Antiquiores* (Oxford, 1934–72)
Courcelle, *LLW*	P. Courcelle, *Late Latin Writers and Their Greek Sources* (trans. H. Wedeck; Cambridge, Mass., 1969)
Courcelle, *Recherches*	P. Courcelle, *Recherches sur les Confessions de saint Augustin* (Paris, 1950; 2nd edn. Paris, 1968)
Courcelle, *Les Confessions*	P. Courcelle, *Les Confessions de saint Augustin dans la tradition littéraire* (Paris, 1963)
CQ	*Classical Quarterly*
CRAI	*Comptes rendus de l'Académie des Inscriptions et Belles-Lettres*
CSEL	*Corpus Scriptorum Ecclesiasticorum Latinorum*
DACL	*Dictionnaire d'archéologie chrétienne et de liturgie* (1907–53)
Decret, *Aspects*	F. Decret, *Aspects du manichéisme dans l'Afrique romaine* (Paris, 1970)
Decret, *L'Afrique*	F. Decret, *L'Afrique manichéene* (ive–ve siècles) (Paris, 1978)
De Marchi	V. De Marchi, 'De nonnullis Augustini Confessionum locis', *Rendiconti dell'Istituto Lombardo, Classe di Lettere, Scienze morali et storiche* 96 (1962), 310–16
Dulaey	M. Dulaey, *Le Rêve dans la vie et la pensée de saint Augustin* (Paris, 1973)
du Roy	O. du Roy, *L'Intelligence de la foi en la trinité selon*

	saint Augustin: Genèse de sa théologie trinitaire jusqu'en 391 (Paris, 1966)
Frend, *Donatist Church*	W. H. C. Frend, *The Donatist Church* (Oxford, 1951)
GRBS	*Greek, Roman and Byzantine Studies*
Guardini	R. Guardini, *The Conversion of Augustine* (London, 1960)
Hagendahl	H. Hagendahl, *Augustine and the Latin Classics* (Göteborg, 1967)
Hrdlicka	C. L. Hrdlicka, *A Study of the Late Latin Vocabulary and of the Prepositions and Demonstrative Pronouns in the Confessions of St. Augustine* (Washington, DC, 1931)
HSCP	*Harvard Studies in Classical Philology*
HThR	*Harvard Theological Review*
Isnenghi	A. Isnenghi, 'Textkritisches zu Augustins "Bekenntnissen"', *Augustiniana* 15 (1965), 5–31
Jones, *LRE*	A. H. M. Jones, *The Later Roman Empire 284–602: A Social, Economic, and Administrative Survey* (Oxford, 1964)
JRS	*Journal of Roman Studies*
JThS	*Journal of Theological Studies*
Keil	H. Keil, *Grammatici Latini* (Leipzig, 1857–80; repr. Hildesheim, 1961)
Knauer	G. N. Knauer, *Psalmenzitate in Augustins Konfessionen* (Göttingen, 1955; repr. in his *Three Studies*, New York, 1987)
Kunzelmann	A. Kunzelmann, 'Die Chronologie der Sermones des Hl. Augustinus', *MA* 2. 417–520
Kusch	H. Kusch, 'Studien über Augustinus', *Festschrift Franz Dornseiff* (Leipzig, 1953), 124–200
La Bonnardière, *Recherches*	A.-M. La Bonnardière, *Recherches de la chronologie augustinienne* (Paris, 1965)
La Bonnardière, *Biblia Augustiniana*	A.-M. La Bonnardière, *Biblia Augustiniana* (Paris, 1960–)
	1960 Livres historiques
	1964 Épître aux Thessaloniciens, à Tite et à Philémon
	1964 Douze petits prophètes
	1967 Deutéronome
	1970 Livre de la Sagesse

1972 Livre de Jérémie
1975 Livre des Proverbes

Lawless, *Rule*	G. Lawless, *Augustine of Hippo and his Monastic Rule* (Oxford, 1987)
Lectio I–II, III–V, VI–IX, X–XIII	*'Le Confessioni' di Agostino d'Ippona: Lectio Augustini: Settimana Agostiniana Pavese* (Palermo, 1984–7)
LHS	M. Leumann, J. B. Hofmann, and A. Szantyr, *Lateinische Syntax und Stilistik* (Munich, 1972)
Lieu, *Manichaeism*	S. N. C. Lieu, *Manichaeism* (Manchester, 1985)
MA	*Miscellanea Agostiniana* (Rome, 1930)
Madec, *Saint Ambrose*	G. Madec, *Saint Ambroise et la philosophie* (Paris, 1974)
Mandouze	A. Mandouze, *Saint Augustin: L'Aventure de la raison et de la grâce* (Paris, 1968)
Mandouze, *Pros. chr.*	A. Mandouze, *Prosopographie chrétienne du Bas-Empire*, 1. *Afrique (303–533)* (Paris, 1982)
Marrou	H.-I. Marrou, *Saint Augustin et la fin de la culture antique* (4th edn., Paris, 1958)
Mayer, *Zeichen*, 1	C. P. Mayer, *Die Zeichen in der geistigen Entwicklung und in der Theologie des jungen Augustinus* (Würzburg, 1969)
Mayer, *Zeichen*, 2	C. P. Mayer, *Die Zeichen in der geistigen Entwicklung und in der Theologie Augustins*, 2. *Die antimanichäische Epoche* (Würzburg, 1974)
MEFR	*Mélanges d'archéologie et d'histoire de L'École Française de Rome*
Meijering	E. P. Meijering, *Augustin über Schöpfung, Ewigkeit und Zeit: Das elfte Buch der Bekenntnisse* (Leiden, 1979)
Milne	C. H. Milne, *A Reconstruction of the Old Latin Text or Texts of the Gospels used by Saint Augustine* (Cambridge, 1926)
O'Daly	G. J. P. O'Daly, *Augustine's Philosophy of Mind* (London and Berkeley, 1987)
OLD	*Oxford Latin Dictionary*
O'Meara	J. J. O'Meara, *The Young Augustine* (London, 1954; corr. repr. 1980)
Otto, *Sprichwörter*	A. Otto, *Die Sprichwörter und sprichwörtlichen Redensarten der Römer* (Leipzig, 1890; repr. Hildesheim, 1962)

Pellegrino, *Les Confessions*	M. Pellegrino, *Les Confessions de saint Augustin* (Paris, 1960)
Perler	O. Perler (with J.-L. Maier), *Les voyages de saint Augustin* (Paris, 1969)
Pincherle, *Formazione teologica*	A. Pincherle, *La formazione teologica di Sant' Agostino* (Rome, n.d. [1947])
PLRE	A. H. M. Jones *et al.* (eds.), *Prosopography of the Later Roman Empire*, i–ii (Cambridge, 1971–80)
Poque, *Le langage symbolique*	S. Poque, *Le langage symbolique dans la prédication d'Augustin d'Hippone: Images héroïques* (Paris, 1984)
RA	*Recherches augustiniennes*
REA	*Revue d'études anciennes*
REAug	*Revue des études augustiniennes*
REL	*Revue d'études latines*
RHR	*Revue de l'histoire des religions*
RMAL	*Revue du moyen âge latin*
Rousselle, *Porneia*	A. Rousselle, *Porneia* (Oxford, 1988)
RTAM	*Recherches de théologie ancienne et médiévale*
SDHI	*Studia et Documenta Historiae et Iuris*
Signum Pietatis	A. Zumkeller (ed.), *Signum Pietatis: Festgabe... C. P. Mayer* (Würzburg, 1989)
SLA	W. Hensellek *et al.* (eds.), *Specimina eines Lexicon Augustinianum* (Vienna, 1987–)
Sorabji, *Time*	R. Sorabji, *Time, Creation and the Continuum: Theories in Antiquity and the Early Middle Ages* (Ithaca, 1983)
Souter	A. Souter, *A Glossary of Later Latin* (Oxford, 1949)
TAPA	*Transactions of the American Philological Association*
TeSelle	E. TeSelle, *Augustine the Theologian* (New York, 1970)
Testard	M. Testard, *Saint Augustin et Cicéron* (Paris, 1958)
Theiler, *P.u.A.*	W. Theiler, *Porphyrios und Augustin* (Halle, 1933; repr. in his *Forschungen zum Neuplatonismus* (Berlin, 1966), 160–248)
TLL	*Thesaurus Linguae Latinae*
TU	Texte und Untersuchungen
van Bavel	T. J. van Bavel, *Recherches sur la christologie de saint Augustin: L'Humain et le divin dans le Christ*

	d'après saint Augustin (Fribourg, Switzerland, 1954)
van der Meer	F. van der Meer, *Augustine the Bishop* (London, 1961)
Verbraken	P. Verbraken, *Études critiques sur les sermons authentiques de saint Augustin* (Steenbrugge and the Hague, 1976) [Where no further reference is given it may be assumed that 'ad loc.' is implied, referring to V.'s catalogue of A.'s sermons at his pp. 53–196]
Verheijen, *Eloquentia Pedisequa*	[L.] M. J. Verheijen, *Eloquentia Pedisequa* (Nijmegen, 1949)
Vg.	R. Weber, *Biblia Sacra iuxta vulgatam versionem* (3rd edn., Stuttgart, 1983)
VL (Beuron)	*Vetus Latina: Die Reste der lateinischen Bibel* (Freiburg, 1951–) ['VL' alone indicates a reading attributed to pre-Vulgate Latin scripture for a book of scripture not yet treated by Beuron]
Warns	G.-D. Warns. I thus refer to several unpublished papers preliminary to a Berlin dissertation that Herr Warns has been kind enough to allow me to see
Weber, *Psautier Romain*	R. Weber, *Le Psautier Romain et les autres anciens Psautiers latins* (Rome, 1953)
Zarb	S. Zarb, *Chronologia operum s. Augustini secundum ordinem Retractationum digesta* (Rome, 1934)
ZPE	*Zeitschrift für Papyrologie und Epigraphik*

INTRODUCTION

confessionum mearum libri tredecim et de malis et de bonis meis
deum laudant iustum et bonum atque in eum excitant humanum
intellectum et affectum. interim quod ad me attinet, hoc in me
egerunt cum scriberentur et agunt cum leguntur. quid de illis alii
sentiant, ipsi viderint; multis tamen fratribus eos multum placuisse
et placere scio.

(retr. 2. 6. 1)

quotiens confessionum tuarum libros lego inter duos contrarios
affectus, spem videlicet et metum, laetis non sine lacrimis legere
me arbitrer non alienam sed propriam meae peregrinationis
historiam.

(Petrarca, *secretum*)

Hier ist des *Säglichen* Zeit, *hier* seine Heimat.
Sprich und Bekenn.

(Rilke, *Duineser Elegien* 9. 42–3)

deus semper idem,
noverim me,
noverim te.

(sol. 2. 1. 1)

'He who makes the truth comes to the light.'[1] The truth that Augustine made[2] in the *Confessions* had eluded him for years. It appears before us as a trophy torn from the grip of the unsayable after a prolonged struggle on the frontier between speech and silence. What was at stake was more than words. The 'truth' of which Augustine spoke was not merely a quality of a verbal formula, but veracity itself, a quality of a living human person.[3] Augustine 'made the truth'—in this sense, became himself truthful—when he found a pattern of words to say the true thing well. But both the 'truth' that Augustine made and the 'light' to which it led were for him scripturally guaranteed epithets of Christ, the pre-existent second person of the trinity. For Augustine to write a book, then, that purported to make truth and seek light was not merely a reflection upon the actions of his life but pure act itself, thought and writing become the enactment of ideas.[4]

Behind this fundamental act of the self lay powerful and evident anxieties—evident on every page. Augustine is urgently concerned with the right use of language, longing to say the right thing in the right way. The first page of the text is a tissue of uncertainty in that vein, for to use language wrongly is to find oneself praising a god who is not God. The anxiety is intensified by a vertiginous loss of privacy. Even as he discovers that he possesses an interior world cut off from other people,

[1] John 3: 21, as echoed by A. at 10. 1. 1.

[2] The translation may seem deliberately tendentious: for the Greek ὁ δὲ ποιῶν τὴν ἀλήθειαν and the Latin 'qui autem facit veritatem', English translations prefer 'he who *does* the truth' (and Luther: 'Wer aber die Wahrheit *tut*'). What 'doing the truth' might mean is anybody's guess, and the phrase is probably preferred out of fear of the implication in 'making truth' that the truth does not exist until it is made.

[3] 'Truth' in our sense is not a native concept in any of the languages of our tradition. English *true* begins in Germanic as a physical description (of the wood at the centre of a tree trunk), becomes a moral description (of a faithful man—that sense persists as the meaning of German *treu*), and only eventually becomes a metaphysical or ontological category. (German itself borrows *verus* from Latin and makes it *wahr* to do duty in our sense of 'true.') Latin *verus* (cf. *OLD*) follows a similar development, where 'real, genuine, authentic' is the original meaning, and 'consistent with fact' only much later. Greek ἀληθής, the original, tells a similar story. These etymological facts betray a fundamental fault-line in Western thought, between being and discourse, reality and truth. A.'s Christianity represents a mighty effort at bringing the two into harmony, and the rejection of that Christianity leaves moderns to face again the unbridged chasm, the inexhaustible subject of contemporary literary theorists; the essay of J. Kristeva, 'Le vréel' (translated as 'The True-Real', *The Kristeva Reader* (New York, 1986), 214–37), defines the issue with unusual clarity.

[4] C. Mohrmann, *RA* 1 (1958), 34: 'Toutefois, la parole n'est pas seulement, pour lui, moyen de communication avec les hommes. On n'a qu'à lire les *Confessions* pour constater à quel degré l'expression verbale est un facteur essentiel de sa vie spirituelle.'

he realizes that he lies open before God: there is nowhere to hide, nowhere to flee.

Anxiety so pervades the *Confessions* that even the implicit narrative structure is undermined. When on the first page we hear that the heart is restless until there is repose in God, the reasonable expectation is that the text will move from restlessness to rest, from anxiety to tranquillity. In some ways that is true: on baptism care flies away,[5] and the last page looks forward to the tranquillity of endless praise in heaven. But the conversion story leaves the Augustine of this text far more uneasy than we might have expected. The proper culmination for an optimistic *Confessions* would be mystic vision as fruit of conversion (see introductory note to Bk 10). But instead the last half of Bk. 10 and the whole of Bks. 11 to 13—not incidentally the parts of the work that have most baffled modern attempts to reduce the text to a coherent pattern—defy the expected movement from turmoil to serenity and show an Augustine still anxious over matters large and small. It is unclear at what date it became possible, or necessary, for Augustine to endure that continuing tension. At the time of the events narrated in the first nine books he surely expected more repose for his troubles.

The book runs even deeper than that. Augustine believes that human beings are opaque to themselves no less than to others. We are not who we think we are. One of the things Augustine had to confess was that he was and had been himself sharply different from who he thought he was. Not only was this true of his wastrel youth (to hear him tell it), but it remained true at the time of confessing: he did not know to what temptation he might next submit (10. 5. 7). We are presented throughout the text with a character we want to call 'Augustine', but we are at the same time in the presence of an author (whom we want to call 'Augustine') who tells us repeatedly that his own view of his own past is only valid if another authority, his God, intervenes to guarantee the truth of what he says. Even the self is known, and *a fortiori* other people are known, only through knowing God. So Augustine appears before us winning self-knowledge as a consequence of knowledge of God; but his God he searches for and finds only in his own mind.

His God is timelessly eternal, without time's distention and hence anxiety, but also without the keen anticipations and rich satisfactions of humankind; his God is perfection of language incarnate, without the *ambages*, and thus without the cunning texture and irony, of human

---

[5] 9. 6. 14, 'fugit a nobis sollicitudo vitae praeteritae.'

discourse; his God is pure spirit, without the limitations, and thus without the opportunities, of fleshliness. *That* God is in every way utterly inhuman; and yet (here we approach the greatest mystery of this book) humankind is created in the image and likeness of that God—a resemblance that Augustine prizes highly, and in which he finds the way to knowledge both of self and of God.

All of us who read Augustine fail him in many ways. Our characteristic reading is hopelessly incoherent. Denying him our full co-operation, (1) we choose to ignore some of what he says that we deny but find non-threatening; (2) we grow heatedly indignant at some of what he says that we deny and find threatening; (3) we ignore rafts of things he says that we find naïve, or uninteresting, or conventional (thereby displaying that in our taste which is itself naïve, uninteresting, and conventional); (4) we patronize what we find interesting but flawed and primitive (e.g. on time and memory); (5) we admire superficially the odd purple patch; (6) we assimilate whatever pleases us to the minimalist religion of our own time, finding in him ironies he never intended; (7) we extract and highlight whatever he says that we find useful for a predetermined thesis (which may be historical, psychological, philosophical, or doctrinal, e.g. just war, immaculate conception, abortion), while not noticing that we ignore many other ideas that differ only in failing to command *our* enthusiasm. So when, for example, Augustine relies on the proposition that all truth is a function of Truth, and that Truth is identical with the second person of the trinity, and that Jesus the carpenter's son is identical with that same person, we offer at most a notional assent, but are compelled to interpret the idea to ourselves, rather than grasp it directly. Just when we are best at *explaining* Augustine, we are then perhaps furthest from his thought.

A formal commentary on the text is one way to subvert our impulses to misreading. The text itself enforces a discipline on the commentator, drawing attention back to the business at hand, which is mainly the exegesis of the most important layers of discernible meaning in the text. The commentator is obliged to take stands on controverted issues, but also has a responsibility to present views other than his own. And even when the commentator presses a tentative and idiosyncratic line of interpretation, he should at the same time present the evidence in a way that not only does not preclude but actually facilitates disagreement. He must also have a respect for ambiguity verging on reverence.

The introduction presented here, therefore, falls into three parts. (1)

An essay on the history of the interpretation of the text and the methods that have proved fruitful in pursuing Augustine's meanings to their various lairs. (2) A concise exposition of the main lines of interpretation emphasized in this commentary, gathering material that would otherwise be scattered through dozens of notes in the commentary. (3) Some technical information to facilitate use of the text and commentary printed here.

1. HEARING *CONFESSIONS*

A Century of Scholarship

A hundred years ago, it is safe to say, everyone knew what the *Confessions* were about. The main outline of the autobiographical narrative that is part of the first nine books was clear enough, and the garden scene at the end of Bk. 8 was a cliché (and furnished the illustration for the title page of many editions and translations—the voice bidding to 'take up and read' doing double duty, addressed to Augustine and to the devout reader). The story was one of conversion, and the trajectory from plight to piety an unbroken one. But that assurance was shattered by the great disturbing question: was the story true? As told in the *Confessions* did it not conflict in important ways with what we learn of the same period from other works, works written closer to the date of the events recounted? Had piety and literature neglected the truth?[6]

The consequent quest for biographical fact and its appropriate assessment has driven scholarship ever since. This movement was at first horizontal, ranging throughout Augustine's *œuvre* for evidence to marshal. The classic works are those of Alfaric and Boyer.[7] A counter-

---

[6] 'Est-ce à dire que, dans ses *Confessions*, saint Augustin ait volontairement altéré la vérité?': G. Boissier, 'La conversion de saint Augustin', *Revue des Deux Mondes*, 85 (1888), 43–69 at 44. Boissier has the credit for raising this question, and noting the disparity of accounts between the *Confessions* and the Cassiciacum dialogues, but he did not press those disparities and concluded that the two accounts could be reconciled—as has every major study of the question since with the exception of Alfaric. The other disturber of the peace was A. von Harnack, 'Augustins Konfessionen' (Giessen, 1888), reprinted in his *Reden und Aufsätze*, i (1904), 51–79. The canonization of Boissier and Harnack as archetypal sceptics probably goes back to C. Boyer, *Christianisme et néo-platonisme dans la formation de saint Augustin* (Paris, 1920; rev. edn., Rome, 1953), whose introduction gives an excellent survey of scholarship from 1888 to 1920.

[7] P. Alfaric, *L'Évolution intellectuelle de Saint Augustin*, I. *Du Manichéisme au Néoplatonisme* (Paris, 1918), held that Augustine as bishop was eager to conceal that his original conversion of *c.* 386 had been not to Christianity but to neo-Platonism; Boyer, op. cit., offered the orthodox response. Alfaric was 'un prêtre passé au Modernisme' (A. Solignac, *BA* 13. 58); his book on Manichean scriptures has three dedicatees, one of whom is the leading French 'modernist' Alfred Loisy. Boyer was a priest in good standing.

movement began in articles in the 1940s and reached its classic expression in 1950 with the publication of Pierre Courcelle's magisterial *Recherches*.[8] That book worked a Copernican revolution in Augustine scholarship.[9] Courcelle's book turned from the horizontal to the vertical, to weigh and assess each piece of evidence more carefully, and to look beneath innocent texts not hitherto canvassed for indications of the intellectual and emotional currents that had buffeted Augustine. In particular, Courcelle took further than anyone else before him the investigation of the mechanism of Platonic influence on the young Augustine, and pursued his quarry with rigour and sobriety. The demonstration of the Platonic permeation of Christian intellectual discussion around Ambrose at Milan was Courcelle's greatest achievement.

Courcelle's revolution had, however, more lasting effect on the study of Augustine's life than on the study of the *Confessions*. The lively discussion and fertile investigations to which he gave impetus concentrated increasingly on reconstructing the history of Augustine's readings and opinions (chiefly in the period before his ordination), at the expense of detailed studies of the rhetorical and exegetical strategies of the *Confessions* themselves. Some common features of this generation's work can be extracted from the mass of publications to help orient the present work.

First, the scholarship mirrored its own times. The abundance of post-Courcelle work dates from the fifties and sixties; the 'galloping' bibliography (the epithet was applied by A. Mandouze) has slowed to a more dignified pace. One characteristic of that period, here as in so many other areas of scholarship, was an optimistic positivism. Scholars laboured to construct large hypothetical schemas (embracing e.g. the books Augustine read and the people he knew) to make possible positive and permanent advances in the study of the text.

Second, what was achieved was something whose essential quality becomes visible only at a generous distance. The reading we have been given of Augustine is an essentially gnostic one. This is no surprise, for we have been living through an increasingly gnostic age. The emphasis

---

[8] P. Courcelle, *Recherches sur les Confessions de saint Augustin* (Paris, 1950; expanded edn. 1968).

[9] For contrast, a single bald assertion from the 'Ptolemaic' age: A. Dyroff, in the collective volume *Aurelius Augustinus* (Cologne, 1930), 47: 'Vor vielem sicher ist, daß in De ordine sich nicht die mindeste sichere Spur von Neuplatonismus vorfindet, obwohl genug Gelegenheit dazu war. Auch Contra Academicos und De beata vita verraten nichts Sicheres davon.'

has been on the secret, hidden, inner lore (Augustine's borrowings from lost Platonic texts[10]), accessible only to the *cognoscenti*.

Third, for the first time, Augustine has been fitted out with a new intellectual position. We see him now not merely as a provincial bishop, theologizing down the party line, but as a man constantly in dialogue with the wider world of the non-Christian thought of his time, accepting its excellences, quarrelling selectively with its errors, sharing a common ground of debate and discussion. That is exactly the position that Christians of every persuasion, but especially Catholics, were moving towards during the period in which these scholarly investigations were carried out. Augustine turned out to be our contemporary—to have been waiting for us to catch up with him.

To characterize the scholarly work of these last decades in this way may seem unduly harsh. But the sum total of all that has been accomplished in the last forty years weighs up to less than half what Courcelle accomplished in his one book. New lines of inquiry and new questions have not been risked. The issues have remained those that Courcelle defined, and the techniques remain his; infertility is the obvious fate of such debates.

Two works from outside the mainstream deserve special attention, as harbingers of ways to move ahead. In 1955 G. N. Knauer published his Hamburg dissertation *Psalmenzitate in Augustins Konfessionen*. This is the best modern study of the *Confessions* as literary artefact.[11] At about the same time, a Leipzig Habilitation was submitted by Horst Kusch, on the structure of the *Confessions*. The full work was never published, and repeated inquiries have failed to unearth a copy.[12] But Kusch published a long article,[13] valuable especially for two ideas: first, that the structure of the last books of the *Confessions* reflects the trinitarian and triadic patterns that obsessed Augustine elsewhere; and second, that the three temptations of 1 Jn. 2: 16 both reflect those triadic patterns further and are significant for the structure of the early books of the *Confessions*. In matters of detail, Kusch must be argued with, but

---

[10] For I believe it is true that every single Platonic text adduced in the scholarly debates as one that A. may have read has been lost to us in the form that A. knew. Even Plotinus he read in a Latin translation we no longer have and, given the difficulty of Plotinus, any translation must have been a palpably different thing from the original.

[11] Less ambitious but useful was the early work of L. Verheijen, *Eloquentia Pedisequa* (Nijmegen, 1949).

[12] I know of the work as Horst Kusch, 'Der Aufbau der Confessiones des Aurelius Augustinus' (Leipzig, 1951); the author is said to have died in an automobile accident in the 1950s.

[13] H. Kusch, 'Studien über Augustinus', in *Festschrift Franz Dornseiff* (Leipzig, 1953), 124–200.

his instincts were sound. His work has been appreciated by some demanding judges,[14] but did not succeed in reorienting debate.

But we have still not appreciated the *Confessions* purely as a work of literature. The narrative of past sins and pious amendments fills little more than half the pages of the work. What are the last four books doing there? The latest catalogue of efforts to answer that question is two decades old[15] and books and articles addressing it in one form or another continue to appear. Some of the ideas they propose have merit, but none has been presented in a way to compel, or even very strongly to encourage, assent. One prevailing weakness of many of these efforts has been the assumption that there lies somewhere unnoticed about the *Confessions* a neglected key to unlock all mysteries. But for a text as multilayered and subtle as the *Confessions*, any attempt to find a single key is pointless. Augustine says himself that he meant to stir our souls, not test our ingenuity as lock-picks.

We may also mistrust readers who insist, or who insist on denying, that the work is perfect and beyond reproach. Such extreme approaches have had their day. Better to heed an early reader of T. E. Lawrence's *Seven Pillars of Wisdom*: 'it seems to me that an attempted work of art may be so much more splendid for its very broken imperfection revealing the man so intimately.'[16] If we can hope to read on those terms, expecting little, grateful for every fragmentary beauty, some further reflections may be in order.

Avenues of Approach

Every major modern book on the *Confessions* has been written by a Catholic or a Parisian, or both.[17] To think of Alfaric, Boyer, Courcelle,

---

[14] e.g. J. Ratzinger, *REAug* 3 (1957), 375–6: 'Kuschs Arbeit scheint mir bezüglich der Frage des Aufbaus und der Einheit der Confessiones das Beste und Gründlichste zu sein, was bisher geschrieben wurde.'

[15] K. Grotz, *Warum bringt Augustin in den letzten Büchern seiner Confessiones eine Auslegung der Genesis?* (Diss. Tübingen, 1970), listing 19 previously published hypotheses attempting to answer his question. I have read widely, and profited slightly, from the literary-critical essays of the last generation. The palm among such essays, many of which make no pretension to scholarly adequacy, must go to R. Herzog, for a venturesome reading of the work as a struggle to establish communication between the confessing voice and the divine source of speech, in K. Stierle *et al.*, *Das Gespräch* (Munich, 1984), 213–50; discussed by E. Feldmann, in an essay in *Der Stand der Augustinus-Forschung* (Würzburg, 1989).

[16] Vyvyan Richards, quoted in J. Wilson, *Lawrence of Arabia* (London, 1990), 686.

[17] By 'Catholic' I denote background and upbringing; views and practices at the time of writing are less important. The Anglophone reader curious to pursue this localization further may begin with the works of N. Abercrombie, *The Origins of Jansenism* (Oxford, 1936), and *Saint Augustine and*

Guardini, Henry,[18] Le Blond,[19] O'Connell,[20] O'Meara, Pellegrino,[21] Solignac, and Verheijen is to come very close to exhausting the arsenal of large-scale studies of this text.[22] The names of those who have done the most important work in adjacent areas of research (e.g. Augustine's theological development—Pincherle,[23] du Roy—or his intellectual equipage—Marrou) follow the same law. There is even an important article by one scholar who has gone on to become Cardinal Prefect of what is no longer the Holy Office.[24] The exceptions are few and illuminating. There are Knauer's *Psalmenzitate* (but that work has been praised but neglected by the Catholic/French establishment), Theiler's *Porphyrios und Augustin* (another book with few followers), and Nörregard's *Augustins Bekehrung*[25] (rarely cited since 1950). J. Burnaby's *Amor Dei* is neither French nor Romanist, but Burnaby was an Anglican clergyman and Cambridge don, whose book was written directly against the most outspokenly Protestant criticism of Augustine in this century, A. Nygren's *Agape and Eros* (Stockholm, 1930–6; Eng. trans., London, 1932–9; rev. edn. 1953). Gibb and Montgomery's edition and notes likewise came from two Cambridge dons. Finally, P. Brown's biography is donnish and Oxonian, but written by one who began life in Catholic Dublin and who has become in the years since the Augustine book an honorary Parisian of a modern sort. His book is

French Classical Thought (Oxford, 1938), especially the introductory chapter in the latter work. For the details of the history, however, one must consult the numerous works of Jean Orcibal, most recently his *Jansenius d'Ypres* (Paris, 1989).

[18] *La Vision d'Ostie* (Paris, 1938).

[19] *Les Conversions de saint Augustin* (Paris, 1950).

[20] *St. Augustine's Confessions: The Odyssey of Soul* (Cambridge, Mass., 1969).

[21] Pellegrino's book is subtitled in the French edition 'Guide de lecture', and O'Meara's second edition of *The Young Augustine* is similarly labelled 'An Introduction to the *Confessions*': but both are preoccupied—O'Meara almost to the exclusion of all else—with using the *Confessions* to write the biography of A.

[22] Eight of those eleven named were ordained Roman clergy at the time they wrote, one had taken orders but later left the priesthood, and one studied for the priesthood without taking orders. No woman has written a book on the *Confessions* to my knowledge (Professor Margaret Miles may soon fill that gap); the closest approach to date is the series of articles in *Convivium*, 25 (1957) and 27 (1959) by C. Mohrmann (a Francophone Catholic).

[23] Pincherle's odyssey of soul was apparently complex, but seems to have ended with Rome. The range and variety of his work is little appreciated: some hints in the memorial notice at *Augustinianum*, 20 (1980), 425–8.

[24] J. Ratzinger, 'Originalität und Überlieferung in Augustins Begriff der confessio', *REAug* 3 (1957), 375–92.

[25] Tübingen, 1923, originally in Danish: Copenhagen, 1920, with roots in a 1911–12 seminar of Harnack's at Berlin.

the least preoccupied by the controversies that have surrounded this text for the last century. Another honourable exception is E. TeSelle's *Augustine the Theologian* (New York, 1970), a marvel of eirenic Protestant scholarship.

Now Catholics, former Catholics, and Parisians need not be the only readers to take an interest in this text. Augustine himself has had a chequered history in Roman Catholic modernity, somehow suspect for having given aid and comfort, if not to the Reformers, at least to Baius, Jansen, and their descendants. Leaving aside the quarrels of the first part of this century, whose partisans have accepted 'the constitution of silence and are folded in a single party' (Eliot),[26] we should not forget how much patristic scholarship owed to the discovery of liberal Catholics that such study did not bring them in conflict with Thomistic orthodoxy but offered a vocabulary and a range of reference broader and more flexible than what Roman catechisms had to offer. That movement, whose founding patron was Joseph De Ghellinck, S.J., culminated in the post-war establishment of the Corpus Christianorum series, the luxuriance of the Études Augustiniennes establishment in Paris, and a host of specialized projects in the field. Vatican II crowned the aspirations of those two generations of scholars with gratifying success and at the same time undermined their rationale. The generation of Catholic scholars that has flourished since the Council has no need of the mild subterfuge of patristic reference to clothe its ideas; accordingly, the great projects have seen a slow seepage of manpower to age, laicization, and more fashionable studies. Worse in some ways, Catholicism has lost many of its enemies, or at least the most learned of them, in eirenic, ecumenical times, and it is no longer possible to rely on anticlerical French scholars coming to work in these areas with the vigour with which they once sought evidence that the one, holy, catholic, and Roman church had not always been as it is today. The

---

[26] Mandouze, 131 n. 1: 'Les heurts de la période marquée par le modernisme et, plus spécialement, les incompatibilités du protestantisme libéral et de l'intégrisme catholique sont une chose, l'état d'esprit d'Augustin à Cassiciacum en est une autre.' Consider as well the intensity and duration of the storm of controversy raised by Courcelle's study of the garden scene (8. 12. 29–30). The controversy replicated the earlier battles occasioned by application of scholarly instruments and criteria to biblical texts: literal narrative seemed threatened, and with literal narrative faith itself seemed threatened. It is not merely that the reaction to Courcelle could only have arisen in certain religious circles, but Courcelle himself would not have written as he did were such a response not inevitable. *That* is not to say that Courcelle wrote out of spite or in a deliberate attempt to shock, but that his own curiosity and his own sense of what questions mattered had been conditioned by an environment and a history that he shared with his opponents.

history of Christianity has ceased to be a vital concern for Christians and non-Christians alike, and the great and urgent question that formed the subtext of so many historical debates of the last century, 'was heißt Christentum?', has lost its savour: and that marks a watershed in the history of our culture. There remains, to be sure, an element of anxiety on all sides, a sense that a figure like Augustine must either be defended or attacked, that large and immediate issues are at stake—in a way they are not at stake, for example, among readers of Silius Italicus or Notker Balbulus. If we could forget for a moment that he was a Christian, and even forget for a moment that he was Augustine, he would probably appear very different; but in those matters, memory's hold is unshakeable, and we cannot forget at will.

All this needs to be said by way of preface to some brief remarks about specific issues of interpretation that arise. The focus of modern discussion of this text has been the place of neo-Platonism in Augustine's life and writings. The polemic has moved between two poles: the attack on the plaster saint, beginning with the observation that his 'Christianity' was, at least for an important period in his life, very like a specific non-Christian philosophy, and the defence, surrendering much of the plaster but insisting on the authentic Christian essence. All parties seem to have agreed unthinkingly on the principle that 'Christianity' is in the first instance a body of intellectual propositions about God and his creatures and about particular events in the history of the relations between God and his creatures. On that view, movement into and out of 'Christianity' is a matter of intellectual discussion and assessment, ending in assent or disagreement. If you believe in the Virgin Birth, you are Christian in a way that someone who offers liberal quibbles is not. Arguments for and against the existence of God are essential, and philosophy is the handmaid of theology. To argue then that philosophy has dictated to theology tends to undermine the authenticity of theology.

In this network of assumptions, Augustine's dealings with the Platonists call his theology into question. For one period of Augustine's life, from his public conversion to Christianity in 386/7 to his ordination as a Christian cleric in 391, the evidence viewed on those assumptions could be described in ways disturbing to traditionalists, who—sharing those fundamental assumptions about the nature of Christianity—were in a weak position to respond. Augustine's views appear so neo-Platonic as to be Christian in name only. Was Christianity for Augustine only a convenient dress in which to present ideas that were in origin non-Christian? To make that case (as Alfaric did) was to subvert the self-consciousness of the Latin Catholic tradition: if Augustine is not a Christian, then who is? If Augustine's version of Christianity is tainted, then whose is not? It is no wonder that the attempt raised heated defence. Boyer's orthodox book in response was sober, well-considered, and soundly argued, but it was not at its strongest when it came to awkward historical facts. Courcelle's book found middle ground: allowing plenty of room for Christianity, but insisting on the Platonic disposition of that Christianity. Further, Courcelle widened the net to include Ambrose and show that Platonized Christianity was the order of the day in imperial Milan of the 380s. The reorientation Courcelle effected has not been seriously challenged.

The drawbacks of the traditional assumptions are evident even on their own terms. What sort of thing is Christianity? When is it compromised by admixture from 'outside'? The view that 'Christianity' is something unadmixed can itself be a Christian doctrine, but that 'Christianity' requires a rather specialized definition to be useful as a historical category. If Augustine uses neo-Platonic terms to describe Christian teachings, and even if he professes to see no distinction between a neo-Platonic teaching and a Christian one, and even more, if he adopts a neo-Platonic principle out of a vacuum and makes it part of his 'Christianity', observers could think that the integrity and authenticity of his Christianity were at risk. But if those principles happen not to conflict with any express Christian doctrine 'necessary for salvation', and if Augustine then turns and flatly denies some principle or other of neo-Platonism on no other grounds than that it conflicts with something that scripture or church policy states, has he compromised himself? Where does he get the confidence and authority to make such distinctions? And if some other thinker, no less respected than Augustine among Christians, should contradict Augustine on one of these points, who is to judge between them?

But does anyone think that Christianity is a thing of the mind only? Perhaps in Paris, but surely not *semper, ubique, ab omnibus*. By way of thought experiment, consider only an orthodox Reformed view of the matter. The question for that view is whether and when Augustine acquired the theological faith that is the substance of salvation. Such a view might be sympathetic to the most anti-Catholic parts of the French debate (surely the dalliance with the *platonicorum libri* is not where we should see Augustine becoming a Christian), but would be more inclined to accept the paradigmatic conversion of the Milan garden scene as authentic. But do the Platonic doctrines then entertained and held for years afterwards in some way compromise the integrity of that theological faith? On available evidence, no clear judgement is possible.

The defects of both Protestant and Catholic modern views of Augustine and of this text encourage us to look for alternatives. The one that has proved most useful in the present work is easily stated. For Augustine, and for late antique men and women generally, religion is cult—or, to use the word we use when we approve of a particular cult, religion is liturgy. Anti-clerical Parisians and Protestants may agree that priestcraft is dangerous stuff, but Augustine would not concur with them. The central decision he makes in the period narrated in the *Confessions* is, not to believe the doctrines of the Catholic Christians (that is important, but preliminary), but to present himself for cult initiation—and the threshold there is a matter not of doctrine but of morals. Bk. 8, the vivid narrative of hesitation and decision, depicts Augustine agonizing over whether he could and would live up to the arduous standards he thought required of one who would accept full initiation into the Christian cult. His decision to seek that initiation, taken provisionally in August 386,[27] and carried out on the night of 24–5 April 387, was the centrepiece of his conversion.

Why do we downplay cult initiation for Augustine? There are several reasons, beginning with our own prejudices. Few modern scholars (indeed, few moderns of any persuasion, *including* the most ardent proponents of a traditional doctrine of transubstantiation) hold a view of the importance and efficacy of cult acts that even remotely approaches the visceral reverence for cult that all late antique men and women felt. We like to believe that there were serene and cultless philosophers in that age, not exactly anticlerical but certainly not superstitiously devoted to ritual and ceremony. Whether there were such people is perhaps irrelevant to the immediate case of Augustine, for it is clear that he did not believe that such people existed.[28]

---

[27] The provisional nature of that decision perhaps needs emphasis. Not until April 387 did A. make the commitment to the Christian cult that he would regard as irrevocable. The Cassiciacum dialogues come during a frustrating interim, and much of the peculiar character of those works can be traced to that neither-fish-nor-fowl state of A.'s mind and commitment at the time. Only in retrospect does the garden scene provide the decisive moment: a lapse between August 386 and April 387 would have rewritten the meaning of that scene completely.

[28] *Civ.* 8. 12 claims that Plotinus, Porphyry, and Iamblichus all recommended sacrifice to the

A further evidentiary problem obtrudes to cut the cult-life of late antiquity off from our view. Virtually all late antique cults, and Christianity was emphatically no exception, kept the secrets of their rites closely held. Until 25 April 387, Augustine himself had never seen what Americans may see on television any Sunday and every Christmas Eve—the rituals of the Roman eucharistic liturgy. As a catechumen, he had been admitted to the church to hear scripture readings, hymns, prayers, and sermons, but then he had been politely shown the door when the central cult act was about to begin. In all the years after his baptism and ordination, in all the five million surviving words of his works, Augustine never describes or discusses the cult act that was the centre of his ordained ministry. Liturgical texts from late antiquity are few and terse, and late antique commentary on liturgy itself even rarer. Much can be reconstructed,[29] but there is an inevitable disproportion. Augustine is verbose about doctrine, close-mouthed about ritual. He appears to us as a man of doctrine exclusively, though he himself tells us in explicit enough terms otherwise.[30] There is a proportion to be redressed, and no accurate guide to the correct balance. Augustine's Christianity was not 100% doctrine: 0% ritual, nor even 80%: 20%; but was it 20% doctrine: 80% ritual? That is possible, but on balance unlikely. We are left to wander between the extremes, following our hunches. What is clear is that cult was decisive for him: without cult, no Christianity. But he was prepared to be very lenient on matters of doctrine; error alone has rarely been sufficient for excommunication: it is contumacy that draws anathema. He surely admitted to full church membership many ordinary citizens of Hippo for whom halting recital from memory of the Apostle's Creed and Lord's Prayer marked the upper limits of their capacity to master the verbal formulae of their new cult.

To take such a view of Augustine's religion is perhaps only possible for a post-modern reader, one who has learned afresh from the most recent generation of Parisians that the map is not the territory, that the

---

gods. Even Porphyry's life of Plotinus (*v. Plot.* 2) shows Plotinus sacrificing on the birthdays of Socrates and Plato.

[29] F. van der Meer's *Augustine the Bishop*, 277–402, is excellent on the evidence from A.; by good luck, one of the few liftings of the veil to come down to us is Ambrose's own description of baptismal rites, quoted in my notes on 9. 6. 14.

[30] *en. Ps.* 103. s. 1. 14, 'quid est quod occultum est, et non publicum in ecclesia? sacramentum baptismi, sacramentum eucharistiae. opera enim nostra bona vident et pagani, sacramenta vero occultantur illis; sed ab his quae non vident, surgunt illa quae vident.'

narrative is not the event, that a text is not a life. There are important blanks in the *Confessions*: God is present but silent, Augustine's past life is over ('dead' he says of his infancy at 1. 6. 9), and his present life extends beyond the pages he writes in many ways, cult activity not least of them. From his earliest writings, Augustine's programme as writer aspired to knowledge of God and knowledge of self. But God and Augustine we learn about only indirectly and at a rhetorical distance in the *Confessions*. To remember that is to begin to understand better the text as text, and there is perhaps the key to seeing the most vital feature of this particular text.

A text is not a life: so far, so good. To narrate one's past life and deeds is to put a pattern of words next to a life (by nature patternless, full of event and incident) and to declare that the words and the life have something to do with each other. 'Something' is probably the right word. Later in this introduction, we shall see how the pattern of words that appears in the *Confessions* had been taking shape in Augustine's texts for years before this text was actually written. The *Confessions* offer no unedited transcript, but a careful rhetorical presentation. But the writing of this text was itself part of Augustine's life. 'Confession' for Augustine, that act of 'making the truth', was itself an important part of his religion, somewhere between doctrinal disputation and cult act—perhaps even forming a link between the two. The life about which Augustine tells us in his text finally slips beyond our grasp, and the cult-life about which he tells us little or nothing is even more remote. But the life of this particular act of 'confession', the writing of this text by a man self-consciously turning from youth to middle age, is as present to us on the page as our own lives—indeed, becomes as we read it a part of our own lives. It is that fragment of the 'life' of Augustine that is most accessible to us.

The purpose of this commentary, for all the technical apparatus, is to bring that part of Augustine's life into the life of the reader. Philological scholarship takes its departure from one text and generates another, and the movement is all too often away from the object of the researches to the investigating subject; it is not optical illusion to think that modern scholarship has been increasingly at risk from a narcissism in which the object disappears from view and the scholarly subject takes centre stage. That is a reason to write commentary rather than interpretative essay: to facilitate the movement past the commentator's words once again to Augustine's words—to Augustine's life.

One line of interpretation has been largely neglected here: inquiry into Augustine's psychological make-up and history. The appeal of such an interpretation is great and its lack regrettable, but there are compelling reasons for abstaining from the attempt. (1) Judged purely by the standards of modern psychoanalysis, the *Confessions* do not provide us with evidence of the quantity and quality necessary to make a well-founded assessment. (2) Because there are either no ancient or medieval figures, or very, very few, for whom such evidence is available, it is far from clear whether it is possible to use the patterns detected by scientific investigators in the personalities of modern men and women in assessing those long dead. Even assuming that the patterns detected by science are universal, making the necessary adjustments for the different circumstances of ancient public and private life is flatly impossible.[31] (3) In particular, it often seems on reading psychological interpretations of Augustine that the moderns too easily yield to Augustine's own insistence on the importance of his own conversion, as recorded in Bk. 8 of the *Confessions*. (4) Any reading, especially a psychoanalytical reading, of a text such as this should not be judged according to the simplicity it imposes but according to the complexity it reveals. So, to take only one example, it is obvious that Augustine's father and mother had very different effects on their son, but having made the observation, there is little left to do but speculate, on purely *a priori* grounds, what deeds and traits of Augustine's known life may have been influenced by family relations.[32]

Augustine should have the last word, his own advice to Paulinus of Nola on how to read him:

Sed tu cum legis, mi sancte Pauline, non te ita rapiant quae per nostram infirmitatem veritas loquitur, ut ea quae ipse loquor minus diligenter advertas, ne dum avidus hauris bona et recta quae data ministro, non ores pro peccatis et

---

[31] J. H. van den Berg, *The Changing Nature of Man* (New York, 1961), raises questions that I have not seen satisfactorily settled by students of psychohistory.

[32] For what little I have to say, see on 1. 11. 17, with an excursus on fathers and mothers in the *Confessions*. I leave to others to write the history of the psychoanalysis of A. Two neglected studies seem to me of more worth than most of the better-known studies: W. Achelis, *Die Deutung Augustins* (Prien am Chiemsee, 1921), gave almost the first Freudian reading of A., seeing in him traces of 'inversion' (which is similar to, but in many ways different from, 'homosexuality' as commonly constructed today). His (hard to find) book has a seriousness and an integrity that are, to my taste, almost universally lacking in the later essays in the same vein that I know. Reading Achelis makes clear how many other such essays have been written by students evidently engaged in their own (dare one say Oedipal?) struggle with Augustine. The other study I commend is thus an interesting exception because it was written by a woman: P. Fredriksen, 'Augustine and his analysts', *Soundings*, 51 (1978), 206–27.

erratis quae ipse committo. in his enim quae tibi recte, si adverteris, displicebunt, ego ipse conspicior, in his autem quae per donum spiritus quod accepisti recte tibi placent in libris meis, ille amandus, ille praedicandus est apud quem est fons vitae, et in cuius lumine videbimus lumen sine aenigmate et facie ad faciem, nunc autem in aenigmate videmus. in his ergo quae ipse de veteri fermento eructavi, cum ea legens agnosco, me iudico cum dolore; in his vero quae de azymo sinceritatis et veritatis dono dei dixi, exulto cum tremore. quid enim habemus quod non accepimus? at enim melior est qui maioribus et pluribus quam qui minoribus et paucioribus donis dei dives est: quis negat? sed rursus melius est, vel de parvo dei dono gratias ipsi agere quam sibi agi velle de magno. haec ut ex animo semper *confitear* meumque cor a lingua mea non dissonet, ora pro me, frater; ora, obsecro, ut *non laudari volens, sed laudans invocem dominum,* et ab inimicis meis salvus ero.   (*ep.* 27. 4)

2. A READING OF THE *CONFESSIONS*

The *Confessions* are a single work in thirteen books, written in AD 397.[33] The first nine books contain much autobiographical reminiscence covering the years 354–87; the last three books contain an allegorical exposition of the first chapter of Genesis, and Bk. 11 in particular contains a long discussion of the nature of time. Bk. 10 is known mainly for its long discussion of the nature of memory and for a disturbingly scrupulous examination of conscience. There is no evidence that the work ever circulated in a form other than the one we have, but some scholars believe that Bk. 10 is the fruit of second thoughts, added after the other twelve books were complete.[34] Translators have sometimes abridged the work by omitting part or all of Bks. 11–13.

The reading of this work presented here is loosely arranged according to the structure of a scholastic *quaestio*. That structure helps make explicit the received views, the difficulties that present themselves, a resolution of the difficulties with whatever new contribution is possible, and, in many ways most important, a final discussion that does justice to the merits of the received views while resituating them in the light of new ideas. The presentation under *Videtur* is itself a reading of other scholars' readings, and contains elements of new interpretation, and what appears under *Respondeo* does not pretend to be entirely new or original.

---

[33] For date, see below, xli–xlii.

[34] For Williger's thesis, followed by Courcelle and O'Meara, see introd. n. to Bk. 10.

Videtur: The work as a whole is an intellectual autobiography, tracing the movement of Augustine's opinions on matters of a philosophic and religious nature from his earliest youth to the time of writing. The principal stages of this ascent from ignorance to illumination are precisely identified: the two 'tentatives d'extases plotiniennes'[35] of Bk. 7 and the vision of Ostia in Bk. 9. But other passages may be interpreted in the same context. For example,[36] the description of the contents of the *de pulchro et apto* in Bk. 4 presents that work as though it were a doomed first attempt to ascend in the mind to the *summum bonum*. It suggests two reasons for the failure of that ascent, ignorance of the nature of God and ignorance of the nature of created things.[37] In that context, the first 'tentative' of Bk. 7 occurs after Augustine has been shown to have renewed his understanding of the divine nature in the first pages of Bk. 7, culminating in the reading of the *platonicorum libri*. But that 'tentative' fails; the paragraphs that follow reveal decisively Augustine's mature view of the nature, that is to say (under Plotinus' tutelage) the non-nature, of evil: in other words, his discovery at that time of the essential goodness of created things. In the wake of that discovery, the second 'tentative' of Bk. 7 is, *on Plotinian terms as Augustine understood them*, a complete success.[38] It is not that the Plotinian method did not work for Augustine; it worked, but it was not enough. It left him disappointed and hungry for something different, perhaps richer, perhaps more permanent, perhaps merely something more congruent with the realities of everyday life. That is achieved in Bk. 9 at Ostia.

[35] Courcelle, *Recherches*, 157–67 and, in the second edition only, 405–40.

[36] One might also instance 3. 6. 10 ff., where the reading of the *Hortensius* and the consequent turn to scriptures have ended in a mis-conversion, that to Manicheism. There is just enough of a hint there in the wording of 3. 6. 11 that A. is aware of this as a moment where the ascent might have begun but did not: the evidence is in the echo of the prodigal son's behaviour ('et longe peregrinabar ... de siliquis pascebam') and the first appearance of *intellectus* ('cum te non secundum intellectum mentis ... sed secundum sensum carnis quaererem'), the vehicle of right knowledge of God.

[37] 4. 15. 24, 'non enim noveram neque didiceram nec ullam substantiam malum esse nec ipsam mentem nostram summum atque incommutabile bonum.' For a further trinitarian implication, see on 4. 15. 24. See also on 5. 10. 20, 'conaretur ... repercutiebar', for the consistency with which the pattern is carried through.

[38] I cannot take the crucial phrase at 7. 17. 23 ('et pervenit ad id quod est in ictu trepidantis aspectus') in any other way. See commentary for Plotinian echoes, and especially the parallel texts in many other works of Augustine. Augustine is both more flattering to Plotinus than we are commonly wont to admit—here, by granting that he has indeed seen the 'invisible things of God' (the crucial passage of Rom. 1: 20 brackets the description of the ascent in that paragraph), if only for a moment—and *at the same time* more radically critical of him than we are willing to believe one so indebted to Plotinus could be.

The report of that vision begins with the most explicit Plotinian allusion in the whole work,[39] but goes far beyond that Plotinian form to an explicitly Christian, scriptural, and eschatological ending.[40] The vision of Ostia anticipates the beatific vision. That new post-Plotinian ascent to vision becomes the organizing pattern for the first half of Bk. 10, in which Augustine, in the presence of the reader, does what he learned to do at Ostia.[41] Similar patterns of discourse keyed to the ascent of the mind to God, and marked particularly by recurrence of the significant quotation of Phil. 3: 13, occur throughout Bks. 11–13.[42] (The pattern of successive visions from Bk. 4 to Bk. 7 to Bk. 9 also matches a theory about three types of vision that Augustine had expounded several years before writing the *Confessions* and returned to in detail in the commentary *de Genesi ad litteram* years later; the vision of Ostia thus matches the highest type of 'vision' possible in this life.[43])

Sed contra: But all attempts to depict the *Confessions* as essentially or mainly a story of the ascent of the mind to God encounter great difficulties—one extrinsic and one intrinsic. Extrinsically, it is *a priori* difficult to accept that the mature work of a Christian bishop, who will later express grave reservations about the worth of Platonic philosophy (notably in *civ.*) would be itself a frank manifestation of that style of thought and doctrine.[44] Intrinsically, the difficulty is that not all that is in the *Confessions* is included in an explanation that focuses on the ascent of the mind to God.[45] Noticeably missing from the summary in

---

[39] 9. 10. 25, 'si cui sileat . . .,' almost a translation from Plot. 5. 1. 2.

[40] The text anticipates the full and perfect enduring audition of the Word of God, and then explicitly equates that auditory event, using scriptural words of God to make the point, with eschatological joy: 'nonne hoc est, "intra in gaudium domini tui?" [cf. Mt. 25: 21]'.

[41] For details, see introd. n. to Bk. 10.

[42] Cf. esp. 11. 29. 39–30. 40 (note 11. 27. 34, for the thematic echo of Ps. 99: 3, 'ipse fecit nos') and 13. 13. 14.

[43] The ascent is from corporal to spiritual to intellectual vision. See on 7. 9. 16 for details.

[44] There is a marked drop-off in the frequency and intensity of Plotinian (or Porphyrian) language in Augustine's works from the time of writing the *Confessions*. It would be odd for him to have thought highly enough of the system to use it to shape so personal a testament of faith, then let it largely drop away almost at once. The later works are undeniably less rich in their reflection of Platonic ideas (and that is probably one reason for the lack of sympathy they evoke in many scholars: the old Augustine has few friends today). The theme is not abandoned, to be sure, and there has even been an attempt to show that it is enriched by contact with a specifically Christian source: see S. Poque, 'L'expression de l'anabase plotinienne dans la prédication de saint Augustin et ses sources', *RA* 10 (1976), 187–215, tracing the later development in a few sermons, notably *Io. ev. tr.* 20. 11–13, in which she sees the influence of Basil of Caesarea.

[45] The conventional way to deal with this objection has been to observe that Augustine did not plan his literary works very well, and that changes of plan in mid-stream were common. It remains

the previous paragraph is the obviously crucial Bk. 8; but the real scandal of the work that overthrows such a unilinear attempt at interpretation is the central Bk. 10 itself. If the work were an attempt to depict the ascent pure and simple, then the memorable 'sero te amavi' paragraph (10. 27. 38) would have served perfectly well for the last paragraph of the work as a whole. Not only do Bks. 11–13 obtrude, but the last half of Bk. 10, an affront to our disdain for such scrupulosity, makes nonsense of any attempt at so limited a reading.[46]   But that depiction of the present state of Augustine's soul as a victim of the three temptations of 1 Jn. 2: 16 must be taken seriously; indeed, taken seriously enough, it opens another line of sight into the organization of the earlier books of the work.[47] A pattern of conduct can be traced through Bks. 2–4 according to which Augustine sins first according to the concupiscence of the flesh (both the sexual sins of adolescence and the symbolic re-enactment of the fall implied by the incident of the pear tree), next according to concupiscence of the eyes (described mainly in Bk. 3, where he falls prey to one sort of *curiositas* in his mania for the *spectacula* of Carthage and to another in his allegiance to the Manichees), and finally according to *ambitio saeculi* (which is most lightly touched on at this stage—see on 4. 7. 12).[48] The moral rise of

astonishing that Courcelle (*Recherches*, 23–6) could believe, for instance, that the last three books were the result of an attempt to conclude the *Confessions* with a complete commentary on all of scripture, an attempt then broken off after three books out of frustration at the amount of time and space it would take to complete that plan. The belief that Augustine was an inept maker of books is now *ex professo* disowned (cf. Marrou's famous palinode (665) against his own early view: 'jugement d'un jeune barbare ignorant et présomptueux'), but in practice seems to live on.

[46] The rest of Bk. 10 is a scandal to the *doctiores*; even when the rest of the book is rescued from the second-class status to which Williger and others sought to relegate it, the examination of conscience is ghettoized: Pincherle, *Aug. Stud.* 7 (1976), 119–33, modifies Williger to claim that only the examination of conscience (10. 30. 41– 37. 60) was intercalated after a first draft of the rest was completed.

[47] For confirmation that the three temptations are a perverse imitation/reflection of the trinity, see on 1. 20. 31, 2. 6. 13, and 9. 1. 1. There is clear evidence that A. could see triads that reflect the trinity matched with triads of temptation and sin: *civ.* 12. 1, 'a superiore communi omnium beatifico bono ad propria defluxerunt et habentes elationis fastum pro excelsissima aeternitate, vanitatis astutiam pro certissima veritate, studia partium pro individua caritate superbi fallaces invidi effecti sunt.' For the case of *vera rel.*, see du Roy, 343–63 (343: 'Chacune de ces concupiscences étant l'inversion de notre dependance à l'égard de chacune des trois personnes divines, le redressement consistera à retrouver notre authentique relation à chacune et à toute la Trinité'). A. could elsewhere apply the triadic pattern of temptations to assist in the interpretation of another narrative: *s.* 112. 6. 6–8. 8 so reads the parable of the great feast (Lk. 14: 15–24).

[48] It is worth noting that the gravity of Augustine's fall measured against each of the three temptations undergoes a reversal in Bk. 10: the risen Augustine has almost completely vanquished

Augustine, that parallels but does not duplicate the ascent of the mind, follows a reverse order: his zeal for his public career fades first at Milan,[49] then his adhesion to the spirit of curiosity that had led him to the Manichees,[50] and only last his enslavement to the desires of the flesh.[51] It is *that* liberation that comes between the Milan and Ostia visions and makes possible the higher vision that he comes to at Ostia and in Bks. 10 and following.[52]

Respondeo: The garden scene is indeed central to the work: but in what way? It is in the garden that Christ enters Augustine's life. The want felt and described at 7. 18. 24 is *now* filled.[53] A restrictive reading of the

concupiscence of the flesh, mainly conquered concupiscence of the eyes, but finds himself yet a prey to *ambitio saeculi*. R. Crouse, in *Neoplatonism and Early Christian Thought* (Festschrift A. H. Armstrong: London, 1981), 183, on the fall of the soul through the three temptations: 'What is represented here is the disintegration of human personality by the progressive separation and opposition of the personal powers of reason and will, *first* by the excessive or deficient love of the sensible (subordinate to reason), *then* by the subordination of reason itself to will, in *curiositas*, and *finally* by reason's contradiction in the willing of a lie.'

[49] Cf. esp. the incident of the drunken beggar at 6. 6. 9.

[50] Courcelle's view (*Les Confessions*, 18–26) dating Augustine's final break with Manicheism later than most others would accept has the merit of emphasizing that it was Platonism that decisively answered for Augustine the questions that the Manichees had pressed with such force.

[51] In the garden scene specifically and Bk. 8 generally.

[52] The interpretation here goes beyond conventional treatments (best: that of du Roy) of the place of trinitarian triads in A.'s thought, insisting not only on their doctrinal significance but on their rhetorical effectiveness. It is tempting to think that there might be some perfect method of textual analysis that would employ these triads to reveal to us at every turn in the *Confessions* exactly how A. was speaking of God: whether of one person or another of the trinity, or of all three at one time. In many passages, it is true, it is possible to define the direction of his discourse; and this commentary has probably gone further than many would have thought possible (and than some will think desirable) in making such identifications. But even if we accept that A. might have intended such a rigid and rigorous consistency, it is not likely that he would have been able to carry it through in practice for the whole length of this text.

[53] There has been much debate over the Christological conversion of A., dating back to Courcelle's 'Saint Augustin "photinien" à Milan', *Ricerche di stor. rel.* 1 (1954), 63–71. Discussions by all sides have followed the same pattern: analysis of the Christological report given at 7. 19. 25, followed by close reading of Cassiciacum texts to determine how much or little progress toward orthodoxy A. had made from the situation described in the *Confessions* (e.g. the sound and sensible review of the debate and assessment of the issues by W. Mallard, 'The Incarnation in Augustine's Conversion', *RA* 15 (1980), 80–98). The assumption is that at 7. 19. 25 A. reported that his conversion was all but complete except for the matter of the incarnation (after making clear at 7. 9. 14 that he thought the Platonists crippled by their lack of an incarnation doctrine), and that he then proceeded to write six more books of the *Confessions* without ever suggesting how or whether he managed to overcome that defect. This peculiar approach has been possible because in attending to doctrinal questions we have fallen into the modern practice of treating them as purely intellectual matters, to be discussed and resolved as such, apart from the exclusively moral considerations that preoccupy the A. of Bk. 8.

place of Christ in the *Confessions*, such as that of M. Lods,[54] insists that the words of Rom. 13: 13–14, particularly, as Augustine hears them at 8. 12. 29, do not satisfy our expectation of what the place of Christ in a conversion should be. But the action of Christ in 8. 12. 29 is redemptive, salvific, and decisive. For Augustine, after all, it is incarnation preeminently that redeems, and to come to understand that incarnation accurately and to acquire in his life a pattern of conduct that he thought required by an understanding of that incarnation—that, for Augustine, is a very Christian, and Christ-centred, conversion.

The literal sense of the text of Rom. 13: 14 cannot be pressed too hard here: 'sed induimini dominum Iesum Christum'. Christ is many things to Augustine (*via, veritas, vita, sapientia, verbum dei*), and all of those things Christ is to Augustine in the garden. The encounter with a scriptural text throws into new light the parallel line of ascent that Augustine has been unwittingly following from his earliest life, an ascent mediated to fallen humanity through the medicine of the scriptures (which offer one of the incarnations of the Word). The ascent of the mind, as Plotinus had preached it, had run to a dead end. Instead, an alternative path (*via*)[55] proved to be the true way to the goal Augustine sought. Whatever is incomplete about this encounter with Christ is brought to fulfilment in Bk. 9, through baptism (9. 6. 14), and culminates at the end of Bk. 10, where Augustine closes the central book of the work with a passage of such dense eucharistic imagery that it may best be thought of as perhaps the only place in our literature where a Christian receives the eucharist in the literary text itself.[56]

This view adds emphasis and shading to the Augustine's preoccupation with the issue of continence. The struggle to decide whether to lead a completely celibate life is the one feature of the conversion narrative that ought to come as a surprise. If it were only a matter of finding the answers to deep questions, Bk. 7 would be the end of the narrative. That the issue of continence arose and became central to the decision in the Milan garden that we call Augustine's conversion was not part of what Augustine had bargained for when he set out to search for wisdom, nor was it what most people approaching Christianity in

---

[54] 'La personne du Christ dans la "conversion" de saint Augustin', *RA* 11 (1976), 3–34; at 28, 'si Augustin a acquis la certitude que c'est une force du Très-haut qui a fait de lui un vainqueur, cela ne veut pas dire que ce soit l'action propre de Jésus-Christ. . . . [Rom. 13: 13–14] est une parole de force en vue de l'action, une exhortation destinée à entraîner la volonté déficiente, non une parole sur le Christ sauveur et rédempteur.'

[55] See on 7. 7. 11.

[56] See on 10. 43. 70; note especially the use of Ps. 21: 27.

this period were worrying about.[57] There was no reason why Augustine could not have been baptized and still made that good marriage Monnica arranged.

To understand the issue's place in the *Confessions*, we must pay attention to a lost work of Ambrose's, written while Augustine was in Milan. The title is arresting: *de sacramento regenerationis sive de philosophia*;[58] paraphrased, that would be 'On Baptism; or Concerning

---

[57] To be sure, the Christianity of A.'s childhood and adolescence offered examples and encouragement; the *Hortensius* contained such, as did other works of Cicero (e.g. *Tusc.* 4, esp. 4. 9. 22, ascribing the origin of the four *perturbationes animi* (cf. 10. 14. 22) to *intemperantia*); the Manichees placed a high theoretical value on continence (whatever their defects in practice: see on 8. 1. 2); and neo-Platonism offered its own twist, presenting as its undoubted master one who 'seemed ashamed of being in a body' (Porphyry, *v. Plot.* 1, the opening sentence: Πλωτῖνος ὁ καθ' ἡμᾶς γεγονὼς φιλόσοφος ἐῴκει μὲν αἰσχυνομένῳ ὅτι ἐν σώματι εἴη). If it is surprising that the issue arises when and where it does in the *Confessions*, it is also surprising that it did not arise much earlier. How far that silence is an autobiographical datum (i.e. how far A. really did ignore such exhortations before Milan and 386), and how far it is a strategy of the autobiographer to enhance his dramatic presentation, we cannot tell.

[58] See Madec, *Saint Ambroise et la philosophie* (Paris, 1974), 247–337. The title is attested in full in three places in A.: for refs. and disc. see Madec, 269–76 (276: 'Il pouvait s'agir d'un traité mis en forme, dans lequel le mystère de la vie chrétienne inaugurée dans le "bain de la régénération" était opposé à une autre doctrine de salut prêchée par le platonisme antichrétien accrédité par Porphyre. Et c'est en ce sens que me semble devoir être interprété le titre double.'). Madec, 324, dates the work to no later than spring 387, and probably 384/6. He is strictly correct when he says at 324, 'Mais ni les *Confessions*, ni les premières œuvres ne semblent y faire allusion', but the reading of the *Confessions* suggested here reveals that it was indeed influential. About the time of the *Confessions* (*ep.* 31. 8, of 396/7: Madec, 249–50) A. was able to acquire a copy for renewed study, that is, about the time of his reassessment of his own relations to Platonism (a time when Ambrose would be a specially apt model if A. were concerned with finding a valid attitude towards philosophy for a *bishop* to take), and his position grew increasingly cautious and critical; note esp. that the Porphyrian Christology that is implicitly attacked in Ambrose's work is a focus of A.'s attacks from 397 on (*conf.* 7. 19. 25, *s.* 62. 7. 9, *cons. ev.* 1. 7. 11, 1. 34. 52). If Madec is right that Ambrose and A. were far apart in their view of Platonism while A. was in Milan (see Madec's summary at 346–7), it also seems clear that the re-reading of this important book by A. at about the time he wrote the *Confessions* was a force in drawing A. closer to Ambrose's views.

Ambrose's book attacked those who claimed that Christ had learned from Plato (*ep.* 31. 8, *doctr. chr.* 2. 28. 43 (modified at *civ.* 8. 11, *retr.* 2. 4. 2, to retract the claim that Plato and Jeremiah were contemporary)), and it spoke strongly in favour of the redeeming power of the sacrament of baptism (*c. Iul.* 2. 5. 14), linking to baptism a moral reformation in matters of the flesh and praising continence (again *c. Iul.* 2. 5. 14 (where Ambrose is quoted, and this is of great interest, taking Rom. 7 to apply to the converted Paul, and not to the Old Man generally: see on 7. 21. 27 for the development A. himself underwent on that text), *c. Iul.* 2. 8. 24, but especially *c. Iul.* 2. 7. 20, quoted below); the work strongly implies something approaching a doctrine of original sin (*c. Iul.* 2. 6. 15 (with bits re-echoed at *c. Iul.* 6. 26. 83, 3. 21. 48, *c. Iul. imp.* 2. 8, 2. 21, 2. 31)), and attacked Platonic reincarnation teachings (*c. Iul.* 2. 7. 19). For the consistency of Ambrose's positions, cf. the fragment of Ambrose on Isaiah from *c. Iul.* 2. 8. 23: 'sicut enim regeneratio lavacri dicitur per quam detersa peccatorum conluvione renovamur, ita regeneratio dici videtur per quam ab omni corporeae concretionis purificati labe mundo animae sensu in vitam regeneramur aeternam.'

Philosophy.' The argument is straightforward enough: the way of the philosophers is not the true way, it is not enough to know the truth, one must have in addition sacramental membership in the Christian church. Phrased that way, the relevance to Augustine's position is clear. What is of greater interest, however, is that in that treatise, Ambrose found it polemically necessary and useful to counter the claims of the philosophers to have achieved a higher standard of moral life by their chastity; 'continence is the pedestal on which right worship rests', says Ambrose.[59] That was the challenge Augustine accepted: to become not merely Christian, but a Christian who outdoes the philosophers in all their excellences. In order to present himself for baptism, Augustine felt that he had to have achieved a degree of moral self-control that assured him of a lifetime of continence.[60] His holiday that

---

[59] *c. Iul.* 2. 7. 20, '"bona", inquit, "continentia, quaedam velut crepido pietatis. namque in praecipitiis vitae huius labentium statuit vestigia, speculatrix sedula, ne quid obrepat illicitum. mater autem vitiorum omnium incontinentia [cf. *conf.* 8. 11. 27, where *continentia* is a *fecunda mater filiorum gaudiorum*], quae etiam licita vertit in vitium. ideoque apostolus non solum a fornicatione nos retrahit, verum etiam in ipsis coniugiis modum quemdam docet, et tempora praescribit orandi. intemperans enim in coniugio, quid aliud nisi quidam adulter uxoris est?"' The prestige of continence in various forms with Ambrose is famous; the importance of this passage is the twofold link between continence and confuting the philosophers on the one hand and right worship on the other (see on 8. 1. 2 for reasons for taking *pietas* so explicitly of 'right worship'). Ambrose's remarks are rooted in the philosophical tradition; two of the 'Sentences of Sextus' (§§ 86a and 231, ed. H. Chadwick) are echoed here, esp. 86a, κρηπὶς εὐσεβείας ἐγκράτεια, which itself descends from Socrates, quoted by Xenophon, *mem.* 1. 5. 4: see Madec, *Saint Ambroise*, 311–17.

[60] The year 386 is pivotal in the history of the western church's attitude towards continence. Ambrose by treatise and Martin of Tours by example were taking a new, more demanding stand. Ambrose had a sister who was a consecrated virgin, and he himself at the age of 35 or more became a bishop without ever having married. Jovinian reacted in one direction, and Jerome in another (and in doing so alienated almost everyone). A. never accepted or praised Jerome's position, though he knew it (*b. coniug.* 22. 27 and often later, e.g. *pecc. mer.* 3. 7. 13, *nupt. et conc.* 2. 5. 15 and 2. 23. 38, *c. ep. pel.* 1. 2. 4, *haer.* 82, *c. Iul. imp.* 1. 97–8; see R. A. Markus, 'Augustine's Confessions: Autobiography as a New Beginning, or, Manicheism Revisited,' forthcoming); instead, in the after years when the Pelagian position was thrown in A.'s face repeatedly by Julian, A. aligned himself firmly with Ambrose, trying for a middle ground between extremes. That policy is responsible for the abundant quotations from Ambrose in A.'s works against Julian, including most of the surviving fragments of the *de sacramento regenerationis sive de philosophia*. (The tactic was brushed off by Julian: *c. Iul. imp.* 4. 110–13, esp. 4. 112, 'ceterum vel Ambrosii dicta, vel aliorum, quorum famam vestrorum nitimini maculare consortio, clara benignaque possunt ratione defendi.') A. is rarely given credit for his moderation. On the background and issues involved see best A. Rousselle, *Porneia* (Paris, 1983; trans. Oxford, 1988), esp. chapters 8–11, E. Clark, 'Vitiated Seeds and Holy Vessels: Augustine's Manichaean Past', in her *Ascetic Piety and Women's Faith: Essays in Late Ancient Christianity* (Lewiston, NY, 1986), 291–349, Clark's '"Adam's Only Companion": Augustine and the Early Christian Debate on Marriage', *RA* 21 (1986), 139–62 (but construing the history as a debate on marriage rather than continence is a way of privileging the agenda of the 1980s over that of the 380s: much of what is idiosyncratic in what writers of that period say about marriage may be at least partly explained by noting that their attention was really elsewhere when they wrote many

autumn of 386 at Cassiciacum was, *inter alia*, a time to test his resolve away from the presumed temptations of court and city living.[61]

Ad primum: What then of the apparent pattern of the work as a whole, the depiction of the ascent of the mind? Though Augustine in the years after the *Confessions* will drift away from the ascent-vocabulary of his youth, he certainly adhered to that way of speaking throughout his literary works of 386–97 and in the *Confessions* themselves. It must also be recognized that the substance of the ascent remains central to Augustine's activity. What is presented to us in the *Confessions* is the transformation of the traditional philosopher's ascent of the mind to the *summum bonum* into a uniquely Christian ascent that combines the two paths that Augustine had followed in his own life. The exegesis of a chapter of scripture that fills the last three books itself displays the union of the intellectual and exegetic, the Platonic and Christian, approaches to God, setting a pattern that becomes the centre of Augustine's life's work, to be fulfilled only eschatologically—a goal anticipated but not reached on the last page of this text. The *form* is exegetical, the content apparently philosophical; but on closer examination the content turns out to be more theology than philosophy. He sees traces of God the creator in Bk. 11 in the juxtaposition of time with eternity and understands himself as separated from God by his own position in time. He sees God the Son in the Word of revelation, and understands his own relation to that revelation by unravelling in Bk. 12 the perplexities and imperfections of human attempts to expound the divine word through human mechanisms of interpretation. God the spirit animating history emerges in Bk. 13 as Augustine pursues his allegory of the first chapter of Genesis along lines deliberately chosen to juxtapose creation history with church history, and to understand his own role as a member of, and guide in, that church.

The *Confessions*, then, present themselves to us as a book about God, and about Augustine: more Augustine at the beginning, more God at the end. But Augustine does not disappear in this work. Properly

---

of the passages for which they are now taxed), and Peter Brown, *The Body and Society* (New York, 1988), 341–427. The curious prestige Julian of Eclanum enjoys among moderns is to be explained only by his usefulness as a club with which to beat Augustine. There is no evidence, after all, that Christianity for Julian ever reached beyond the comfortable upper-class and upper-class clerical circles into which he was born; A. the bishop is nowhere near so élitist or authoritarian.

[61] For the way the topic of continence develops in the *Confessions*, see further on 8. 1. 2.

speaking, Augustine is redeemed, and in so far as he is redeemed and reformed according to the image and likeness of God, he becomes representative of all humankind. The work begins with a cry of exultant praise, 'magnus es domine et laudabilis valde' (1. 1. 1), voiced by Augustine. When the same line (a scriptural text) is brought back at the beginning of Bk. 11, it is introduced 'ut dicamus omnes' (11. 1. 1). The reader is expected to share the last three books, for if all persons are created no less in the image and likeness of God than Augustine, and if his readers are bound to Augustine through God in *caritas*, the image (to use the right word) of Augustine in these last three books is at one and the same time an image of what his readers are themselves. In this way the work is both itself an act of confession, and at the same time a model and pattern for other acts of confession, by Augustine and by his readers, at other times and places. There is no paradox in suggesting that this intricate interplay of images and patterns is both the culmination of Augustine's theological meditations and at the same time a feat possible in the fourth century only for someone who had read Plotinus, and read him very well.

3. THE *CONFESSIONS* IN AUGUSTINE'S LIFE

The date of writing has been repeatedly canvassed and consensus achieved. Argument from the *retractationes* places the work between 397 and 401, while the way Augustine refers to Ambrose and Simplicianus makes us think that he had not yet heard at the time of writing of Ambrose's death and Simplicianus' succession to the see of Milan in April 397. Rhetorical and stylistic unity and the intensity that runs through the book like an electric current make it easiest to read as a work written entirely in 397.[62] Those who emphasize the disparity of the parts of the *Confessions* and find plausible the arguments for a double redaction or for the later insertion of Bk. 10 also find arguments for extending composition down to 401.[63] On the available evidence, it

[62] Cf. also *ep.* 38. 1 of mid-397, 'secundum spiritum, quantum domino placet, atque vires praebere dignatur, recte sumus; corpore autem, ego in lecto sum. nec ambulare enim, nec stare, nec sedere possum, rhagadis vel exochadis dolore et tumore. ... ut oretis pro nobis, ne diebus intemperante utamur, ut noctes aequo animo toleremus ...' It is sobering to think that the *Confessions* may have been dictated by a man lying prone and enduring undignified and only marginally effective medical treatment.

[63] The best discussion of the evidence is Solignac in *BA* 13. 45–54, who takes the position in favour of extended composition characterized here. Monceaux's argument, *CRAI* (1908), 51–3, taken up by de Labriolle in his edn., p. vi, that the *c. Fel.* must be dated to 398 and thus provides a

is not possible to press the matter to any firm resolution of these remaining disagreements.

Few proponents of Christian humility have obtruded themselves on the attention of their public with the insistence (to say nothing of the effectiveness) that marks this work. For a man who felt acutely the pressure of others' eyes and thoughts,[64] Augustine was often unable to refrain from calling attention to himself. What his flock thought, for example, of the long, magnificent sermon he once gave on the anniversary of his own episcopal ordination[65] is impossible to recover at this distance. It is not that Augustine was unaware of the irony and room for self-contradiction that his habit of *confessio* gave—far from it—but he was unable to refrain. His best defence is in the idiosyncratic notion of *confessio* that he uses to explain and guide his own words.

'Confession' in Augustine's way of understanding it—a special divinely authorized speech that establishes authentic identity for the speaker—is the true and proper end of mortal life.[66] He had struggled to find voice for this speech all his life. The corpus of his earlier writings, seen in this light, offers a picture of development that is hardly a linear progression. The conversions of Augustine were many, and they did not end in the garden in Milan.[67]

It is conventional to think that 391 marked an important turning-point, with formal affiliation to the ecclesiastical hierarchy through ordination.[68] That moment brought a real shock to Augustine and opened a difficult and frustrating period of his life, when one literary project after another fell to pieces in his hands as a desperate writers' block settled on him.[69] The first thing he wrote in that period was the

---

terminus ante quem for the *Confessions*, would support my own view above, but is untenable: *c. Fel.* must be dated to 404.

[64] See on 1. 6. 7 and 10. 36. 59 ff.

[65] *s. Frang.* 2 (= *s.* 339 + *s.* 40).

[66] For further details, see below, ii, 3–5.

[67] The line of criticism most likely to find Augustine vulnerable would argue that the solution presented in the *Confessions* is *too* neat and well-crafted to be entirely satisfactory. A reading of Augustine's later life and works starting from there would differ on some, but not all, points from that sketched in the next lines of my own argument here.

[68] In 391 A. still felt the deaths of Nebridius and Adeodatus, who may both have died in 390.

[69] Note these patterns: (1) *Gn. litt. imp.* (393/4) was left incomplete, to be revived and redone differently and better after the *Confessions* in *Gn. litt.* (2) *c. ep. Don.* (a systematic refutation barely begun and not surviving) went nowhere, but *bapt.* (in 6 books) follows the *Confessions*. (3) The Pauline commentaries of 394/6 (arising out of discussions at Carthage when A. was a presbyter: *retr.* 1. 23. 1) go nowhere, until *div. qu. Simp.* put him on the right track leading directly to the *Confessions*, and beyond the *Confessions* to both *trin.* (see below) and to the anti-Pelagian

dreadful *util. cred.*[70]—unconvincing, lamely argued, poorly organized—
and he managed to complete only his commentaries on the Sermon on
the Mount and on Galatians (while throwing up his hands at giving
Romans a similar treatment).

Two events of the mid-390s conspired to worsen the crisis and
propel it toward resolution: his new reading of Paul at the urging of
Simplicianus, which included a rediscovery of the importance he
would attribute to Paul in telling the story of his Milan conversion, and
his ordination as bishop.[71] His writer's block claims its last victim in the
unfinished torso of *de doctrina christiana*, apparently intended as an

controversy. (4) The *c. ep. fund.* he undertook in 396 to refute systematically a central Manichee
text: after another failure, the idea lay dormant, until the massive *c. Faust.* of *c.*399 finished the
job. (5) His comments on *mend.* at *retr.* 1. 27 reveal it—the last thing he catalogued as written
before episcopal ordination—as another problematic work: 'item de mendacio scripsi librum . . .
auferre statueram de opusculis meis, quia et obscurus et anfractuosus et omnino molestus mihi
videbatur, propter quod eum nec edideram.' (6) Finally, *doctr. chr.* was a real attempt to deal with
the problems of preaching; unfinished (until 427), its task was performed much more humbly by
the *cat. rud.* of 399/400. Some have suggested from time to time that *cat. rud.*, written about the same
time as the *Confessions*, offers in its model catechetical discourse an analogue of some sort for the
Confessions, even that the *Confessions* exemplify in practice the theoretical structure recommended
and demonstrated by *cat. rud.* This is at best loosely true (it is true, for example, that A.
recommends that the 'narratio' of the catechist begin with Gn. 1: 1 and continue to the present (*cat.
rud.* 3. 5 and 6. 10), and that matches the exegesis presented in Bks. 11–13 of the *Confessions*), but
worth considering; on that assumption, however, consider this prescription from the other work:
'But the greatest concern is to find the way to catechize rejoicing, for the more it is possible to do
that, the pleasanter the catechesis will be' ('sed quibus modis faciendum sit, ut gaudens quisque
catechizet (tanto enim suavior erit, quanto magis id potuerit), ea cura maxima est,' *cat. rud.* 2. 4). Is
gaudens a reasonable adjective for the tone of voice of the *Confessions*?

[70] Immediately following upon the brilliant *vera rel.*, the last thing he wrote *before* ordination.

[71] Of great interest is the argument of M. Alflatt, *REAug* 20 (1974), 113–34, that A. was in part
driven to the study of Paul and to the conclusions he reached by his 392 debate with Fortunatus, in
which he had to acknowledge that Paul had spoken of 'involuntary sin'. On A.'s rereading of Paul,
best is P. Fredriksen, 'Beyond the Body/Soul Dichotomy: Augustine on Paul against the
Manichees and the Pelagians', *RA* 23 (1988), 87–114.
In a tentative reconstruction of the sort offered here, this is probably where the evidence
becomes too thinly stretched to admit of much certainty. At any rate, it seems that the first attempts
to write about Paul are those of an idealist who still wants to believe that he will achieve ascetic
perfection. At some level there is conflict, and ordination as bishop exacerbates the problem; and
so in *div. qu. Simp.* he finds the reading of Paul (which then helps him make sense of his own life in
the *Confessions*) that enables him to see how a relative failure to achieve perfection is compatible
with all that he knows and believes. (His new reading of Paul at first made things worse—Robert
Markus writes concisely but with great perception of the 'intellectual landslide' of this period
(*Conversion and Disenchantment in Augustine's Spiritual Career* (Villanova, 1989), 23).) His vehemence
in the face of the Pelagians is vehemence in the face of his own younger, deluded self (hence the
importance of quoting Ambrose in the last works, a way of insisting that 'what I converted to then
was indeed the real thing, and even then I was anti-Pelagian').

authoritative episcopal guide to Christian exegesis and preaching.[72] What freed his pen for the prolific career and the masterworks we know was the writing of the *Confessions* themselves. He discovered at length how to make 'confession' in his special sense come to life through his writing.[73] After the highly personal *Confessions* began the torrent of his great works, including, significantly, a series of works re-beginning and then completing triumphantly projects that had come to nothing in the years before the *Confessions*.[74] Whether that new-found facility was achieved at the price of sacrificing some of the unrelenting zeal for inquiry is a question that deserves further examination.[75] One work stands out in the post-*Confessions* years as a deliberate continuation of the same enterprise in the same spirit: the *de trinitate*.[76] That is the only one of Augustine's major works that is not either polemical or a

[72] The link between the incompleteness of *doctr. chr.* and the writing of the *Confessions* was made by A. Pincherle (cf. *Formazione teologica di Sant'Agostino* (Rome, n. d. [1947]), 194, and elaborated by him, esp. in 'Intorno alla genesi delle Confessioni', *Augustinian Studies*, 5 (1974), 167–76 (emphasizing the importance of A.'s new reading of Paul) and 'The Confessions of St. Augustine: A Reappraisal', *Augustinian Studies*, 7 (1976), 119–33. (The eventual conclusion of *doctr. chr.* thirty years after the *Confessions* shows the kinship between the two projects; the last words are: *doctr. chr.* 4. 31. 64, 'ego tamen deo nostro gratias ago, quod in his quattuor libris non qualis ego essem [*conf.* 10. 4. 6], cui multa desunt, sed qualis esse debeat, qui in doctrina sana, id est christiana, non solum sibi, sed etiam aliis laborare studet, quantulacumque potui facultate disserui.')

[73] Mandouze, 564: 'Les sermons d'une part, les lettres d'autre part représentent deux manières différentes—plus fragmentaires mais aussi sans cesse remises à jour, et donc plus actuelles que l'ouvrage intitulé les *Confessions*—de continuer à confesser Dieu et à le confesser en parlant aux hommes et en leur faisant part d'une vie qui ne pouvait plus être une vie privée.' Miles Davis: 'Sometimes you have to play a long time to be able to play like yourself.'

[74] Augustine has a reputation for writing big books, so it is worth noting how slowly that skill came to him. Before his ordination as bishop, his longest books were *c. acad.* (3 'books'), *mus.* (6 books, written in two stages but unfinished, and part of a larger project that fell apart), *mor.* (2 books), *lib. arb.* (3 books, but written in two stages), *Gn. c. man.* (2 books, but only part of what he had to say on that subject), *s. dom. m.* (2 books), and *doctr. chr.* (broken off in the middle of the third book). By length, *mus.* ran to about 40,000 words, *lib. arb.*, *s. dom. m.*, and the torso of *doctr. chr.* each to about 30,000 words, and a few others approached 20,000 words. By contrast, the *Confessions* run to 13 books and are about twice as long (*c.*80,000 words) as anything he had previously written. All his other large works were written later (longer than the *Confessions*: *civ.*, *Io. ev. tr.*, *c. Iul.*, *c. Iul. imp.*, *c. Faust.*, *trin.*, *qu. hept.*, *Gn. litt.*; longer than anything else pre-*Confessions*: *cons. ev.*, *spec.*, *c. Cresc.*, *c. litt. Pet.*, and *bapt.*).

[75] That suspicion is more or less the gravamen of the charge against the mature Augustine by du Roy (see du Roy, 455): a less sympathetic student than du Roy would claim that A. had sacrificed his intellectual freedom to become an orthodox defender of static verbal formulae. The clash here is perhaps that between the private Augustine and the public man who was fated to become 'Saint Augustine' and to become himself not merely a questioner but a voice of authority. See further on 7. 1. 1.

[76] I disagree with the thesis, but admire the insight, of U. Duchrow, 'Der Aufbau von Augustins Schriften Confessiones und De Trinitate', *Zeitschrift für Theologie und Kirche* 62 (1965), 338–67, at 363–7, for attempting to describe the way *trin.* represents the logical next step to the *Confessions*.

scriptural commentary, and in it we can see the trajectory of Bks. 11–13
carried to its logical conclusion, albeit not without difficulties and
changes of course.[77] The farther we get from the writing of the *Confessions* the harder it is to plot that trajectory as a constant purpose, but
the ideas and obsessions of his youth remain vivid for the aged
Augustine.[78] It is a little-observed fact that what may be the last words
we have from his pen, the last surviving lines of his incomplete *opus
imperfectum contra Julianum* do not attack Pelagianism, the bug-bear of
his old age, but Manicheism, the phantasm of his youth.

Other lines converge on the *Confessions*.[79] One additional element
requires comment and emphasis.

The commentary on 7. 9. 13 discusses the evidence for the history of
Augustine's readings in neo-Platonic, and specifically Porphyrian,
philosophy. Augustine's readings at Milan included Porphyry, but in a
non-threatening way. He found there a Platonism that led him towards
Christianity and that he would criticize mainly for not going far enough
in that direction. By no later than the time of the *de consensu evangelistarum* (399/400 or after), he had on the other hand read enough
Porphyry to discover how hostile neo-Platonism could be to Christianity. The *de consensu evangelistarum* and the *de civitate dei*, and to some extent the *de trinitate* and *de Genesi ad litteram* as well, show Augustine
working out his 'Christian Platonism' (or better, 'Augustinianism') in a
way that no longer minimizes the separation. The achievement is a
subtle one, for his reading of Rom. 1: 20 ff. provided him with an instrument for claiming that while there was much true doctrine among the
Platonists, there was error of a crippling kind in that they did not worship God as they ought. It was courageous of Augustine to cling to the
truths he thought he had found in Platonism at this point, and not
merely to reject the whole package of Plato, Plotinus, and Porphyry.
Augustine's signal contribution to Christian thought lies in the success
of the great works in which he achieved his own synthesis.

Doubt remains just when and how he came to reassess his Platonic

[77] *Gn. litt.* owns an honourable second place in the post-*Confessions* 'confessional' literature, and
it is an essential tool for the interpretation of many passages in the *Confessions*; but it may be taken
as fundamentally anti-Manichean, and perhaps in a way anti- (or at least meta-) Platonic.

[78] It is true, as Brown, 354, remarks, that he took a long time to bring himself to publish both *Gn.
litt.* and *trin.*, and after that his career as a speculative theologian ended as he plunged into the
Pelagian controversy.

[79] See M. Wundt, 'Augustins Konfessionen', *Zeitschrift für die neutestamentliche Wissenschaft*, 22
(1923), 161–206 at 166 ff., esp. on the canonical questions surrounding A.'s ordination; and see also
Pincherle's studies cited above.

authors, but the *Confessions* are intimately bound up in this process. The last work of Augustine before the *Confessions* to address the position of Christianity *vis-à-vis* Platonism was the *vera religione* that shortly preceded his priestly ordination of 391. He turned away more or less completely from the concerns and expressions of his Platonic period in the years after ordination, as he struggled to find ways to write as a Christian clergyman ought to write. With the *Confessions* he returned to his Platonic period and put a whole new reading on it. The Augustine of the *Confessions* has drawn a clear line separating him from the Platonists. The 'ascents' of Milan are different in kind from that of Ostia and from that which is presented in Bk. 10 of the *Confessions*. In that difference, to say nothing of the content of Bks. 11–13,[80] lies the germ of the mature Augustine's Christian Platonism, almost as full of admiration as ever for the accomplishments of the Platonists, but with a new reserve and new boundaries. Cause and effect here are not to be traced, and matters are confused by the ambiguities of the evidence (see on 7. 9. 13) for the discovery of Porphyry's hostility to Christianity. If that occurred in the early 400s, very shortly, that is, after the *Confessions*, then no evidence from after that discovery may be taken confidently to throw light on the attitude to Platonism in the *Confessions*. What is clear is that already the *Confessions* mark a step away from the Christian Platonism of Milan and of Augustine's works from 386 to 391. His presentation of Platonism in the *Confessions* is marked by his later discoveries, and the Platonism he found at Milan is criticized in the *Confessions* on terms that were only possible after leaving Milan.[81] That revision of his understanding of who he had been entailed a revision of his understanding of who he now was, and that achievement

[80] Bks. 11–13 are the first clear sketch of the way the philosophical ascent of the mind and the Logos-based (scriptural) ascent of the soul can be integrated. Just as the first half of Bk. 10 represents what Ostia foreshadowed, so *trin.* is what the author of the *Confessions* had to do next—it is the work most directly in the line of the *Confessions*, and its completion was as important to A. as was completion of the *Confessions* (hence his tenacity in the face of difficulties in finishing it, hence his irritation at having it wrested from him before he was ready). (A parallel development may be observed in the movement from *quant. an.* 33. 70 ff., the fullest handbook of the ascent to come from A.'s pen, and *doctr. chr.* 2. 7. 9–11, which gives a seven-stage ascent of the mind to God based on Is. 11: 2.)

[81] J. J. O'Meara, *Porphyry's Philosophy from Oracles in Augustine* (Paris, 1959), 155–70, collects passages from the *Confessions* that seem to reflect the Porphyry of the *de regressu animae/Philosophy from Oracles*. If any of them survive scrutiny, they may profitably be taken in the sense I suggest here, as fruits of the reassessment, not as distinct echoes of the Milanese period. It remains possible that A. had discovered Porphyry's hostility by 397/401 (writing the *Confessions*) and that he only discussed the implications later (see on 7. 9. 13 for dating problems), but that is the less likely hypothesis.

in self-knowledge seems to have been essential to the liberation he now found, refreshing old lines of inquiry and freeing his pen to write the books that were to come. The *Confessions* shows Augustine in the act of re-integrating elements of his thought and life that had begun to come apart for him, and it is that re-integration that is the foundation of his mature achievement. Without the 'conversion' *c.*397 that begat the *Confessions*, it is unlikely that Augustine would have become the towering figure that he is.

The motif of confession itself was importantly adumbrated in Augustine's earlier works in various ways. Two particular cases require comment here.

One of the first works Augustine wrote at Cassiciacum (Nov. 386/Jan. 387) was the book to which he gave a title of his own coinage: *soliloquia*. The work is a meditation on the circumstances of his life, in the main without autobiographical reflection.[82] The approach is 'anagogic' and at the same time self-reflective.[83] The most striking parallel to the *Confessions* is one of style and tone and overall approach. The opening paragraphs (*sol.* 1. 1. 2–1: 1. 6) consist of prayer, praise, and invocation of a sort that could often be mistaken for what appears a decade later in the *Confessions*.[84] There is not the abundance of scriptural language, but the similarities are considerable. The *soliloquia* lack the power and assurance of the *Confessions*, and they have accordingly found little modern audience.

If the form of 'confession' was emerging in Augustine's mind as early as 386, the substance of the narrative books was taking shape as well.[85]

---

[82] But see 1. 14. 17, 'nam cum triginta tres annos agam, quattuordecim fere anni sunt ex quo ista [i.e. worldly wealth] cupere destiti, nec aliud quidquam in his, qui quo casu offerrentur, praeter necessarium victum liberalemque usum cogitavi. prorsus mihi unus Ciceronis liber facillime persuasit nullo modo appetendas esse divitias, sed si provenerint, sapientissime atque cautissime administrandas.'

[83] Cf. du Roy, 176–7, esp. on the way trinitarian speculation and contemplation facilitated the process.

[84] *sol.* 1. 1. 4, 'quidquid a me dictum est, unus deus tu, tu veni mihi in auxilium. una aeterna vera substantia, ubi nulla discrepantia, nulla confusio, nulla transitio, nulla indigentia, nulla mors, ubi summa concordia, summa evidentia, summa constantia, summa plenitudo, summa vita, . . . cuius legibus arbitrium animae liberum est; . . . qui fecisti hominem ad imaginem et similitudinem tuam, quod qui se ipse novit agnoscit. exaudi, exaudi, exaudi me, deus meus, domine meus, rex meus, pater meus, causa mea, spes mea, res mea, honor meus, domus mea, patria mea, salus mea, lux mea, vita mea. exaudi, exaudi, exaudi me, more illo tuo paucis notissimo.' Only the last five words invoke an unmistakably Platonic background. On this text, see du Roy, 196–206.

[85] A footnote is the proper place to notice an incidental line of convergence on A.'s *Confessions*: the first fifteen chapters of Hilary of Poitiers's *de trinitate*, written a generation earlier, though offering a schematic and abstract narrative, breathe the same atmosphere as the *Confessions*. The

We all tell our life stories in formulaic ways, repeating ourselves with minor variations to different hearers. We are fortunate in having one passage from before the *Confessions* that shows Augustine doing exactly that—recounting his life story, howbeit briefly, and howbeit veiled as a hypothetical case. The veil indeed is so heavy that the passage has not been noticed by earlier students of the *Confessions*, but once the pattern is detected it cannot be ignored. The text in question is *lib. arb.* 1. 11. 22:[86]

Num ista ipsa poena parva existimanda est, quod ei [sc. menti] libido dominatur,[87] expoliatamque virtutis opulentia per diversa inopem atque indigentem trahit, nunc falsa pro veris approbantem,[88] nunc etiam defensitantem, nunc improbantem quae antea probavisset et nihilominus in alia falsa inruentem; nunc adsensionem suspendentem suam[89] et plerumque perspicuas ratiocinationes formidantem; nunc desperantem de tota inventione veritatis et stultitiae tenebris penitus inhaerentem; nunc conantem in lucem intellegendi rursusque fatigatione decidentem:[90] cum interea cupiditatum illud regnum tyrannice saeviat,[91] et variis contrariisque tempestatibus totum hominis animum vitamque perturbet,[92] hinc timore inde desiderio, hinc anxietate inde inani falsaque laetitia, hinc cruciatu rei amissae quae diligebatur, inde ardore adipiscendae quae non habebatur, hinc acceptae iniuriae doloribus, inde facibus vindicandae . . . ?

The passage may not antedate the *Confessions* by more than a couple of years,[93] but it reflects a rehearsed narrative that would be developed more fully in the writing of the *Confessions*.[94]

quest for truth and a righteous life pursued in conventional philosophical terms, the sense of liberation arising from a reading of John 1, and the reorientation of philosophical studies in the wake of that reading—all these are in Hilary, and many of the scriptural texts that A. uses pivotally are there as well. (Parallels mentioned briefly and incompletely by Courcelle, *Les Confessions*, 95–6. When A. read Hilary is not clear, though it is generally assumed, e. g. by du Roy and TeSelle, that it was early, perhaps even 387.)

[86] P. Séjourné, *Rev. sc. rel.* 25 (1951), 343, touches glancingly on the parallel: 'une fresque de son itinéraire philosophique et un rappel de ses propres errements'.

[87] Bk. 2: sexual profligacy.

[88] Bk. 3: adhesion to the Manichees.

[89] Bks. 5–6: adhesion to the Academics.

[90] Bk. 7: 'tentatives d'extase'.

[91] Bk. 8: on the verge of the garden scene.

[92] 8. 12. 28, 'procella ingens ferens ingentem imbrem lacrimarum'.

[93] This passage was probably written at Rome as early as 387/8, but we cannot say for sure that it was written before *lib. arb.* was revised and completed in Hippo during Augustine's priesthood (391/5); a very similar passage at *lib. arb.* 3. 18. 52–19. 53 restates and confirms what is here.

[94] An appendix below presents several other texts that anticipate the structure and content of the *Confessions* There is also an admirable discussion of the development of the style and of the

'Confession' thus came in his hands to be the necessary and sufficient formal complement to the substance of Augustine's early writing. From Cassiciacum (or perhaps from the writing of the *de pulchro et apto*: see on 4. 13. 20), Augustine's writings had been the record of the mind's ascent to God. There are places where Augustine writes about the idea of the mind's ascent to God, and places where in his writings he is himself clearly attempting an elevation of that sort: so the episodes recounted in Bks. 7 and 9.[95] The *soliloquia* are themselves a conscious 'ascent', while the Cassiciacum dialogues both discuss the issues and attempt to exemplify the practice. Indeed, all the works Augustine wrote and published before the *Confessions* take one of three forms: 'ascent',[96] scriptural exegesis, or anti-Manichean polemic.[97] As suggested above, later works as well practise the 'ascent', even though Augustine writes *about* it much less frequently. The success of the *Confessions*, seen in those terms, is that the work integrated the private intellectual and religious experience of Augustine with the public responsibilities of the bishop. To 'confess' is to find an authentic voice with which to express what is private in a way that can be shared with a wider public. How far the discipline of the pulpit[98] helped Augustine find this voice can only be a matter of speculation.[99] How far he felt the

'Denkform' of the *Confessions* through earlier works by W. Schmidt-Dengler, *Stilistische Studien zum Aufbau der Augustins Konfessionen* (diss., Vienna, 1965), 206–26.

[95] The notes on 2. 6. 12 below suggest that a comparison of the *Confessions* with the detailed, almost mechanical scheme of the mind's ascent that we have in *quant. an.* 33. 70–6 gives some reason to believe that the biographical narrative of the *Confessions* is organized to reflect a detailed and progressive pattern of 'ascent'.

[96] For the relative lapse in frequency of the 'ascent' as a motif in A.'s writing after ordination and before the *Confessions*, that is to say, in the works of the period when A. was having difficulty planning and completing his literary projects, see F. Van Fleteren, 'The Early Works of Augustine and His Ascents at Milan', *Studies in Medieval Culture*, 10 (1977), 19–23 at 21.

[97] The categories are far from mutually exclusive: du Roy, 236 ff. is very good on the way the first sections written of *lib. arb.* (basically the first book and the elegant 'ascent' in the second) are a less polemical first sketch of ideas reprised in (the polemical) *mor.* On the place of anti-Manicheism, Mayer, *Zeichen*, 2. 438, sees that anti-Manicheism is a dominant concern in A.'s exegetical writings (in a way that anti-Platonism, anti-'paganism', and even anti-Pelagianism are not) because it was exegesis that rescued A. from the Manichean sect, and it was bad exegesis that was the source of their errors. Everything exegetical in A. down to 400 at least must be taken as having an anti-Manichean sub-text (including Bks. 11–13 here).

[98] The successes of the last generation in establishing the chronology of A.'s preaching ought now to lead to the history of his preaching, to trace themes, styles, and techniques from one end of his career to the other.

[99] But one line of speculation deserves attention. The negative opinions that are often held privately, and occasionally expressed publicly, about A.'s abilities as a literary artist—the old chestnut about whether A. 'composes badly' or not—employ a model of literary composition from a

Confessions a success is perhaps less a matter for speculation, given his remarks in *retr.* 2. 6. 1, but the very existence of the *retractationes* shows that the underlying urge to master life by creating a text that provides the authoritative interpretation of that life was not entirely assuaged.[100]

The *Confessions* are the last product of Augustine's youth and the first work of his maturity. His familiar pattern of the six ages of life (see on 1. 8. 13) shows that he was conscious of that himself. His narrative of *infantia*, *pueritia*, and *adolescentia* ends in the first years of *iuventus* with a clarification and strengthening of will; the narrative was written just on the cusp between *iuventus* and the variously named fifth age. All other impulses that gave rise to the *Confessions* notwithstanding, it is not surprising that Augustine would have found the years around his forty-fifth birthday congenial to renewed introspection.[101]

It is impossible, then, to take the *Confessions* in a vacuum, and it is impossible to give any single interpretation that will satisfy. Even these few paragraphs of summary give a misleading impression of simplicity

more textual artistry. We assume that A. wrote, or should have written, as we do, full of after-thoughts, revisions, rearrangements, etc. But the ancient rhetorician worked, it seems obvious on reflection, in a far more improvisational mode than we do. If music were the analogy, his idiom was jazz, not classical (cf. H.-I. Marrou, *Histoire de l'éducation dans l'antiquité* (6th edn., Paris, 1965), 300). The earlier adumbration of the structure of the *Confessions* at *lib. arb.* 1. 11. 22 is a hint of the process of composition: *inventio* on a small scale, gradual elaboration in (long lost to us) oral presentation, then the final virtuoso performance in the presence of the secretaries. If A. composes as we do, then several years of labour are appropriately imagined; but nothing in the work itself forbids us to think that it was rather the product of a fortnight.

[100] From A.'s circle, we have the view of Possidius, *V. Aug.* pr., 'nec attingam ea omnia insinuare quae idem beatissimus Augustinus in suis confessionum libris de semetipso, qualis ante perceptam gratiam fuerit qualisque iam sumpta viveret, designavit. hoc autem facere voluit, ut ait apostolus, ne de se quisquam hominum supra quam se esse noverat aut de se auditum fuisset crederet vel putaret, humilitatis sanctae more, utique nihilo fallens, sed laudem non suam sed sui domini de propria liberatione ac munere quaerens, ex his videlicet quae iam perceperat, et fraternas preces poscens de his quae accipere cupiebat.'

[101] The three most fruitful and creative periods of A.'s life all coincide with such boundaries: Milan/Cassiciacum at about the age of 32–33, the *Confessions* and the following outpouring of works at about 45, and *civ.*, the completion of other projects (e.g. *trin.*), and the plunge into the Pelagian controversy, at about 60. It is not absurd to consider a conscious and semi-conscious influence of such periodization on a man's life, when (*a*) we have textual evidence that he thought of his own life in such categories, and (*b*) when we see ourselves measuring our own and others' lives by the twenty-first, fortieth, and sixty-fifth birthdays. L. Pizzolato, in *Le "Confessioni" di sant'Agostino* (Milan, 1968) and later works, employs the six days as a key to the structure of the whole work, with some fruitful results (see on 1. 8. 13, 2. 1. 1, and 7. 1. 1). The difficulty is that A. at the time of writing the *Confessions* is required by his scheme to be both middle-aged (the fifth age) for Bk. 10 and old (the sixth) for Bks. 11–13. Pizzolato also neglects the alternative scheme for seven ages proposed in *vera rel.* (see on 1. 8. 13).

and directness, for a work that draws its rare power from complexity, subtlety, and nuance. In uncovering one or another device of construction or suggestion that Augustine employed, it may be that we do neither him nor his intended readers—if there are many such yet with us—any favour. He was assuredly the heir of an ancient rhetorical tradition that wrote not to prove but to persuade, that knew that a work must have its effect on a reader or hearer directly or it is unlikely to have the desired effect at all. To take the *Confessions* apart piece by piece is to run the great risk that when all the pieces are put back together the marvellous machine will not run as it did before. But that is the task of the philologist: to take texts already in danger of demise from great age and remoteness, dismantle and study them, and then reassemble them and set them ticking. The only goal of interpretation is reading: exegesis leads to the Word, and not the other way round. If it often seems depressingly otherwise, then a renewed attention to our greatest master[102] of exegesis, hermeneutic, reading—call it what you will—cannot fail to be instructive, even (especially?) where it does not lead to agreement and outright discipleship.

APPENDIX: THE 'FIRST CONFESSIONS' OF AUGUSTINE[103]

de beata vita 1. 4

Ego ab usque undevicensimo anno aetatis meae, postquam in schola rhetoris librum illum Ciceronis qui Hortensius vocatur accepi [3. 4. 7], tanto amore

---

[102] In our cultural tradition. A.'s career was almost exactly contemporary with that of the founders (or forerunners) of what would come to be known as Zen Buddhism (esp. Tao-sheng, *c.* AD 360–434: cf. H. Dumoulin, *A History of Zen Buddhism* (New York, 1963), 61). They would have understood each other instinctively. If that is not the conventional view of Augustine, then whatever this commentary can do to suggest the possibility is all to the good. That the parallels are not purely imaginary strikes the eye from this paragraph from a respected and sober general work: 'Here we already find the essential themes which will characterize Augustine's thought throughout his career: God's constant presence to the self, even when its attention is directed toward the external world; the divine light as the source of all the truths that we apprehend; the need to "remember" the divine presence and turn within; the goal of immediate vision of God.' (TeSelle 68.) That links to the east are not preposterous to suggest at this period, cf. *civ.* 10. 32, where Porphyry's *de regressu animae* is quoted as assigning some authority in describing the 'universalis via animae liberandae' to the 'Indorum mores ac disciplina.' For a sketch of what is possible in a related direction, see F.-J. Thonnard, 'Augustinisme et sagesse hindoue', *RA* 5 (1968) 157–74.

[103] Refs. in brackets are to parallel passages of the *Confessions*. The title of this appendix echoes, and pays homage to, Courcelle's classic article, 'Les premières confessions de saint Augustin', *REL* 21–22 (1943–4), 155–74. He concentrates on the first passage here, *beata v.* 1. 4, and more generally on texts with express autobiographical, 'factual' content, while this selection includes texts that partake equally, or more than equally, of interpretation as against narrative. See also the

philosophiae succensus sum ut statim ad eam me ferre meditarer [3. 4. 8]. sed neque mihi nebulae defuerunt quibus confunderetur cursus meus, et diu, fateor, quibus in errorem ducerer, labentia in oceanum astra suspexi. nam et superstitio [3. 6. 10] quaedam puerilis me ab ipsa inquisitione terrebat, et ubi factus erectior illam caliginem dispuli mihique persuasi docentibus potius quam iubentibus esse cedendum, incidi in homines quibus lux ista quae oculis cernitur inter summe divina colenda videretur [3. 6. 10]. non adsentiebar, sed putabam eos magnum aliquid tegere illis involucris, quod essent aliquando aperturi. at ubi discussos eos evasi, [5. 7. 12] maxime traiecto isto mari [5. 8. 14–15], diu gubernacula mea repugnantia omnibus ventis in mediis fluctibus academici tenuerunt [5. 14. 25]. deinde veni in has terras; hic septentrionem cui me crederem didici. animadverti enim et saepe in sacerdotis nostri [5. 13. 23] et aliquando in sermonibus tuis, cum de deo cogitaretur, nihil omnino corporis esse cogitandum, neque cum de anima [6. 11. 18, 7. 1. 1]; nam id est unum in rebus proximum deo. sed ne in philosophiae gremium celeriter advolarem, fateor, uxoris honorisque inlecebra detinebar [6. 6. 9], ut cum haec essem consecutus, tum demum, me quod paucis felicissimis licuit, totis velis, omnibus remis in illum sinum raperem ibique conquiescerem. lectis autem Plotini paucissimis libris [7. 9. 13], cuius te esse studiosissimum accepi, conlataque cum eis, quantum potui, etiam illorum auctoritate qui divina mysteria tradiderunt [7. 20. 26], sic exarsi [8. 5. 10], ut omnes illas vellem anco-ras rumpere [8. 11. 25], nisi me nonnullorum hominum existimatio commoveret [6. 11. 19]. quid ergo restabat aliud nisi ut immoranti mihi super-fluis tempestas quae putatur adversa succurreret? itaque tantus me arripuit pectoris dolor, ut illius professionis onus sustinere non valens [9. 2. 4], qua mihi velificabam fortasse ad Sirenas, abicerem omnia et optatae tranquillitati [8. 12. 30] vel quassatam navem fessamque perducerem.

contra academicos 2. 2. 3–6

Tu [Romaniane] me adulescentulum pauperem [2. 3. 5] ad studia pergentem et domo et sumptu et, quod plus est, animo excepisti; tu patre orbatum amicitia consolatus es, hortatione animasti, ope adiuvisti; tu in nostro ipso municipio favore familiaritate communicatione domus tuae paene tecum clarum primatemque fecisti; tu Carthaginem inlustrioris professionis gratia remeantem [4. 7. 12], cum tibi et meorum nulli consilium meum spemque aperuissem, quamvis aliquantum illo tibi insito—quia ibi iam docebam—patriae amore cunctatus es, tamen ubi evincere adulescentis cupiditatem ad ea quae videbantur meliora tendentis nequivisti, ex dehortatore in adiutorem mira benivolentiae moderatione conversus es. tu necessariis omnibus iter

---

passage from *lib. arb.* 1. 11. 22 quoted and discussed above, p. xlviii. Courcelle's form of presenta-tion is enlightening in its own way, setting out pieces of text in parallel columns; it is in part to complement his approach that the integral texts are given here. For a more detailed presentation of *beata v.* 1. 4, see now J. Doignon, *BA* 4/1. 135–40.

adminiculasti meum; tu ibidem rursus, qui cunabula et quasi nidum studiorum
meorum foveras, iam volare audentis sustentasti rudimenta; tu etiam, cum te
absente atque ignorante navigassem [5. 8. 14–15], nihil suscensens quod non
tecum communicassem ut solerem, atque aliud quidvis quam contumaciam
suspicans mansisti inconcussus in amicitia nec plus ante oculos tuos liberi
deserti a magistro quam nostrae mentis penetralia puritasque versata est. (4)
postremo quidquid de otio meo modo gaudeo, quod a superfluarum cupiditatium vinculis evolavi [8. 12. 29–30], quod depositis oneribus mortuarum
curarum respiro, resipisco, redeo ad me [7. 10. 16], quod quaero intentissimus
veritatem, quod invenire iam ingredior, quod me ad summum ipsum modum
perventurum esse confido, tu animasti, tu inpulisti, tu fecisti. cuius autem
minister fueris, plus adhuc fide concepi quam ratione conprehendi. nam cum
praesens praesenti tibi exposuissem interiores motus animi mei vehementer-
que ac saepius assererem nullam mihi videri prosperam fortunam nisi quae
otium philosophandi daret, nullam beatam vitam nisi qua in philosophia
viveretur, sed me tanto meorum onere, quorum ex officio meo vita penderet,
multisque necessitatibus vel pudoris vel ineptae meorum miseriae refrenari,
tam magno es elatus gaudio, tam sancto huius vitae inflammatus ardore, ut te
diceres, si tu ab illarum importunarum litium vinculis aliquo modo eximereris,
omnia mea vincula etiam patrimonii tui mecum participatione rupturum
[6. 14. 24]. (5) itaque cum admoto nobis fomite discessisses, numquam
cessavimus inhiantes in philosophiam atque illam vitam quae inter nos placuit
atque convenit, prorsus nihil aliud cogitare atque id constanter quidem, sed
minus acriter agebamus, putabamus tamen satis nos agere. et quoniam
nondum aderat ea flamma quae summa nos arreptura erat, illam qua lenta
aestuabamus arbitrabamur esse vel maximam, cum ecce tibi libri quidam pleni
[7. 9. 13?], ut ait Celsinus, bonas res Arabicas ubi exhalarunt in nos, ubi illi
flammulae instillarunt pretiosissimi unguenti guttas paucissimas, incredibile,
Romaniane, incredibile et ultra quam de me fortasse et tu credis—quid amplius
dicam?—etiam mihi ipsi de me ipso incredibile incendium concitarunt. quis
me tunc honor, quae hominum pompa, quae inanis famae cupiditas, quod
denique huius mortalis vitae fomentum atque retinaculum commovebat?
prorsus totus in me cursim redibam [7. 10. 16]. respexi [7. 15. 21] tamen,
confiteor, quasi de itinere [7. 21. 27] in illam religionem quae pueris nobis
insita est [1. 11. 17] et medullitus implicata; verum autem ipsa ad se nescientem
rapiebat. itaque titubans, properans, haesitans arripio apostolum Paulum
[7. 21. 27]. neque enim vere, inquam, isti tanta potuissent vixissentque ita ut eos
vixisse manifestum est, si eorum litterae atque rationes huic tanto bono
adversarentur. perlegi totum intentissime atque castissime.[104] (6) tunc vero
quantulocumque iam lumine asperso [9. 10. 23] tanta se mihi philosophiae

---

[104] Maur. and Knöll read *cautissime*; comparable timidity of the scribes at 4. 3. 6, 'Nebridius . . .
castus'.

facies aperuit [8. 11. 27], ut non dicam tibi, qui eius incognitae fame semper arsisti, sed si ipsi adversario tuo, a quo nescio utrum plus exercearis quam impediaris, eam demonstrare potuissem, ne ille et Baias et amoena pomeria et delicata nitidaque convivia et domesticos histriones, postremo quidquid eum acriter commovet in quascumque delicias abiciens et relinquens ad huius pulchritudinem blandus amator et sanctus, mirans, anhelans, aestuans advolaret.

de utilitate credendi 1. 2

Nosti enim, Honorate, non aliam ob causam nos in tales homines incidisse [3. 6. 10], nisi quod se dicebant, terribili auctoritate separata, mera et simplici ratione eos qui se audire vellent introducturos ad deum et errore omni liberaturos. quid enim me aliud cogebat annos fere novem [5. 6. 10], spreta religione quae mihi puerulo a parentibus insita erat [1. 11. 17], homines illos sequi ac diligenter audire, nisi quod nos superstitione [3. 6. 10] terreri et fidem nobis ante rationem imperari dicerent, se autem nullum premere ad fidem nisi prius discussa et enodata veritate? quis non his pollicitationibus inliceretur, praesertim adulescentis animus cupidus veri, etiam nonnullorum in schola doctorum hominum disputationibus superbus et garrulus, qualem me tunc illi invenerunt, spernentem scilicet quasi aniles fabulas, et ab eis promissum apertum et sincerum verum tenere atque haurire cupientem? sed quae rursum ratio revocabat, ne apud eos penitus haererem, ut me in illo gradu quem vocant auditorum tenerem [see on 5. 7. 13], ut huius mundi spem atque negotia non dimitterem, nisi quod ipsos quoque animadvertebam plus in refellendis aliis disertos et copiosos esse quam in suis probandis firmos et certos manere [Bk. 5, *passim*]? sed de me quid dicam, qui iam catholicus christianus eram? quae nunc ubera post longissimam sitim paene exhaustus atque aridus tota aviditate repetivi, eaque altius flens et gemens concussi et expressi, ut id manaret quod mihi sic adfecto ad recreationem satis esse posset et ad spem reducendam vitae ac salutis.

de utilitate credendi 8. 20

Edam tibi ut possum cuiusmodi viam usus fuerim, cum eo animo quaererem veram religionem quo nunc exposui esse quaerendam. ut enim a vobis trans mare abscessi, iam cunctabundus atque haesitans quid mihi tenendum, quid dimittendum esset [5. 8. 15, 5. 10. 19]—quae mihi cunctatio in dies maior oboriebatur, ex quo illum hominem cuius nobis adventus, ut nosti, ad explicanda omnia quae nos movebant quasi de caelo promittebatur, audivi, eumque excepta quadam eloquentia talem quales ceteros esse cognovi [5. 3. 3, 5. 6. 10]—rationem ipse mecum habui magnamque deliberationem iam in Italia constitutus, non utrum manerem in illa secta in quam me incidisse [3. 6. 10] paenitebat, sed quonam modo verum inveniendum esset, in cuius amorem suspiria mea nulli melius quam tibi nota sunt. saepe mihi videbatur non posse inveniri, magnique fluctus cogitationum mearum in Academicorum suffragium ferebantur [5. 10. 19]. saepe rursus intuens quantum poteram, mentem humanam tam vivacem, tam sagacem, tam perspicacem, non putabam latere veritatem, nisi quod in ea quaerendi modus lateret, eundemque ipsum modum ab aliqua divina auctoritate esse sumendum. restabat quaerere quaenam illa esset auctoritas, cum in tantis dissensionibus se quisque illam traditurum polliceretur. occurrebat igitur inexplicabilis silva, cui demum inseri multum pigebat; atque inter haec sine ulla requie cupiditate reperiendi veri animus agitabatur. dissuebam me tamen magis magisque ab istis, quos iam deserere proposueram. restabat autem aliud nihil in tantis periculis quam ut divinam providentiam lacrimosis et miserabilibus vocibus, ut opem mihi ferret, deprecarer. atque id sedulo faciebam; et iam fere me commoverant nonnullae disputationes Mediolanensis episcopi [5. 13. 23], ut non sine spe aliqua de ipso vetere testamento multa quaerere cuperem, quae, ut scis, male nobis commendata execrabamur [5. 14. 24, 6. 4. 6]. decreveramque tamdiu esse catechumenus in ecclesia [5. 14. 25] cui traditus a parentibus eram [1. 11. 17], donec aut invenirem quod vellem aut mihi persuaderem non esse quaerendum.

de duabus animabus 9. 11

Sed me duo quaedam maxime, quae incautam illam aetatem facile capiunt, per admirabiles attrivere circuitus: quorum est unum familaritas nescio quomodo repens quadam imagine bonitatis ... alterum quod quaedam noxia victoria paene mihi semper in disputationibus proveniebat disserenti cum imperitis [3. 12. 21], sed tamen fidem suam certatim, ut quisque posset, defendere molientibus christianis. quo successu creberrimo gliscebat adulescentis animositas, et impetus suos in pervicaciae magnum malum imprudenter urgebat. quod altercandi genus quia post eorum auditionem adgressus eram [3. 6. 10], quicquid in eo vel qualicumque ingenio vel aliis lectionibus poteram, solis illis libentissime tribuebam. ita ex illorum sermonibus ardor in certamina [3. 12. 21], ex certaminum proventu amor in illos cotidie novabatur. ex quo accidebat ut quicquid dicerent, miris quibusdam modis, non quia sciebam, sed quia optabam verum esse *pro vero approbarem*.[105] ita factum est ut quamvis pedetemptim atque caute, tamen diu sequerer homines nitidam stipulam viventi animae praeferentes.

contra epistulam Manichaei quam vocant 'fundamenti' 3. 3

Ego autem qui diu multumque iactatus tandem respicere [7. 15. 21] potui quid sit illa sinceritas, quae sine inanis fabulae [4. 8. 13, 5. 9. 17] narratione percipitur; qui vanas imaginationes animi mei variis opinionibus erroribusque conlectas vix miser merui domino opitulante convincere; qui me ad

---

[105] This phrase corroborates the observation above that *lib. arb.* 1. 11. 22 and 3. 18. 52–19. 53 have a personal reference for A.

detergendam caliginem mentis tam tarde clementissimo medico vocanti blandientique subieci [7. 8. 12]; qui diu flevi, ut incommutabilis et immaculabilis substantia [7. 1. 1 ff.] concinentibus divinis libris sese mihi persuadere intrinsecus dignaretur; qui denique omnia illa figmenta, quae vos diuturna consuetudine implicatos et constrictos tenent, et quaesivi curiose et attente audivi et temere credidi, et instanter quibus potui persuasi, et adversus alios pertinaciter animoseque defendi: saevire in vos omnino non possum, quos sicut me ipsum illo tempore ita nunc debeo sustinere, et tanta patientia vobiscum agere, quanta mecum egerunt proximi mei, cum in vestro dogmate rabiosus et caecus errarem.

4. THE TEXT AND COMMENTARY

Manuscripts and Editions

The textual tradition of the *Confessions* is generally sound.[106] The work is transmitted in hundreds of medieval manuscripts,[107] of which one is late antique half-uncial, and nine more are ninth century minuscule. All critical editions of the last century have been based on the same (i.e. the oldest) manuscripts, progressively elucidating and defending the tradition they represent.

The fullest description of the manuscripts utilized by editors is found in the preface of the *CCSL* edition by L. Verheijen, though it should be borne in mind that no modern editor has seen all the manuscripts he cites, and that they have not been collated afresh since Skutella. The description and discussion that follow are derivative.[108]

S   Rome, Biblioteca Nazionale Centrale, Sessorianus 55. The script is half-uncial and difficult to date. Lowe (*CLA* 4. 420a) suggested late sixth century; Bischoff (quoted at *CCSL* 23, p. xxxviii) once ventured 'saec. V/VI', but has since commented that he finds the

---

[106] Sound is not the same as flawless. The number of emendations accepted in any edition is small, and *loci desperati* are very few (perhaps only 1. 14. 23 and 8. 2. 3). One passage (12. 28. 38) had been the object of a universally accepted emendation since the Louvain edition of 1576, but that is no longer tenable.

[107] At present the count is approximately 333, but Verheijen (*CCSL* 27, p. lx) suspected another hundred remain to be catalogued. See A. Wilmart, *MA* 2. 259–68, as supplemented by L. Verheijen, *Augustiniana*, 29 (1979), 87–96, and by the continuing volumes of *Die handschriftliche Überlieferung der Werke des heiligen Augustinus* (*Sitzungsber. Akad. Wien*, 1969 ff.).

[108] Important refinements were added by M. Gorman, *JThS* NS 34 (1983), 114–45. I know the MSS *SOCDG* from microfilms, using them as a check on the editions; fresh collations of *S* and *O* convince me that Knöll, Skutella, and Verheijen may be relied on (particularly as they offer a check on each other).

half-uncial 'rätselhaft' and 'tantalizing' (see *JThS* NS 34 (1983), 114 n. 2, and *Atti 1986*, 1. 412).

O Paris, Bibliothèque Nationale, lat. 1911. Early ninth century, southern France.[109]

P Paris, Bibliothèque Nationale, lat. 1912. Early ninth century, western Germany. Reported by the editors together with two eleventh-century manuscripts (Bambergensis 33 (*B*) and Turonensis 283 (*Z*)) with which it is closely related.

C Paris, Bibliothèque Nationale, lat. 1913. Mid-ninth century, Auxerre.

D Paris, Bibliothèque Nationale, lat. 1913A. Mid-ninth century, Loire valley (connected with Lupus of Ferrières). *C* and *D* are virtual twins, but both are conventionally reported because *C* lacks the last two-thirds of Bk. VII and the first third of Bk. VIII, where *D* is the sole witness to their common exemplar.

E Paris, Bibliothèque Nationale, lat. 12191. Part from the late ninth century and part from the early tenth, from Tours.

G Paris, Bibliothèque Nationale, lat. 12193. Ninth/tenth century, Loire valley. *E* and *G* are the two best representatives of a common tradition. (Also reported with them are the inferior MSS Paris BN lat. 10862 (*F*: ninth-century) and Munich clm 14350 (*M*: tenth-century).)

A Stuttgart, Württembergische Landesbibliothek, HB. vii. 15. End of the ninth century, eastern France.

H Paris, Bibliothèque Nationale, lat. 12224. Toward the middle of the ninth century, near Lyons.

V Vatican City, Biblioteca Apostolica Vaticana, Vat. lat. 5756. Late ninth century, northern Italy. *AHV* taken together represent another common tradition, of which *V* is the least reliable witness.

Gorman's stemma (reproduced below) represents the most developed view of the tradition. No one manuscript may be ascribed pre-eminent authority. Where *S* has the advantage of great age, it has the disadvantages of haste and carelessness; it not only omits and iterates words and phrases, but it substitutes synonyms (particularly particles and conjunctions). It is the work of a man in a hurry. It was the favourite of Knöll. *O* is perhaps the best single MS, and presents a perfectly readable text. It was the favourite of Verheijen. There is general

[109] Dates and provenances of ninth century manuscripts attributed to Bischoff by Gorman, art. cit. 115.

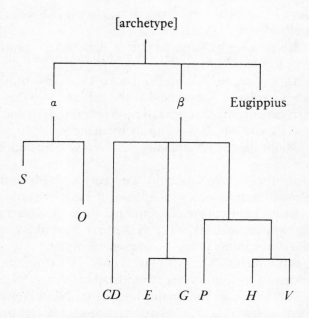

consent that *CD* provide independent testimony that can be used to control the differences between *S* and *O*. The family *EG* offers further control, which Verheijen largely neglected. The value of the testimony of *P* (+ *BZ*) and of *AHV* has not been clearly delineated.[110] Finally, there is a wild card in all this, the testimony of Eugippius, who gives some hints as to which witnesses may be trusted.[111]

The *editio princeps* was published between 1465 and 1470 at Strasbourg by Jean Mantelin; editions appeared as part of three great collected editions of Augustine in the sixteenth century (Amerbach's Basle edition of 1506, Erasmus/Frobenius at Basel in 1528–29, and the 'Louvain' edition of 1576–77). The Maurist edition of the *Confessions*

---

[110] As A. Isnenghi noted (*Augustiniana*, 15 (1965), 6), *BPZ* are fond of corrections that smooth the text for the grammatically and doctrinally sensitive.

[111] Only a small portion of the text the *Confessions* as a whole is included in Eugippius' sixth-century anthology of Augustinian texts; I have suggested elsewhere (*Augustiniana* 29 (1979), 281–2) that the researches of Verheijen showed that of the existing ninth-century witnesses *G* offers the closest likeness to what can be descried of Eugippius' text. Gorman, art. cit. 143–4, holds to the hope represented in his stemma that a Eugippius-related codex may yet come to light representing a third overall branch of the MS tradition. The only substantial contribution of Eugippius at present is the demonstration that we may use at least *CD* and *EG* to corroborate *S* and *O* and to help us in deciding between them when they disagree; but it is clear, as Gorman has proved in detail, that what we have is only a respectable text, not a scientifically grounded one. In default of a vast labour of collation of eleventh-century MSS, we may never have one.

appeared in the first volume of their great edition in 1679 (the whole completed in 1700).

Mention should be made of the edition of E. B. Pusey at Oxford in 1838, emending the Maurist *textus receptus* in light of a few Oxford manuscripts; it is now of interest mainly as a document of the Tractarian movement's interest in the fathers.[112] Not long after, preparations began for the edition that eventually appeared in 1896 as volume 33 of the *Corpus Scriptorum Ecclesiasticorum Latinorum*. As was the practice in the Vienna Corpus of the early days, collation of manuscripts and preparation of the actual editions were carried out by different hands, with long delays. The Sessorianus collation was begun by a hand unknown to the Vienna editor, P. Knöll, and completed by A. Lorenz in 1867; a friend of Knöll's looked at doubtful passages upon later request. Knöll's editorial principle was to find the oldest and best manuscript, and follow it with a will. His edition is marked by meticulous attention to detail in the apparatus, but his choice of *S* as a lodestar makes his text reflect the carelessness and haste of the scribe.[113] The text was reprinted with a few corrections (mainly abandoning readings of *S* that were clearly unacceptable) in a Teubner *editio minor* in 1898. The Vienna text was reprinted at Cambridge with some judicious corrections in 1908 (rev. edn. 1927) with excellent notes by Gibb and Montgomery. An edition by P. de Labriolle (1925) dissented from Knöll in favour of the Maurists from time to time, but has little independent value; its importance is that it was for long the standard text cited in French scholarship, and is still occasionally cited.

M. Skutella's Teubner edition of 1934 marked a real advance. Skutella looked systematically at all the ninth century manuscripts and was wise enough to see that manuscripts other than *S* could throw light on the text, and even to look at Eugippius (though this latter task he did in no systematic way). He attempted a stemma, but the result was little more than a declaration in graphic form that *S* was unrelated to all the other manuscripts at which he looked; hence he accepted in principle

---

[112] Pusey's translation has a classic status among English versions, and remains in print, though increasingly cut off from contemporary readers by its style. The best English translation is that of J. K. Ryan.

[113] Despite the attention to *quisquiliae* in the app., the errors of the underlying collations were numerous. Skutella's edition excels Knöll's not least in accuracy of collations. (And the reader who knows that Knöll preferred *S* habitually will be surprised to see how often in fact he abandons that MS; the explanation is that in most of those cases Knöll had an incorrect report of *S* before him.)

(though not always in practice) any reading shared by S and any other MS. Unfortunately, while this allowed him to abandon many of S's errors, it also reinforced many of its most vulgar ones, where one or more of the other manuscripts' scribes had fallen into the same trap of easy omission or iteration. But his text was easily the best the world had seen to that date,[114] and it has been reprinted often since.[115] In 1969, it was reprinted by the Stuttgart avatar of B. G. Teubner with careful vetting by H. Juergens and W. Schaub.

In 1970, L. Verheijen began in *Augustiniana* a series of articles on the text of the *Confessions*, culminating in his 1981 edition (volume 27 of *Corpus Christianorum, Series Latina*). Verheijen discussed the relationships of the manuscripts at length, essentially jettisoning Skutella's families *BPZ*, *AHV*, and *GEMF*, and relying entirely for the constitution of his text on S, O (especially), and CD (while continuing to report the readings of the rest of Skutella's manuscripts). The effect was to move further away from S and closer to the Maurist *textus receptus*. The *CCSL* volume differs from Skutella's text on dozens of points (catalogued in Verheijen's preface), but it cannot be called an independent new edition. The apparatus is essentially identical, save for typography, with Skutella's.[116]

The Present Text

The text given here offers no advance in *recensio*, and prints no apparatus criticus—there is discussion of textual issues in the commentary instead. It has, however, been re-examined word by word, and numerous corrections made. Divergences from Skutella (1969) and from Verheijen are noted in the commentary (except for orthographical variants). The text as printed below is perhaps open to improvement; but it contains nothing indefensible, and the points of real doubt are clearly signposted and discussed.

[114] The Madrid edition of 1930 by A. C. Vega was not widely read outside Spain until the 1950s when it was revised and expanded in the *Biblioteca de Autores Cristianos* (Madrid, 1951; 5th edn. 1968); what he did, Skutella did better, and neither of his editions presented a real apparatus criticus (the *BAC* reprint seems to have been expanded by use of Skutella). He has some useful notes.

[115] Esp. in volumes 13–14 of the *Bibliothèque Augustinienne*, with French translation and notes (a work of very great merit), and in the *Nuova Biblioteca Agostiniana* (Rome, 1965), with some corrections by M. Pellegrino and translation and notes by C. Carena.

[116] The published word index (*Catalogus verborum quae in operibus Sancti Augustini inveniuntur*, 6. *Confessionum Libri XIII* (Eindhoven, 1982)) must be used with this edition, but like the new *Thesaurus Sancti Augustini* (Louvain, 1989), the Eindhoven volumes will be quickly rendered obsolete by computer technology.

The punctuation has been reviewed and revised throughout.[117] The result is a lighter punctuation and, not infrequently, clarification of passages that have been left obscure by editors reprinting for the most part unaltered the punctuation of their predecessors.[118] Quotation marks stand where they would appear in English, that is, where Augustine is expressly introducing a quotation of *ipsissima verba*. This follows and refines Verheijen's practice; earlier editions (e.g. Skutella) did not discriminate between scriptural quotations, allusions, and echoes of every other sort. What expectations Augustine had for the ability of his readers to recognize his other citations, allusions, and echoes of biblical language cannot now be accurately judged. The traditional paragraphs of our editions have been retained for convenience of reference except where strong reasons have dictated a rearrangement; but the traditional form of reference to book, 'chapter', and 'paragraph' is maintained.[119]

Orthography is an even more vexed question, but less exegetically important. The arguments and practice of Verheijen (*CCSL* 27, pp. lxxxii–lxxxiv) have been taken for a guide, even for consistency in quotations from editions of other works.[120]

Whenever readings are reported in the commentary, those of *SOCDG* are always given; others are presented as interest warrants; where no readings of editors are reported, it may be presumed that the majority agrees with the reading printed in the text. When there is disagreement, the views of the Maurists, Knöll, Skutella, and Verheijen are consistently reported, others as interest warrants. But to be safe no argument from silence should be taken from the non-report of a given manuscript or edition at any point.[121]

---

[117] In the commentary I have often silently modified punctuation of editions cited of A.'s other works, mainly where older editions confuse with abundance, but I have modified even good critical editions where it seemed the sense might be obscured.

[118] See on 9. 6. 14, 'et baptizati sumus'.

[119] The 'chapters' go back to Amerbach and the 'paragraphs' to the Maurists: see Knöll, *CSEL* edn., p. vi.

[120] Though impressed by the arguments of D. De Bruyne (*MA* 2. 558–61) in favour of the forms *humilare* and *humilatus* in A., for example, the consistency of the MSS in favour of *humiliare/ humiliatus* has deterred me.

[121] For those who wish to observe the practices of the scribes and editors, a more generous selection of variant readings has been given in Bk. 1 than in later books; but for detailed examination, Verheijen's apparatus has the most accurate and compendious presentation.

The Commentary

The first principle of exegesis is heuristic, to do for the text what needs to be done and what can be done for that text at the present moment. The present work seeks to fill a distinct gap, both in the absence of a formal commentary[122] and in the presence of several long-neglected tasks for interpretation of the work itself. Issues of history and doctrine raised by the *Confessions* have preoccupied scholars in modern times, to the neglect of the questions of the philologist, who examines the nexus between narrative and event to determine not what really happened, but what strategies shaped the narrative to its final form and marshalled upon the page the particular words we encounter, and how best we may understand the relation of parts to whole and whole to parts.

The way forward for students of the *Confessions* lies in renewed and assiduous attention to the most minute details of the text.[123] The form of a commentary maintains focus on the significant detail, makes it possible to present evidence more fully, and provides the reader with the materials for independent judgement; in addition, a commentary leaves room to present new and useful material on topics removed from the main novelties of argument the commentator may advance.

The principal tasks set for itself by this exegetical commentary are these: (1) to provide a representative selection of the evidence illustrating the use and interpretation in the *Confessions* of scriptural citations and scriptural language; (2) to seek out and juxtapose to the text illustrative passages from Augustine's other works; (3) to report the findings and views of modern scholars where they illuminate the text; and (4) to discuss and interpret the text in view of the material collected.

The method has in the main been to allow Augustine to be his own commentator. Few authors of antiquity allow us this luxury, but if we had another 800,000 lines of Virgil beyond the *Aeneid*, we would not be slow to take advantage of those riches to throw new light on the epic; to perform this function in some obvious and straightforward ways for

---

[122] The closest existing approximations are those of Gibb–Montgomery and Solignac; see also the four volumes on the *Confessions* in the series *Lectio Augustini: Settimana Agostiniana Pavese* (Palermo, 1984–87), containing thirteen essays, one on each book of the *Confessions* in the tradition of the *Lectura Dantis*.

[123] For a programme, not all fulfilled here, see my paper at the Oxford Patristic Congress in 1983, published as 'Gracia y oración en las *Confesiones*', *Augustinus*, 31 (1986), 221–31; still to appear in *Studia Patristica*.

Augustine is an opportunity too long neglected. In performing it a commentator may hope to make some facts where none existed before,[124] but he must respect the text and those who have worked on the text before him; and in this case, he must respect Augustine as well. Augustine has his limits, but it takes a very long time of living with him (and with his limits) to be sure that we are perceiving those limits in the right way, from the inside, with full awareness of the achievement implied by the vast range of territory that he *does* embrace.

One area of investigation has been reluctantly forsworn: the stylistic study of Augustine's prose. To be sure, many of the individual observations on vocabulary and phrasing contribute to a study of the style of the *Confessions*, but there is room for a systematic study that would rigorously compare this work to Augustine's other works and to other ancient and late antique Latin works (the question of 'Christian Latin' as *Sondersprache* is ripe for fresh and venturesome treatment) and attempt to do justice to the complex rhythms of the text.[125] The work is clearly *sui generis* and worth further study on these lines.[126]

This commentary differs from most *Confessions* scholarship of the last generations in its relative inattention to questions of more remote

[124] See, for example, on A.'s habits of referring to living and biblical figures by name at 4. 4. 7 and 7. 21. 27.

[125] The standard studies (F. Di Capua, *MA* 2. 678–81, and M. Borromeo Carroll, *The Clausulae in the Confessions of St. Augustine* (Washington, DC, 1940)) show that the rhythms of the *Confessions* conform neither to the quantitative nor to the accentual patterns preferred by ancient and medieval writers, and do not very closely resemble those of A.'s own works. Recent studies of late antique prose rhythm (e.g. S. Oberhelman, *CP* 83 (1988), 136–49) confirm that uniqueness without approaching the mystery any more closely. One hint may be found in Verheijen, *Eloquentia Pedisequa*, 128–9, who observes that the 'prosier' passages of the *Confessions* are more likely to observe clausular rules, while the more idiosyncratically confessional passages obey their own law. See also K. Polheim, *Lateinische Reimprosa* (Berlin, 1925; repr. 1963), 236–52.

[126] The best single study, on a limited scale and not published, is W. Schmidt-Dengler, 'Stilistische Studien zum Aufbau der Konfessionen Augustins' (Diss. Wien, 1965). Otherwise the best works touching upon style are C. I. Balmus, *Étude sur le style de saint Augustin dans les Confessions et la Cité de Dieu* (Paris, 1930) (but as Schmidt-Dengler observes, Balmus does not adequately take into account the biblical element), Knauer's *Psalmenzitate*, Verheijen's *Eloquentia Pedisequa*, and L. Pizzolato, *Le fondazioni dello stile delle "Confessioni" di sant'Agostino* (Milan, 1972); see also J. Fontaine, *Aug. Mag.* 1. 117–26 (on imagery), M. Pellegrino, *Les Confessions*, 267–315, and several studies of C. Mohrmann, none systematic but all suggestive, esp. 'Saint Augustin écrivain', *RA* 1 (1958), 43–66; 'Considerazioni sulle 'Confessioni' di Sant'Agostino', *Convivium*, 25 (1957), 257–67, 27 (1959), 1–71, and 27 (1959), 129–39. P. Cambronne, 'Recherches sur la structure de l'imaginaire dans les Confessions de saint Augustin' (microfiche thèse, Paris, 1982) is an immense study of certain themes (ascent/descent, exile/return, exteriority/interiority) that I have not been able to draw upon in useful ways here, but others may find helpful; the work is not widely disseminated and is very difficult to use: a fair sample of the method (rather subjective) and content may be found in Cambronne's 'Imaginaire et théologie dans les *Confessions*', *Bull. litt. eccl.* 88 (1987), 206–28.

Quellenforschung. First, that task has been so exhaustively undertaken that, whatever riches remain to be discovered, it is undeniable that other tasks have been comparatively neglected, and it is those that have drawn my attention.[127] Second, it is important to distinguish between sources and analogues. What Augustine himself may have read and known is what is most important; what there may be in other early Christian writers that resembles, and even illustrates, what Augustine has to say, I have sought out much less diligently. Augustine's debt to Ambrose and Cicero has been pursued with some care, and some new and useful material has been found.

Where there is no evidence to the contrary, it is fruitful to expect that what Augustine says explicitly in interpretation of a verse of scripture at one time in his career may be juxtaposed with the use he makes of it (without explicit interpretation) elsewhere. Certainty in such juxta-positions is only rarely reached (and then usually when the passages cited from outside the *Confessions* come from periods close in time to the writing of the *Confessions* and preferably include citations both before and after), but there are many fruitful probabilities this side of certainty. Where Augustine quotes or alludes to a verse of scripture in the *Confessions*, and where another of Augustine's works provides an explicit interpretation of that verse of scripture that is not *prima facie* incompatible with its employment in the *Confessions*, then surely it would be irresponsible for the commentator not to set the explicit interpretation found elsewhere alongside the passage of the *Confessions* and to let the reader judge how far the two texts throw light on one another.[128]

This is not the full philological, source-critical, historical, and philosophical commentary that has been a declared desideratum of scholars for more than a generation.[129] It is meant to be a working tool,

---

[127] I have taken heart from a footnote, du Roy, 287 n. 1: 'Il est remarquable qu'à base de presque toutes les tentatives d'*intellectus fidei* d'Augustin, il y a un texte scripturaire qui en est l'amorce.... Mais la citation scripturaire accroche, pour ainsi dire, des thèmes du néo-platonisme, lesquels, en revanche, en commandent l'interprétation.' It is too facile to say that the neo-Platonic ideas control the interpretation: there is very often a marked struggle going on. My approach seeks no more than to redress the balance here and there in favour of the scriptural text.

[128] This principle contradicts the prevailing impression (classically expressed by Marrou, 246, quoted and discussed by du Roy, 17) that A. changed his mind so often that works of one period cannot reliably be interpreted by comparison with works of another period. Readers of this commentary may decide in each individual case how great is the danger.

[129] W. Theiler, reviewing Courcelle, *Recherches*, in *Gnomon*, 25 (1953), 113: 'Ein bedeutsames Buch, eine der wichtigsten Vorarbeiten für einen zukünftigen wissenschaftlichen Kommentar zu den Konfessionen'; Knauer, 21, '... daß ein umfassender Kommentar zu den Konfessionen

contributing to dialogue, and has no aspiration to utter the final word. It is not a commentary for the general reader, and neither is it a commentary for a passive reader. My practice has been to refrain from commentary in my own voice wherever possible, and to allow the texts to speak for themselves. Wherever possible, quotation has been preferred to paraphrase, evidence to interpretation. The aim is to give the reader the material with which to interpret, rather than to obtrude my own views. True enough, selection and arrangement have a way of directing exegesis, but the active reader will find ample resources for independent judgement.[130]

The Works of Augustine

The works of Augustine are cited according to the following abbreviations,[131] and from the editions indicated. Where a given edition, however, introduces a novel system of references, the conventional one has been preferred, to facilitate consultation of various editions, and the fullest form of reference (book, chapter, *and* section) is given to reduce ambiguity. The dates given for each work are meant only to provide an estimate for the reader of the place each work holds in the chronology of Augustine's life. There are many controversies.[132] For a

dringend erwünscht wäre' (the reviews of Knauer, including that of Courcelle at *REL* 33 (1956), 425, were full of similar hopes); M. Pellegrino, 'Per un commento alle "Confessioni"', *REAug* 5 (1959), 439–46 (see 446, '. . . ricordando che un buon commento realizzato entro un termine di tempo ragionevole sarà in ogni caso più utile d'un commento ideale che rimanga allo stato di progetto . . . .'). More recently, cf. W. Steidle, *Romanitas-Christianitas* (Festschrift J. Straub: Berlin, 1982), 527: 'Eine durchgehende Kommentierung einzelner Bücher ist gewiss ein Desiderat. Jedenfalls findet der Philologe hier noch ein weites, vielfach unbeackertes Feld.'

[130] Good advice for the active reader from an eighteenth century commentator on Milton, quoted in A. Fowler, *Milton: Paradise Lost* (London, 1971), 18: 'A Reader of Milton must be Always upon Duty; he is Surrounded with Sense, it rises in every Line, every Word is to the Purpose; There are no Lazy Intervals, All has been Considered, and Demands, and Merits Observation.'

[131] Based on *Augustinus-Lexikon: Grundgedanken und Richtlinien/Technische Richtlinien* (Würzburg n. d. [1981?]), but I have made some modifications in detail and the published *Augustinus-Lexikon* made alterations of its own.

[132] The most reliable and compendious general surveys of chronology are Goldbacher on the letters (*CSEL* 58: there are many revisions recorded in and suggested by A. Mandouze, *Prosopographie chrétienne du Bas-Empire*, I. *Afrique (303–533)* (Paris, 1982), under names of recipients and authors); Verbraken on the sermons (P.-P. Verbraken, *Études critiques sur les sermons authentiques de saint Augustin* (Steenbrugge and the Hague, 1976)); the list at *CCSL* 38, pp. xv–xviii for the *Enarrationes* (with modifications by H. Rondet, *Bull. litt. eccl.* 61 (1960), 111–27 and 258–86, and 65 (1964), 110–36, and by A.-M. La Bonnardière, *Recherches de chronologie augustinienne* (Paris, 1965)); and A. Mutzenbecher in her edition of *retr.* (*CCSL* 57) for the rest of the *œuvre* (drawing upon O. Perler, *Les Voyages de Saint Augustin* (Paris, 1966)). The work of S. Zarb remains fundamental, esp. his *Chronologia operum S. Augustini secundum ordinem Retractationum digesta* (Rome,

fuller presentation of variant titles, refs. to *retr.* and Possidius, and a conspectus of editions, see *Aug.-Lex.* 1, pp. xxvi-xli; H. J. Frede, *Kirchenschriftsteller* (Freiburg, 1981 and later supplements) has further details (e.g. editions of individual letters and sermons). A baker's dozen of Augustine's works have still not been seriously edited since the Maurists (of most interest: *mus.*, *mor.*, *c. Iul.*, and *Io. ep. tr.*), and most of the sermons also want critical edition. Moreover, some editions of the last century (most notably *en. Ps.*) are barely more than reprints of the Maurists. The defects of the editions are most trying when we attempt to determine the scriptural text A. knew at any given point, for there the tendency to Vulgate assimilation in medieval MSS and early modern editors is a powerful force.

adn. Iob	adnotationes in Job (399)[133]	CSEL 28. 2
adult. coniug.	de adulterinis coniugiis (420)	CSEL 41
adv. Iud.	adversus Iudaeos (428/9)	PL 42
agon.	de agone christiano (396)	CSEL 41
b. coniug.	de bono coniugali (401)	CSEL 41
b. vid.	de bono viduitatis (414)	CSEL 41
bapt.	de baptismo contra donatistas (400/1)	CSEL 51
beata v.	de beata vita (386)	CCSL 29
brevic.	breviculus conlationis cum donatistis (411)	CCSL 49A
c. acad.	contra academicos (386)	CCSL 29
c. Adim.	contra Adimantum (393/4)	CSEL 25. 1
c. adv. leg.	contra adversarium legis et prophetarum (420)	CCSL 49
c. Cresc.	contra Cresconium grammaticum et donatistam (405/6)	CSEL 52
c. don.	contra partem Donati post gesta (411)	
c. ep. fund.	contra epistulam quam vocant 'fundamenti' (396)	CSEL 25. 1
c. ep. Parm.	contra epistulam Parmeniani (400)	CSEL 51
c. ep. pel.	contra duas epistulas pelagianorum (420/1)	CSEL 60
c. Faust.	contra Faustum manichaeum (397/9)	CSEL 25. 1
c. Fel.	acta contra Felicem manichaeum (404)	CSEL 25. 2
c. Fort.	acta contra Forunatum manichaeum (392)	CSEL 25. 1

1934—reprinting articles in *Angelicum* for 1933 and 1934). I have not been able to gain access to a copy of the unpublished thèse of A. Mandouze, 'Retractatio retractationum sancti Augustini' (Paris, 1968), which apparently covers the same ground. Of the works listed here, only 21 are given by Mutzenbecher as having certain dates; virtually all the rest could have question marks, though only a dozen or so are dated in a way at all arbitrary. There will be some discussions in the commentary.

[133] Reference is made to chapter and verse of Job under discussion at the point of the citation; users of the CSEL edn. can best follow these references using the app. script. at the foot of the page.

c. Gaud.	*contra Gaudentium donatistarum episcopum* (419)[134]	*CSEL* 53
c. Iul.	*contra Iulianum* (421/2)	*PL* 44
c. Iul. imp.	*opus imperfectum contra Iulianum* (429/30)	*CSEL* 85. 1, *PL* 45[135]
c. litt. Pet.	*contra litteras Petiliani* (400/3)	*CSEL* 52
c. Max.	*contra Maximinum arrianum* (427/8)	*PL* 44
c. mend.	*contra mendacium ad Consentium* (420)	*CSEL* 41
c. prisc. et orig.	*contra priscillianistas et origenistas* (415)	*CCSL* 49
c. s. arrian.	*contra sermonem arrianorum* (418/19)	*PL* 42
c. Sec.	*contra Secundinum manichaeum* (398)	*CSEL* 25. 2
cat. rud.	*de catechizandis rudibus* (399)	*CCSL* 46
civ.	*de civitate dei* (413–426/7)	*CCSL* 47, 48
conl. Max.	*conlatio cum Maximino arrianorum episcopo* (427/8)	*PL* 42
cons. ev.	*de consensu evangelistarum* (399/400–?)	*CSEL* 43
cont.	*de continentia* (394/5)	*CSEL* 41
corrept.	*de correptione et gratia* (426/7)	*PL* 44
cura mort.	*de cura pro mortuis gerenda* (422?)	*CSEL 41*
dial.	*de dialectica* (387)	*PL* 32[136]
disc. chr.	*de disciplina christiana* (398)	*CCSL* 46
div. qu.	*de diversis quaestionibus LXXXIII* (388/96)	*CCSL* 44A
div. qu. Simp.	*de diversis quaestionibus VII ad Simplicianum* (396)	*CCSL* 44
divin. daem.	*de divinatione daemonum* (407)	*CSEL* 41
doctr. chr.	*de doctrina christiana* (396 [completed 427])	*CCSL* 32
duab. an.	*de duabus animabus contra manichaeos* (391/2)	*CSEL* 25. 1
Dulc. qu.	*de octo Dulcitii quaestionibus* (422/5)	*CCSL* 44A
Emer.	*de gestis cum Emerito donatistarum episcopo* (418)	*CSEL* 53
en. Ps.	*enarrationes in Psalmos* (392/417)	*CCSL* 38, 39, 40
ench.	*enchiridion ad Laurentium de fide et spe et caritate* (422)	*CCSL* 46
ep. (epp.)[137]	*epistula (epistulae)* (386–430)	*CSEL* 34, 44, 57, *BA* 46B
ep. cath.	*epistula ad catholicos de secta donatistarum* (405)	*CSEL* 52
exc. urb.	*sermo de excidio urbis Romae* (411)	*CCSL* 46
exp. prop. Rom.	*expositio quarumdam propositionum ex epistola ad Romanos* (394)	*CSEL* 84
f. et op.	*de fide et operibus* (413)	*CSEL* 41
f. et symb.	*de fide et symbolo* (393)	*CSEL* 41
f. invis.	*de fide rerum invisibilium* (400)	*CCSL* 46
Gal. exp.	*epistolae ad Galatas expositio* (394/5)	*CSEL* 84

---

[134] Date from M.-F. Berrouard, arguing from ep. 23A* at *BA* 46B. 541.

[135] The *CSEL* edn. contains only Bks. 1–3.

[136] There is also an edition by J. Pinborg (Boston, 1975).

[137] NB the new 'Divjak' letters with a separate numeration: *epp.* 1*–29*.

gest. Carth.	gesta conlationis Carthaginiensis (411)	SC 194, 195, 224
gest. Pel.	de gestis Pelagii (417)	CSEL 42
Gn. c. man.	de Genesi contra manichaeos (388/90)	PL 34
Gn. litt.	de Genesi ad litteram (401–15)	BA 48, 49
Gn. litt. imp.	de Genesi ad litteram imperfectus liber (393/4; 426/7)	CSEL 28. 1
gr. et lib. arb.	de gratia et libero arbitrio (418)	PL 44
gr. et pecc. or.	de gratia Christi et de peccato originali (426)	CSEL 42
gramm.	de grammatica (387)	PL 32[138]
haer.	de haeresibus (428)	CCSL 46
imm. an.	de immortalitate animae (387)	CSEL 89
Io. ep. tr.	tractatus in Iohannis epistulam ad Parthos (406/7)	PL 35
Io. ev. tr.	tractatus in evangelium Iohannis (406–21?)[139]	CCSL 36
lib. arb.	de libero arbitrio (387/8–391/5)	CCSL 29
loc. hept.	locutiones in heptateuchum (419)	CCSL 33
mag.	de magistro (389/90)	CCSL 29
mend.	de mendacio (394/5)	CSEL 41
mor.	de moribus ecclesiae catholicae et de moribus manichaeorum (388)	PL 32
mus.	de musica (388/90)	PL 32
nat. b.	de natura boni (398)	CSEL 25. 2
nat. et gr.	de natura et gratia (413/15)	CSEL 60
nat. et or. an.	de natura et origine animae[140] (419/20)	CSEL 60
nupt. et conc.	de nuptiis et concupiscentia (419/21)	CSEL 42
obiurg.	obiurgatio (= ep. 211)[141]	Lawless, Rule
op. mon.	de opere monachorum (401)	CSEL 41
ord.	de ordine (386)	CCSL 29
ord. mon.	ordo monasterii	Lawless, Rule
pat.	de patientia (417/18)	CSEL 41
pecc. mer.	de peccatorum meritis et remissione et de baptismo parvulorum ad Marcellinum (411/12)	CSEL 60
perf. iust.	de perfectione iustitiae hominis (415)	CSEL 42

[138] But cf. V. Law, *RA* 19 (1984), 155–83, who convincingly argues that the authentic vestiges of Augustine's treatise may be found in the so-called *ars breviata*.

[139] The sermons on John have been the object of lively discussion. The landmarks are M. Le Landais, *Études augustiniennes* (Paris, 1953), 9–95 (on the context of *Io. ev. tr.* 1–16); A. M. La Bonnardière, *Recherches de chronologie augustinienne* (dating *Io. ev. tr.* 1–16 to 406/7 with *Io. ep. tr.*, putting the rest off to 418 and after); D. F. Wright, *JThS* NS 15 (1964), 317–30 (separating *Io. ev. tr.* 20–2 from the rest); and M. F. Berrouard, in *BA* 71. 29–35 (accepting 406/7 for *Io. ev. tr.* 1–16) and *BA* 72. 18–46 (dating *Io. ev. tr.* 17–19 and 23–54 to 414, *Io. ev. tr.* 20–2 to 419/20). For *Io. ev. tr.* 55–124, *ep.* 23A* now lends credence to a date of 419: see M.-F. Berrouard, *Les lettres . . . Divjak* (Paris, 1983), 302 ff.

[140] Title as in Possidius and *CSEL* (the only critical edition); variant title (in *PL* and in *Aug.-Lex.*): *de anima et eius origine*.

[141] We may now, in the wake of L. Verheijen, *La Règle de saint Augustin* (Paris, 1967), and of Lawless, *Rule*, accept as authentic the *ordo monasterii*, *obiurgatio*, and the *praeceptum* (critical texts at Verheijen, 1. 148–52, 1. 105–7, 1. 417–37 respectively, reprinted at Lawless, *Rule*, 74–108).

persev.	*de dono perseverantiae* (428/9)	*PL* 45
praec.	*praeceptum*	Lawless, *Rule*
praed. sanct.	*de praedestinatione sanctorum* (428/9)	*PL* 44
ps. c. Don.	*psalmus contra partem Donati* (394)	*CSEL* 51
qu. ev.	*quaestiones evangeliorum* (399/400)	*CCSL* 44B
qu. hept.	*quaestiones in heptateuchum* (419)	*CCSL* 33
qu. Mt.	*quaestiones XVII in Matthaeum*[142] (?)	*CCSL* 44B
qu. vet. t.	*de octo quaestionibus ex veteri testamento*[143] (?)	*CCSL* 33
quant. an.	*de quantitate animae* (387/8)	*CSEL* 89
retr.	*retractationes* (426/7)[144]	*CCSL* 57
Rom. inch. exp.	*epistolae ad Romanos inchoata expositio* (394/5)	*CSEL* 84
s. (ss.)	*sermones*[145] (392–430)	*PL* 38, 39, *MA* I, etc.
s. Caes. eccl.	*sermo ad Caesariensis plebem* (418)	*CSEL* 53
s. dom. m.	*de sermone domini in monte* (393/6)	*CCSL* 35
sol.	*soliloquia* (386/7)	*CSEL* 89
spec.	*speculum* (427)	*CSEL* 12
spir. et litt.	*de spiritu et littera* (412)	*CSEL* 60
symb. cat.	*sermo de symbolo ad catechumenos* (?)	*CCSL* 46
trin.	*de trinitate* (399–422/6)	*CCSL* 50, 50A
un. bapt.	*de unico baptismo contra Petilianum* (410/11)	*CSEL* 53
util. cred.	*de utilitate credendi* (391/2)	*CSEL* 25. 1
util. ieiun.	*de utilitate ieiunii* (408)	*CCSL* 46
vera rel.	*de vera religione* (390/1)	*CCSL* 32
virg.	*de sancta virginitate* (401)	*CSEL* 41

Biblical Citations

How best to cite scriptural texts that offer illumination or analogy to Augustine's words is a vexing problem.[146] Augustine knew scripture mainly in Latin (he could decipher the Greek when he had to, but had no Hebrew), and read the text in translation (s) that mainly antedated Jerome's. Scriptural texts are cited in this commentary in versions that come as close as possible to what Augustine would have known; but 'as close as possible' is an imprecise measure, and varies dramatically from

---

[142] Authenticity doubtful.

[143] Authenticity controversial; defended and edited (edn. repr. in *CCSL*) by D. De Bruyne, *MA* 2. 327–40.

[144] Refs. to *retr.* follow the conventional two-book scheme and 'chapter' numbers as in Mutzenbecher's edition.

[145] The *sermones post Maurinos [et post Morinum] reperti* are designated by conventional abbreviations, e.g. *s. Den.*, *s. Frang.*, *s. Guelf.*; most are published in *MA* I, others (esp. *s. Lambot*) have been published since in *RB* and *REAug*. For details, see Verbraken, supplemented by the list at *Aug.-Lex.* I, p. xxxix.

[146] Names of biblical books follow the Vulgate, though the abbreviations are anglicized (e.g. Jn., Lk.). To avoid confusion I always refer to 'Ecclesiasticus' under the title 'Sirach'.

one part of scripture to another. There are certainly many inconsistencies in the commentary, and there are probably places where a better (i.e. closer to Augustine's) version could have been found; this is an area in which scholarship makes constant, but painfully slow progress. The general principle employed (and decisive in cases of choice among more than one possibility) has been to find the text closest to what Augustine seems to have had in mind as he wrote the *Confessions*. What can be said beyond that is this:

(1) For books of scripture for which there exist volumes of the Beuron *Vetus Latina* or of A. M. La Bonnardière's *Biblia Augustiniana*, we are pretty well served. But where, for instance, *Vetus Latina* provides us with a complete analysis of patristic citations of Latin versions of Genesis, it must be borne in mind that for some verses (cited by Augustine himself frequently and in the same words) we can say exactly what he had in mind; for some other verses (cited by Augustine frequently but in versions that varied from time to time) we can make a careful, well-founded, but in the end unverifiable guess as to what may have been in his mind when he was writing the *Confessions*; and for some verses (never explicitly quoted by Augustine in his works) we are left comparing the (or a) version-in-circulation with the words of the *Confessions* and making our own judgement of the resemblance.[147] La Bonnardière's volumes offer more help, confining themselves to passages actually cited by Augustine, but La Bonnardière's first interest is not textual, and inevitably no collection of Augustine's 'citations' is ever complete—if only because disagreements as to what constitutes a citation will linger.

(2) For the Psalter we are in the best position. Augustine's *enarrationes in psalmos* comment on the whole of every Psalm, quoting the text, then frequently paraphrasing, analysing, re-quoting, and re-quoting again. The exact version of the Psalter on which Augustine based each of the sermons can be reconstructed with very high accuracy, especially because we have the further resources of Knauer's *Psalmenzitate* and of R. Weber's *Le Psautier Romain et les autres anciens Psautiers latins* (Rome, 1953), meticulously presenting the evidence for pre-Jerome Latin Psalters verse by verse.[148] So far, it would seem, so good. But Augustine's sermons on the Psalms were delivered or dictated over a period of 25 years, from 392 to approximately 417, while the *Confessions*

---

[147] A hesitantly reconstructed text of Gn. 1 is printed preceding the commentary on 13. 1. 1.
[148] And see D. De Bruyne, 'Saint Augustin reviseur de la Bible', *MA* 2. 544–78.

were written in 397/401, early in Augustine's episcopate. There is no guarantee that the text Augustine had in mind in 397 is the same as that on which he preached in 415, when the determining factor in the text of his sermon would have been the liturgical usage of the local church. But nowhere are we better off than with the Psalms.[149]

(3) For the book of Job, we are in the happy position of having a complete Latin translation that closely matches what Augustine would have known, and we have Augustine's own testimony (*ep*. 71. 2. 3) that he used it. This is a translation based originally on the Greek Septuagint, and revised and corrected against the Greek text by Jerome, printed at *PL* 28. 61–114. This translation differs dramatically from Jerome's later, better version.

(4) For the remainder of the books of the Old Testament, notably including the Apocrypha thrown into limbo in modern times, we possess no complete pre-Vulgate Latin version, but we know that the Latin versions that existed were assiduous renderings of the Septuagint (LXX). The Greek text itself will be quoted from A. Rahlfs, *Septuaginta* (Stuttgart, 1935) such quotations, and bare references elsewhere, will be denoted by the LXX symbol. Where 'VL' is apposed to OT references, it should be borne in mind that the LXX Greek itself may be used as a check—to such an extent that sometimes it is possible to 'quote' the 'VL' for an OT passage when what we are doing is quoting a citation/allusion from some Latin writer, verified against the LXX Greek.

(5) Many other individual texts of scripture are cited *expressis verbis* by Augustine in works other than the *Confessions*.[150] Where possible, the first choice is to give a citation in a form that is documented from Augustine, with a note *ad loc.*

(6) When all else fails, which is often, the Vulgate is cited, following the most recent critical edition, that of R. Weber, *Biblia Sacra iuxta Vulgatam Versionem*[3] (Stuttgart, 1983), taking into account the large Roman critical edition and the New Testament of Wordsworth and White. Occasionally a reading is chosen from the apparatus criticus of the Vulgate if comparison with his text suggests that it is closer to what Augustine had in hand.

---

[149] For other works on which A. commented, we are less securely grounded and must proceed cautiously in each case. *Io. ev. tr.*, in particular, was written many years after the *Confessions* and cannot be counted on to present a text identical with that which A. used in 397/401.

[150] Some help comes from C. H. Milne, *A Reconstruction of the Old-Latin Text of the Gospels used by S. Augustine* (Cambridge, 1926).

Acknowledgements

A work such as this is as variously and irremediably in debt at every turn as Mr Micawber. I shall be content if someone says of me what Gibbon said of Augustine, that my learning is too often borrowed, and my arguments are too often my own.

For funding in various amounts, I am indebted to:

The John Simon Guggenheim Memorial Foundation
The National Endowment for the Humanities
The University of Pennsylvania School of Arts and Sciences
The University of Pennsylvania Research Foundation
The American Council of Learned Societies

For moral support, encouragement, and scholarly consultation, I thank J. V. Fleming, G. N. Knauer, Henry Chadwick, Carl R. Fischer, Jr., MD, Paula Fredriksen, Julia Haig Gaisser, Michael Gorman, Barbara Halporn, J. W. Halporn, Richard Hamilton, Col. Morton S. Jaffe, James J. John, the late Robert E. Kaske (*magister Regis et rex magistrorum*), Dale Kinney, George Lawless, OSA, Thomas Mackay, Robert A. Markus, Stephen G. Nichols, and Amy Richlin. My encounters with Augustine began two decades ago, in an irretrievable place, and remind me at every turn of a friend of whom it can be said, as Augustine said of Nebridius (*ep.* 98. 8) that he was a most assiduous and keen-eyed investigator in all matters dealing with doctrine and piety, and that what he hated most of all was a short answer to a large question.

At an advanced stage, I had the use of the computer database of the Augustine Concordance Project of the University of Würzburg, in the copy located at Villanova University. It is a particular pleasure to express my gratitude to Fr. Allan Fitzgerald, OSA, for making this facility available to me.

I have also had the advantage of reading unpublished work on the *confessiones* by G.-D. Warns of Berlin and by Professor Colin Starnes of Dalhousie University. I hope I have been adequately scrupulous in indicating my debts to their work ad loc., and I am very grateful to both scholars for their generosity; Professor Starnes's *Augustine's Conversion* has now appeared (Waterloo, Ontario, 1990).

I thank as well my students at Cornell University and the University of Pennsylvania: C. E. Bennett, Robert Gorman, Sarah Mace, Laurie Williams, Elizabeth Beckwith, Karl Maurer, Jeanette Jones, Anne Keaney, Erica Budd, Harriet Flower, Lisa Rengo, John McMahon, Michael Klaassen, Leslie Dossey.

The participants in my 1985 NEH-sponsored seminar at Glenmede (Bryn Mawr College) were present at the creation, and will find herein much that is familiar: J. Randal Allen, Vincent J. Amato, Herbert E. Anderson, Floyd D. Celapino, James A. Freeman, Kay S. Hodges, Patricia J. Huhn, Brother Joseph R. Kazimir, Kathleen M. Macdonell, Sister Miriam Meskill, VI, Linda M. Porto, M. James Robertson, Sister Marie Clare Rutkowski, OFM, Patricia A. Walsh, Sister Patricia Welsh, RSM. President Mary Patterson McPherson of Bryn Mawr College provided the facilities for our seminar, but is also indirectly responsible for my having had the time and leisure to complete this work, and thus deserves double thanks.

I have given talks that anticipate portions of the substance and argument of this work in settings under the auspices of the American Philological Association (New Orleans, 1980), the University of Pennsylvania (1981), the Lilly-Pennsylvania Program (Philadelphia, 1981), the Oxford Patristic Congress (1983), Bryn Mawr College (1987), the American Philological Association (New York, 1987), and The Colorado College (1988).

This work is evidence of the riches of three fine libraries, the Van Pelt Library of the University of Pennsylvania, the Falvey Memorial Library of Villanova University, and the Miriam Coffin Canaday Library of Bryn Mawr College.

J. K. Cordy and Hilary O'Shea and the remarkable Press they represent never flinched for a moment: no small achievement.

Nec trepidus ero ad proferendam sententiam meam, in qua magis amabo inspici a rectis quam timebo morderi a perversis, . . . magisque optabo a quolibet reprehendi quam sive ab errante sive ab adulante laudari. nullus enim reprehensor formidandus est amatori veritatis.

(trin. 2. pro. 1)

Bryn Mawr
23 November 1990

J.J.O'D.

Aureli Augustini
CONFESSIONUM
LIBRI TREDECIM

LIBER PRIMUS

1   (1) Magnus es, domine, et laudabilis valde. magna virtus tua et sapientiae tuae non est numerus. et laudare te vult homo, aliqua portio creaturae tuae, et homo circumferens mortalitatem suam, circumferens testimonium peccati sui et testimonium quia superbis resistis; et tamen laudare te vult homo, aliqua portio creaturae tuae. tu excitas ut laudare te delectet, quia fecisti nos ad te et inquietum est cor nostrum donec requiescat in te. da mihi, domine, scire et intellegere utrum sit prius invocare te an laudare te, et scire te prius sit an invocare te. sed quis te invocat nesciens te? aliud enim pro alio potest invocare nesciens. an potius invocaris ut sciaris? quomodo autem invocabunt, in quem non crediderunt? aut quomodo credent sine praedicante? et laudabunt dominum qui requirunt eum: quaerentes enim inveniunt eum et invenientes laudabunt eum. quaeram te, domine, invocans te et invocem te credens in te: praedicatus enim es nobis. invocat te, domine, fides mea, quam dedisti mihi, quam inspirasti mihi per humanitatem filii tui, per ministerium praedicatoris tui.

2   (2) Et quomodo invocabo deum meum, deum et dominum meum, quoniam utique in me ipsum eum vocabo, cum invocabo eum? et quis locus est in me quo veniat in me deus meus, quo deus veniat in me, deus, qui fecit caelum et terram? itane, domine deus meus, est quicquam in me quod capiat te? an vero caelum et terra, quae fecisti et in quibus me fecisti, capiunt te? an quia sine te non esset quidquid est, fit ut quidquid est capiat te? quoniam itaque et ego sum, quid peto ut venias in me, qui non essem nisi esses in me? non enim ego iam inferi, et tamen etiam ibi es, nam etsi descendero in infernum, ades. non ergo essem, deus meus, non omnino essem, nisi esses in me. an potius non essem nisi essem in te, ex quo omnia, per quem omnia, in quo omnia? etiam sic, domine, etiam sic. quo te invoco, cum in te sim? aut unde venias in me? quo enim recedam extra caelum et terram, ut inde in me veniat deus meus, qui dixit, 'caelum et terram ego impleo'?

3   (3) Capiunt ergone te caelum et terra, quoniam tu imples ea? an imples et restat, quoniam non te capiunt? et quo refundis quidquid impleto caelo et terra restat ex te? an non opus habes ut quoquam continearis, qui contines omnia, quoniam quae imples continendo imples? non enim vasa quae te plena sunt stabilem te faciunt, quia etsi frangantur non effunderis. et cum effunderis super nos, non tu iaces sed erigis nos, nec tu dissiparis sed conligis nos. sed quae imples

omnia, te toto imples omnia. an quia non possunt te totum capere
omnia, partem tui capiunt et eandem partem simul omnia capiunt? an
singulas singula et maiores maiora, minores minora capiunt? ergo est
aliqua pars tua maior, aliqua minor? an ubique totus es et res nulla te
totum capit?

4   (4) Quid es ergo, deus meus? quid, rogo, nisi dominus deus? quis
enim dominus praeter dominum? aut quis deus praeter deum nostrum?
summe, optime, potentissime, omnipotentissime, misericordissime et
iustissime, secretissime et praesentissime, pulcherrime et fortissime,
stabilis et incomprehensibilis, immutabilis mutans omnia, numquam
novus numquam vetus, innovans omnia et in vetustatem perducens
superbos et nesciunt. semper agens semper quietus, conligens et non
egens, portans et implens et protegens, creans et nutriens et perficiens,
quaerens cum nihil desit tibi. amas nec aestuas, zelas et securus es,
paenitet te et non doles, irasceris et tranquillus es, opera mutas nec
mutas consilium, recipis quod invenis et numquam amisisti. numquam
inops et gaudes lucris, numquam avarus et usuras exigis, supererogatur
tibi ut debeas: et quis habet quicquam non tuum? reddis debita nulli
debens, donas debita nihil perdens. et quid diximus, deus meus, vita
mea, dulcedo mea sancta, aut quid dicit aliquis cum de te dicit? et vae
tacentibus de te, quoniam loquaces muti sunt.

5   (5) Quis mihi dabit adquiescere in te? quis dabit mihi ut venias in
cor meum et inebries illud, ut obliviscar mala mea et unum bonum
meum amplectar, te? quid mihi es? miserere ut loquar. quid tibi sum
ipse, ut amari te iubeas a me et, nisi faciam, irascaris mihi et mineris
ingentes miserias? parvane ipsa est si non amem te? ei mihi! dic mihi
per miserationes tuas, domine deus meus, quid sis mihi. dic animae
meae, 'salus tua ego sum': sic dic ut audiam. ecce aures cordis mei ante
te, domine. aperi eas et dic animae meae, 'salus tua ego sum.' curram
post vocem hanc et apprehendam te. noli abscondere a me faciem
tuam: moriar, ne moriar, ut eam videam.

(6) Angusta est domus animae meae quo venias ad eam: dilatetur abs
te. ruinosa est: refice eam. habet quae offendant oculos tuos: fateor et
scio. sed quis mundabit eam? aut cui alteri praeter te clamabo, 'ab occultis meis munda me, domine, et ab alienis parce servo tuo?' credo, propter
quod et loquor, domine: tu scis. nonne tibi prolocutus sum adversum me
delicta mea, deus meus, et tu dimisisti impietatem cordis mei? non
iudicio contendo tecum, qui veritas es, et ego nolo fallere me ipsum, ne
mentiatur iniquitas mea sibi. non ergo iudicio contendo tecum, quia, si
iniquitates observaveris, domine, domine, quis sustinebit?

6   (7) Sed tamen sine me loqui apud misericordiam tuam, me terram et cinerem sine tamen loqui. quoniam ecce misericordia tua est, non homo, inrisor meus, cui loquor. et tu fortasse inrides me, sed conversus misereberis mei. quid enim est quod volo dicere, domine, nisi quia nescio unde venerim huc, in istam dico vitam mortalem an mortem vitalem? nescio. et susceperunt me consolationes miserationum tuarum, sicut audivi a parentibus carnis meae, ex quo et in qua me formasti in tempore: non enim ego memini. exceperunt ergo me consolationes lactis humani, nec mater mea vel nutrices meae sibi ubera implebant, sed tu mihi per eas dabas alimentum infantiae secundum institutionem tuam et divitias usque ad fundum rerum dispositas. tu etiam mihi dabas nolle amplius quam dabas, et nutrientibus me dare mihi velle quod eis dabas: dare enim mihi per ordinatum affectum volebant quo abundabant ex te. nam bonum erat eis bonum meum ex eis, quod ex eis non sed per eas erat. ex te quippe bona omnia, deus, et ex deo meo salus mihi universa. quod animadverti postmodum, clamante te mihi per haec ipsa quae tribuis intus et foris. nam tunc sugere noram et adquiescere delectationibus, flere autem offensiones carnis meae, nihil amplius.

(8) Post et ridere coepi, dormiens primo, deinde vigilans. hoc enim de me mihi indicatum est et credidi, quoniam sic videmus alios infantes: nam ista mea non memini. et ecce paulatim sentiebam ubi essem, et voluntates meas volebam ostendere eis per quos implerentur, et non poteram, quia illae intus erant, foris autem illi, nec ullo suo sensu valebant introire in animam meam. itaque iactabam membra et voces, signa similia voluntatibus meis, pauca quae poteram, qualia poteram: non enim erant vere similia. et cum mihi non obtemperabatur, vel non intellecto vel ne obesset, indignabar non subditis maioribus et liberis non servientibus, et me de illis flendo vindicabam. tales esse infantes didici quos discere potui, et me talem fuisse magis mihi ipsi indicaverunt nescientes quam scientes nutritores mei.

(9) Et ecce infantia mea olim mortua est et ego vivo. tu autem, domine, qui et semper vivis et nihil moritur in te, quoniam ante primordia saeculorum, et ante omne quod vel ante dici potest, tu es et deus es dominusque omnium, quae creasti, et apud te rerum omnium instabilium stant causae, et rerum omnium mutabilium immutabiles manent origines, et omnium inrationalium et temporalium sempiternae vivunt rationes, dic mihi supplici tuo, deus, et misericors misero tuo dic mihi, utrum alicui iam aetati meae mortuae successerit infantia mea. an illa est quam egi intra viscera matris meae? nam et de illa mihi

nonnihil indicatum est et praegnantes ipse vidi feminas. quid ante hanc
etiam, dulcedo mea, deus meus? fuine alicubi aut aliquis? nam quis
mihi dicat ista, non habeo; nec pater nec mater potuerunt, nec aliorum
experimentum nec memoria mea. an inrides me ista quaerentem teque
de hoc quod novi laudari a me iubes et confiteri me tibi?

(10) Confiteor tibi, domine caeli et terrae, laudem dicens tibi de
primordiis et infantia mea, quae non memini. et dedisti ea homini ex
aliis de se conicere et auctoritatibus etiam muliercularum multa de se
credere. eram enim et vivebam etiam tunc, et signa quibus sensa mea
nota aliis facerem iam in fine infantiae quaerebam. unde hoc tale
animal nisi abs te, domine? an quisquam se faciendi erit artifex? aut ulla
vena trahitur aliunde qua esse et vivere currat in nos, praeterquam
quod tu facis nos, domine, cui esse et vivere non aliud atque aliud, quia
summe esse ac summe vivere idipsum est? summus enim es et non
mutaris, neque peragitur in te hodiernus dies, et tamen in te peragitur,
quia in te sunt et ista omnia: non enim haberent vias transeundi, nisi
contineres eas. et quoniam anni tui non deficiunt, anni tui hodiernus
dies. et quam multi iam dies nostri et patrum nostrorum per hodiernum
tuum transierunt et ex illo acceperunt modos et utcumque extiterunt, et
transibunt adhuc alii et accipient et utcumque existent. tu autem idem
ipse es et omnia crastina atque ultra omniaque hesterna et retro hodie
facies, hodie fecisti. quid ad me, si quis non intellegat? gaudeat et ipse
dicens, 'quid est hoc?' gaudeat etiam sic, et amet non inveniendo
invenire potius quam inveniendo non invenire te.

7　(11) Exaudi, deus. vae peccatis hominum! et homo dicit haec, et
misereris eius, quoniam tu fecisti eum et peccatum non fecisti in eo.
quis me commemorat peccatum infantiae meae, quoniam nemo
mundus a peccato coram te, nec infans cuius est unius diei vita super
terram? quis me commemorat? an quilibet tantillus nunc parvulus, in
quo video quod non memini de me? quid ergo tunc peccabam? an quia
uberibus inhiabam plorans? nam si nunc faciam, non quidem uberibus
sed escae congruenti annis meis ita inhians, deridebor atque repre-
hendar iustissime. tunc ergo reprehendenda faciebam, sed quia repre-
hendentem intellegere non poteram, nec mos reprehendi me nec ratio
sinebat: nam extirpamus et eicimus ista crescentes. nec vidi quemquam
scientem, cum aliquid purgat, bona proicere. an pro tempore etiam illa
bona erant, flendo petere etiam quod noxie daretur, indignari acriter
non subiectis hominibus liberis et maioribus hisque, a quibus genitus
est, multisque praeterea prudentioribus non ad nutum voluntatis
obtemperantibus feriendo nocere niti quantum potest, quia non

oboeditur imperiis quibus perniciose oboediretur? ita inbecillitas membrorum infantilium innocens est, non animus infantium. vidi ego et expertus sum zelantem parvulum: nondum loquebatur et intuebatur pallidus amaro aspectu conlactaneum suum. quis hoc ignorat? expiare se dicunt ista matres atque nutrices nescio quibus remediis. nisi vero et ista innocentia est, in fonte lactis ubertim manante atque abundante opis egentissimum et illo adhuc uno alimento vitam ducentem consortem non pati. sed blande tolerantur haec, non quia nulla vel parva, sed quia aetatis accessu peritura sunt. quod licet probes, cum ferri aequo animo eadem ipsa non possunt quando in aliquo annosiore deprehenduntur.

(12) Tu itaque, domine deus meus, qui dedisti vitam infanti et corpus, quod ita, ut videmus, instruxisti sensibus, compegisti membris, figura decorasti proque eius universitate atque incolumitate omnes conatus animantis insinuasti, iubes me laudare te in istis et confiteri tibi et psallere nomini tuo, altissime, quia deus es omnipotens et bonus, etiamsi sola ista fecisses, quae nemo alius potest facere nisi tu, une, a quo est omnis modus, formosissime, qui formas omnia et lege tua ordinas omnia. hanc ergo aetatem, domine, quam me vixisse non memini, de qua aliis credidi et quam me egisse ex aliis infantibus con- ieci, quamquam ista multum fida coniectura sit, piget me adnumerare huic vitae meae quam vivo in hoc saeculo. quantum enim attinet ad oblivionis meae tenebras, par illi est quam vixi in matris utero. quod si et in iniquitate conceptus sum et in peccatis mater mea me in utero aluit, ubi, oro te, deus meus, ubi, domine, ego, servus tuus, ubi aut quando innocens fui? sed ecce omitto illud tempus: et quid mihi iam cum eo est, cuius nulla vestigia recolo?

8   (13) Nonne ab infantia huc pergens veni in pueritiam? vel potius ipsa in me venit et successit infantiae? nec discessit illa: quo enim abiit? et tamen iam non erat. non enim eram infans qui non farer, sed iam puer loquens eram. et memini hoc, et unde loqui didiceram post adverti. non enim docebant me maiores homines, praebentes mihi verba certo aliquo ordine doctrinae sicut paulo post litteras, sed ego ipse mente quam dedisti mihi, deus meus, cum gemitibus et vocibus variis et variis membrorum motibus edere vellem sensa cordis mei, ut voluntati pareretur, nec valerem quae volebam omnia nec quibus volebam omnibus, prensabam memoria. cum ipsi appellabant rem aliquam et cum secundum eam vocem corpus ad aliquid movebant, videbam et tenebam hoc ab eis vocari rem illam quod sonabant cum eam vellent ostendere. hoc autem eos velle ex motu corporis aperiebatur tamquam

verbis naturalibus omnium gentium, quae fiunt vultu et nutu oculorum
ceterorumque membrorum actu et sonitu vocis indicante affectionem
animi in petendis, habendis, reiciendis fugiendisve rebus. ita verba in
variis sententiis locis suis posita et crebro audita quarum rerum signa
essent paulatim conligebam measque iam voluntates edomito in eis
signis ore per haec enuntiabam. sic cum his inter quos eram
voluntatum enuntiandarum signa communicavi, et vitae humanae pro-
cellosam societatem altius ingressus sum, pendens ex parentum auctoritate nutuque maiorum hominum.

9   (14) Deus, deus meus, quas ibi miserias expertus sum et ludifica-
tiones, quandoquidem recte mihi vivere puero id proponebatur,
obtemperare monentibus, ut in hoc saeculo florerem et excellerem
linguosis artibus ad honorem hominum et falsas divitias famulantibus.
inde in scholam datus sum ut discerem litteras, in quibus quid utilitatis
esset ignorabam miser. et tamen, si segnis in discendo essem,
vapulabam. laudabatur enim hoc a maioribus, et multi ante nos vitam
istam agentes praestruxerant aerumnosas vias, per quas transire
cogebamur multiplicato labore et dolore filiis Adam. invenimus autem,
domine, homines rogantes te et didicimus ab eis, sentientes te, ut
poteramus, esse magnum aliquem qui posses etiam non apparens
sensibus nostris exaudire nos et subvenire nobis. nam puer coepi
rogare te, auxilium et refugium meum, et in tuam invocationem
rumpebam nodos linguae meae et rogabam te parvus non parvo affectu,
ne in schola vapularem. et cum me non exaudiebas, quod non erat ad
insipientiam mihi, ridebantur a maioribus hominibus usque ab ipsis
parentibus, qui mihi accidere mali nihil volebant, plagae meae,
magnum tunc et grave malum meum.

(15) Estne quisquam, domine, tam magnus animus, praegrandi
affectu tibi cohaerens, estne, inquam, quisquam (facit enim hoc
quaedam etiam stoliditas: est ergo), qui tibi pie cohaerendo ita sit
affectus granditer, ut eculeos et ungulas atque huiuscemodi varia tormenta (pro quibus effugiendis tibi per universas terras cum timore
magno supplicatur) ita parvi aestimet, diligens eos qui haec acerbis-
sime formidant, quemadmodum parentes nostri ridebant tormenta
quibus pueri a magistris affligebamur? non enim aut minus ea
metuebamus aut minus te de his evadendis deprecabamur, et pec-
cabamus tamen minus scribendo aut legendo aut cogitando de litteris
quam exigebatur a nobis. non enim deerat, domine, memoria vel
ingenium, quae nos habere voluisti pro illa aetate satis, sed delectabat
ludere et vindicabatur in nos ab eis qui talia utique agebant. sed

maiorum nugae negotia vocantur, puerorum autem talia cum sint, puniuntur a maioribus, et nemo miseratur pueros vel illos vel utrosque. nisi vero approbat quisquam bonus rerum arbiter vapulasse me, quia ludebam pila puer et eo ludo impediebar quominus celeriter discerem litteras, quibus maior deformius luderem. aut aliud faciebat idem ipse a quo vapulabam, qui si in aliqua quaestiuncula a condoctore suo victus esset, magis bile atque invidia torqueretur quam ego, cum in certamine pilae a conlusore meo superabar?

10   (16) Et tamen peccabam, domine deus, ordinator et creator rerum omnium naturalium, peccatorum autem tantum ordinator, domine deus meus, peccabam faciendo contra praecepta parentum et magistrorum illorum. poteram enim postea bene uti litteris, quas volebant ut discerem quocumque animo illi mei. non enim meliora eligens inoboediens eram, sed amore ludendi, amans in certaminibus superbas victorias et scalpi aures meas falsis fabellis, quo prurirent ardentius, eadem curiositate magis magisque per oculos emicante in spectacula, ludos maiorum—quos tamen qui edunt, ea dignitate praediti excellunt, ut hoc paene omnes optent parvulis suis, quos tamen caedi libenter patiuntur, si spectaculis talibus impediantur ab studio quo eos ad talia edenda cupiunt pervenire. vide ista, domine, misericorditer, et libera nos iam invocantes te, libera etiam eos qui nondum te invocant, ut invocent te et liberes eos.

11   (17) Audieram enim ego adhuc puer de vita aeterna promissa nobis per humilitatem domini dei nostri descendentis ad superbiam nostram, et signabar iam signo crucis eius, et condiebar eius sale iam inde ab utero matris meae, quae multum speravit in te. vidisti, domine, cum adhuc puer essem et quodam die pressu stomachi repente aestuarem paene moriturus, vidisti, deus meus, quoniam custos meus iam eras, quo motu animi et qua fide baptismum Christi tui, dei et domini mei, flagitavi a pietate matris meae et matris omnium nostrum, ecclesiae tuae. et conturbata mater carnis meae, quoniam et sempiternam salutem meam carius parturiebat corde casto in fide tua, iam curaret festinabunda ut sacramentis salutaribus initiarer et abluerer, te, domine Iesu, confitens in remissionem peccatorum, nisi statim recreatus essem. dilata est itaque mundatio mea, quasi necesse esset ut adhuc sordidarer si viverem, quia videlicet post lavacrum illud maior et periculosior in sordibus delictorum reatus foret. ita iam credebam et illa et omnis domus, nisi pater solus, qui tamen non evicit in me ius maternae pietatis, quominus in Christum crederem, sicut ille nondum crediderat. nam illa satagebat ut tu mihi pater esses, deus meus, potius

quàm ille, et in hoc adiuvabas eam, ut superaret virum, cui melior
serviebat, quia et in hoc tibi utique id iubenti serviebat.

(18) Rogo te, deus meus: vellem scire, si tu etiam velles, quo consilio
dilatus sum ne tunc baptizarer, utrum bono meo mihi quasi laxata sint
lora peccandi. an non laxata sunt? unde ergo etiam nunc de aliis atque
aliis sonat undique in auribus nostris: 'sine illum, faciat: nondum enim
baptizatus est.' et tamen in salute corporis non dicimus: 'sine
vulneretur amplius: nondum enim sanatus est.' quanto ergo melius et
cito sanarer et id ageretur mecum meorum meaque diligentia, ut
recepta salus animae meae tuta esset tutela tua, qui dedisses eam.
melius vero. sed quot et quanti fluctus impendere temptationum post
pueritiam videbantur, noverat eos iam illa mater et terram per eos,
unde postea formarer, quam ipsam iam effigiem committere volebat.

12   (19) In ipsa tamen pueritia, de qua mihi minus quam de adulescentia
metuebatur, non amabam litteras et me in eas urgeri oderam, et
urgebar tamen et bene mihi fiebat. nec faciebam ego bene (non enim
discerem nisi cogerer; nemo autem invitus bene facit, etiamsi bonum
est quod facit), nec qui me urgebant bene faciebant, sed bene mihi
fiebat abs te, deus meus. illi enim non intuebantur quo referrem quod
me discere cogebant, praeterquam ad satiandas insatiabiles cupiditates
copiosae inopiae et ignominiosae gloriae. tu vero, cui numerati sunt
capilli nostri, errore omnium qui mihi instabant ut discerem utebaris
ad utilitatem meam, meo autem, qui discere nolebam, utebaris ad
poenam meam, qua plecti non eram indignus, tantillus puer et tantus
peccator. ita de non bene facientibus tu bene faciebas mihi et de pec-
cante me ipso iuste retribuebas mihi. iussisti enim et sic est, ut poena
sua sibi sit omnis inordinatus animus.

13   (20) Quid autem erat causae cur graecas litteras oderam, quibus
puerulus imbuebar? ne nunc quidem mihi satis exploratum est.
adamaveram enim latinas, non quas primi magistri sed quas docent qui
grammatici vocantur. nam illas primas, ubi legere et scribere et nume-
rare discitur, non minus onerosas poenalesque habebam quam omnes
graecas. unde tamen et hoc nisi de peccato et vanitate vitae, qua caro
eram et spiritus ambulans et non revertens? nam utique meliores, quia
certiores, erant primae illae litterae quibus fiebat in me et factum est et
habeo illud ut et legam, si quid scriptum invenio, et scribam ipse, si
quid volo, quam illae quibus tenere cogebar Aeneae nescio cuius
errores, oblitus errorum meorum, et plorare Didonem mortuam, quia
se occidit ab amore, cum interea me ipsum in his a te morientem, deus,
vita mea, siccis oculis ferrem miserrimus.

(21) Quid enim miserius misero non miserante se ipsum et flente
Didonis mortem, quae fiebat amando Aenean, non flente autem
mortem suam, quae fiebat non amando te, deus, lumen cordis mei et
panis oris intus animae meae et virtus maritans mentem meam et sinum
cogitationis meae? non te amabam, et fornicabar abs te, et fornicanti
sonabat undique, 'euge! euge!' amicitia enim mundi huius fornicatio est
abs te et 'euge! euge!' dicitur ut pudeat, si non ita homo sit. et haec non
flebam, et flebam Didonem extinctam ferroque extrema secutam,
sequens ipse extrema condita tua relicto te et terra iens in terram. et si
prohiberer ea legere, dolerem, quia non legerem quod dolerem. tali
dementia honestiores et uberiores litterae putantur quam illae quibus
legere et scribere didici.

(22) Sed nunc in anima mea clamet deus meus, et veritas tua dicat
mihi, 'non est ita, non est ita.' melior est prorsus doctrina illa prior.
nam ecce paratior sum oblivisci errores Aeneae atque omnia eius modi
quam scribere et legere. at enim vela pendent liminibus gram-
maticarum scholarum, sed non illa magis honorem secreti quam tegi-
mentum erroris significant. non clament adversus me quos iam non
timeo, dum confiteor tibi quae vult anima mea, deus meus, et
adquiesco in reprehensione malarum viarum mearum, ut diligam
bonas vias tuas, non clament adversus me venditores grammaticae vel
emptores, quia, si proponam eis interrogans, utrum verum sit quod
Aenean aliquando Carthaginem venisse poeta dicit, indoctiores nescire
se respondebunt, doctiores autem etiam negabunt verum esse. at si
quaeram quibus litteris scribatur Aeneae nomen, omnes mihi qui haec
didicerunt verum respondent secundum id pactum et placitum quo
inter se homines ista signa firmarunt. item si quaeram quid horum
maiore vitae huius incommodo quisque obliviscatur, legere et scribere
an poetica illa figmenta, quis non videat quid responsurus sit, qui non
est penitus oblitus sui? peccabam ergo puer cum illa inania istis utili-
oribus amore praeponebam, vel potius ista oderam, illa amabam. iam
vero unum et unum duo, duo et duo quattuor, odiosa cantio mihi erat,
et dulcissimum spectaculum vanitatis, equus ligneus plenus armatis et
Troiae incendium atque ipsius umbra Creusae.

4   (23) Cur ergo graecam etiam grammaticam oderam talia cantantem?
nam et Homerus peritus texere tales fabellas et dulcissime vanus est,
mihi tamen amarus erat puero. credo etiam graecis pueris Vergilius ita
sit, cum eum sic discere coguntur ut ego illum. videlicet difficultas, difficultas omnino ediscendae linguae peregrinae, quasi felle aspergebat
omnes suavitates graecas fabulosarum narrationum. nulla enim verba

illa noveram, et saevis terroribus ac poenis ut nossem instabatur mihi
vehementer. nam et latina aliquando infans utique nulla noveram, et
tamen advertendo didici sine ullo metu atque cruciatu, inter etiam
blandimenta nutricum et ioca adridentium et laetitias adludentium.
didici vero illa sine poenali onere urgentium, cum me urgeret cor
meum ad parienda concepta sua, †et qua† non esset, nisi aliqua verba
didicissem non a docentibus sed a loquentibus, in quorum et ego
auribus parturiebam quidquid sentiebam. hinc satis elucet maiorem
habere vim ad discenda ista liberam curiositatem quam meticulosam
necessitatem. sed illius fluxum haec restringit legibus tuis, deus,
legibus tuis a magistrorum ferulis usque ad temptationes martyrum,
valentibus legibus tuis miscere salubres amaritudines revocantes nos
ad te a iucunditate pestifera qua recessimus a te.

15 (24) Exaudi, domine, deprecationem meam, ne deficiat anima mea
sub disciplina tua neque deficiam in confitendo tibi miserationes tuas,
quibus eruisti me ab omnibus viis meis pessimis, ut dulcescas mihi
super omnes seductiones quas sequebar, et amem te validissime, et
amplexer manum tuam totis praecordiis meis, et eruas me ab omni
temptatione usque in finem. ecce enim tu, domine, rex meus et deus
meus, tibi serviat quidquid utile puer didici, tibi serviat quod loquor et
scribo et lego et numero, quoniam cum vana discerem tu disciplinam
dabas mihi, et in eis vanis peccata delectationum mearum dimisisti
mihi. didici enim in eis multa verba utilia, sed et in rebus non vanis
disci possunt, et ea via tuta est in qua pueri ambularent.

16 (25) Sed vae tibi, flumen moris humani! quis resistet tibi? quamdiu
non siccaberis? quousque volves Evae filios in mare magnum et
formidulosum, quod vix transeunt qui lignum conscenderint? nonne
ego in te legi et tonantem Iovem et adulterantem? et utique non posset
haec duo, sed actum est ut haberet auctoritatem ad imitandum verum
adulterium lenocinante falso tonitru. quis autem paenulatorum
magistrorum audit aure sobria ex eodem pulvere hominem clamantem
et dicentem: 'fingebat haec Homerus et humana ad deos transferebat:
divina mallem ad nos'? sed verius dicitur quod fingebat haec quidem
ille, sed hominibus flagitiosis divina tribuendo, ne flagitia flagitia
putarentur et ut, quisquis ea fecisset, non homines perditos sed
caelestes deos videretur imitatus.

(26) Et tamen, o flumen tartareum, iactantur in te filii hominum cum
mercedibus, ut haec discant, et magna res agitur cum hoc agitur
publice in foro, in conspectu legum supra mercedem salaria decernen-
tium, et saxa tua percutis et sonas dicens: 'hinc verba discuntur, hinc

adquiritur eloquentia, rebus persuadendis sententiisque explicandis maxime necessaria.' ita vero non cognosceremus verba haec, 'imbrem aureum' et 'gremium' et 'fucum' et 'templa caeli' et alia verba quae in eo loco scripta sunt, nisi Terentius induceret nequam adulescentem proponentem sibi Iovem ad exemplum stupri, dum spectat tabulam quandam pictam in pariete ubi inerat pictura haec, Iovem quo pacto Danae misisse aiunt in gremium quondam imbrem aureum, fucum factum mulieri? et vide quemadmodum se concitat ad libidinem quasi caelesti magisterio:

> at quem deum! inquit qui templa caeli summo sonitu concutit.
> ego homuncio id non facerem? ego vero illud feci ac libens.

non omnino per hanc turpitudinem verba ista commodius discuntur, sed per haec verba turpitudo ista confidentius perpetratur. non accuso verba quasi vasa electa atque pretiosa, sed vinum erroris quod in eis nobis propinabatur ab ebriis doctoribus, et nisi biberemus caedebamur, nec appellare ad aliquem iudicem sobrium licebat. et tamen ego, deus meus, in cuius conspectu iam secura est recordatio mea, libenter haec didici, et eis delectabar miser, et ob hoc bonae spei puer appellabar.

7   (27) Sine me, deus meus, dicere aliquid et de ingenio meo, munere tuo, in quibus a me deliramentis atterebatur. proponebatur enim mihi negotium, animae meae satis inquietum praemio laudis et dedecoris vel plagarum metu, ut dicerem verba Iunonis irascentis et dolentis quod non posset Italia Teucrorum avertere regem, quae numquam Iunonem dixisse audieram. sed figmentorum poeticorum vestigia errantes sequi cogebamur, et tale aliquid dicere solutis verbis quale poeta dixisset versibus. et ille dicebat laudabilius in quo pro dignitate adumbratae personae irae ac doloris similior affectus eminebat, verbis sententias congruenter vestientibus. ut quid mihi illud, o vera vita, deus meus, quod mihi recitanti adclamabatur prae multis coaetaneis et conlectoribus meis? nonne ecce illa omnia fumus et ventus? itane aliud non erat ubi exerceretur ingenium et lingua mea? laudes tuae, domine, laudes tuae per scripturas tuas suspenderent palmitem cordis mei, et non raperetur per inania nugarum turpis praeda volatilibus. non enim uno modo sacrificatur transgressoribus angelis.

8   (28) Quid autem mirum, quod in vanitates ita ferebar et a te, deus meus, ibam foras, quando mihi imitandi proponebantur homines qui aliqua facta sua non mala, si cum barbarismo aut soloecismo enuntiarent, reprehensi confundebantur, si autem libidines suas integris et

rite consequentibus verbis copiose ornateque narrarent, laudati glori-
abantur? vides haec, domine, et taces, longanimis et multum misericors
et verax. numquid semper tacebis? et nunc eruis de hoc immanissimo
profundo quarerentem te animam et sitientem delectationes tuas, et
cuius cor dicit tibi, 'quaesivi vultum tuum.' vultum tuum, domine,
requiram: nam longe a vultu tuo in affectu tenebroso. non enim pedibus
aut a spatiis locorum itur abs te aut reditur ad te, aut vero filius ille tuus
minor equos vel currus vel naves quaesivit, aut avolavit pinna visibili,
aut moto poplite iter egit, ut in longinqua regione vivens prodige dis-
siparet quod dederas proficiscenti, dulcis pater quia dederas, et egeno
redeunti dulcior: in affectu ergo libidinoso, id enim est tenebroso,
atque id est longe a vultu tuo.

(29) Vide, domine deus, et patienter, ut vides, vide quomodo
diligenter observent filii hominum pacta litterarum et syllabarum
accepta a prioribus locutoribus, et a te accepta aeterna pacta perpetuae
salutis neglegant, ut qui illa sonorum vetera placita teneat aut doceat, si
contra disciplinam grammaticam sine adspiratione primae syllabae
hominem dixerit, magis displiceat hominibus quam si contra tua praecepta hominem oderit, cum sit homo. quasi vero quemlibet inimicum
hominem perniciosius sentiat quam ipsum odium quo in eum inritatur,
aut vastet quisquam persequendo alium gravius quam cor suum vastat
inimicando. et certe non est interior litterarum scientia quam scripta
conscientia, id se alteri facere quod nolit pati. quam tu secretus es,
habitans in excelsis in silentio, deus solus magnus, lege infatigabili
spargens poenales caecitates supra inlicitas cupiditates, cum homo
eloquentiae famam quaeritans ante hominem iudicem circumstante
hominum multitudine inimicum suum odio immanissimo insectans
vigilantissime cavet, ne per linguae errorem dicat, 'inter hominibus', et
ne per mentis furorem hominem auferat ex hominibus, non cavet.

19 (30) Horum ego puer morum in limine iacebam miser, et huius
harenae palaestra erat illa, ubi magis timebam barbarismum facere
quam cavebam, si facerem, non facientibus invidere. dico haec et
confiteor tibi, deus meus, in quibus laudabar ab eis quibus placere tunc
mihi erat honeste vivere. non enim videbam voraginem turpitudinis in
quam proiectus eram ab oculis tuis. nam in illis iam quid me foedius
fuit, ubi etiam talibus displicebam fallendo innumerabilibus mendaciis
et paedagogum et magistros et parentes amore ludendi, studio
spectandi nugatoria et imitandi ludicra inquietudine? furta etiam
faciebam de cellario parentum et de mensa, vel gula imperitante vel ut
haberem quod darem pueris ludum suum mihi quo pariter utique

delectabantur tamen vendentibus. in quo etiam ludo fraudulentas
victorias ipse vana excellentiae cupiditate victus saepe aucupabar. quid
autem tam nolebam pati atque atrociter, si deprehenderem, arguebam,
quam id quod aliis faciebam? et, si deprehensus arguerer, saevire magis
quam cedere libebat. istane est innocentia puerilis? non est, domine,
non est. oro te, deus meus: nam haec ipsa sunt quae a paedagogis et
magistris, a nucibus et pilulis et passeribus, ad praefectos et reges,
aurum, praedia, mancipia, haec ipsa omnino succedentibus maioribus
aetatibus transeunt, sicuti ferulis maiora supplicia succedunt. humilitatis ergo signum in statura pueritiae, rex noster, probasti, cum aisti,
'talium est regnum caelorum.'

20   (31) Sed tamen, domine, tibi excellentissimo atque optimo conditori
et rectori universitatis, deo nostro gratias, etiamsi me puerum tantum
esse voluisses. eram enim etiam tunc, vivebam atque sentiebam
meamque incolumitatem, vestigium secretissimae unitatis ex qua eram,
curae habebam, custodiebam interiore sensu integritatem sensuum
meorum inque ipsis parvis parvarumque rerum cogitationibus veritate
delectabar. falli nolebam, memoria vigebam, locutione instruebar,
amicitia mulcebar, fugiebam dolorem, abiectionem, ignorantiam. quid
in tali animante non mirabile atque laudabile? at ista omnia dei mei
dona sunt. non mihi ego dedi haec, et bona sunt, et haec omnia ego.
bonus ergo est qui fecit me, et ipse est bonum meum, et illi exulto bonis
omnibus quibus etiam puer eram. hoc enim peccabam, quod non in
ipso sed in creaturis eius me atque ceteris voluptates, sublimitates,
veritates quaerebam, atque ita inruebam in dolores, confusiones,
errores. gratias tibi, dulcedo mea et honor meus et fiducia mea, deus
meus, gratias tibi de donis tuis: sed tu mihi ea serva. ita enim servabis
me, et augebuntur et perficientur quae dedisti mihi, et ero ipse tecum,
quia et ut sim tu dedisti mihi.

LIBER SECUNDUS

1   (1) Recordari volo transactas foeditates meas et carnales corruptiones animae meae, non quod eas amem, sed ut amem te, deus meus. amore amoris tui facio istuc, recolens vias meas nequissimas in amaritudine recogitationis meae, ut tu dulcescas mihi, dulcedo non fallax, dulcedo felix et secura, et conligens me a dispersione, in qua frustatim discissus sum dum ab uno te aversus in multa evanui. exarsi enim aliquando satiari inferis in adulescentia, et silvescere ausus sum variis et umbrosis amoribus, et contabuit species mea, et computrui coram oculis tuis placens mihi et placere cupiens oculis hominum.

2   (2) Et quid erat quod me delectabat, nisi amare et amari? sed non tenebatur modus ab animo usque ad animum quatenus est luminosus limes amicitiae, sed exhalabantur nebulae de limosa concupiscentia carnis et scatebra pubertatis, et obnubilabant atque obfuscabant cor meum, ut non discerneretur serenitas dilectionis a caligine libidinis. utrumque in confuso aestuabat et rapiebat inbecillam aetatem per abrupta cupiditatum atque mersabat gurgite flagitiorum. invaluerat super me ira tua, et nesciebam. obsurdueram stridore catenae mortalitatis meae, poena superbiae animae meae, et ibam longius a te et sinebas, et iactabar et effundebar et diffluebam et ebulliebam per fornicationes meas, et tacebas. o tardum gaudium meum! tacebas tunc, et ego ibam porro longe a te in plura et plura sterilia semina dolorum superba deiectione et inquieta lassitudine.

  (3) Quis mihi modularetur aerumnam meam et novissimarum rerum fugaces pulchritudines in usum verteret earumque suavitatibus metas praefigeret, ut usque ad coniugale litus exaestuarent fluctus aetatis meae? si tranquillitas in eis non poterat esse fine procreandorum liberorum contenta (sicut praescribit lex tua, domine, qui formas etiam propaginem mortis nostrae, potens imponere lenem manum ad temperamentum spinarum a paradiso tuo seclusarum; non enim longe est a nobis omnipotentia tua, etiam cum longe sumus a te)—aut certe sonitum nubium tuarum vigilantius adverterem: 'tribulationem autem carnis habebunt huius modi; ego autem vobis parco', et 'bonum est homini mulierem non tangere', et 'qui sine uxore est, cogitat ea quae sunt dei, quomodo placeat deo; qui autem matrimonio iunctus est, cogitat ea quae sunt mundi, quomodo placeat uxori.' has ergo voces exaudirem vigilantior, et abscisus propter regnum caelorum felicior expectarem amplexus tuos.

(4) Sed efferbui miser, sequens impetum fluxus mei relicto te, et excessi omnia legitima tua nec evasi flagella tua. quis enim hoc mortalium? nam tu semper aderas, misericorditer saeviens et amarissimis aspergens offensionibus omnes inlicitas iucunditates meas, ut ita quaererem sine offensione iucundari, et ubi hoc possem, non invenirem quicquam praeter te, domine, praeter te, qui fingis dolorem in praecepto et percutis ut sanes et occidis nos ne moriamur abs te. ubi eram? et quam longe exulabam a deliciis domus tuae anno illo sexto decimo aetatis carnis meae, cum accepit in me sceptrum (et totas manus ei dedi) vesania libidinis, licentiosae per dedecus humanum, inlicitae autem per leges tuas? non fuit cura meorum ruentem excipere me matrimonio, sed cura fuit tantum ut discerem sermonem facere quam optimum et persuadere dictione.

3   (5) Et anno quidem illo intermissa erant studia mea, dum mihi reducto a Madauris, in qua vicina urbe iam coeperam litteraturae atque oratoriae percipiendae gratia peregrinari, longinquioris apud Carthaginem peregrinationis sumptus praeparabantur animositate magis quam opibus patris, municipis Thagastensis admodum tenuis. cui narro haec? neque enim tibi, deus meus, sed apud te narro haec generi meo, generi humano, quantulacumque ex particula incidere potest in istas meas litteras. et ut quid hoc? ut videlicet ego et quisquis haec legit cogitemus de quam profundo clamandum sit ad te. et quid propius auribus tuis, si cor confitens et vita ex fide est? quis enim non extollebat laudibus tunc hominem, patrem meum, quod ultra vires rei familiaris suae impenderet filio quidquid etiam longe peregrinanti studiorum causa opus esset? multorum enim civium longe opulentiorum nullum tale negotium pro liberis erat, cum interea non satageret idem pater qualis crescerem tibi aut quam castus essem, dummodo essem disertus, vel desertus potius a cultura tua, deus, qui es unus verus et bonus dominus agri tui, cordis mei.

(6) Sed ubi sexto illo et decimo anno, interposito otio ex necessitate domestica, feriatus ab omni schola cum parentibus esse coepi, excesserunt caput meum vepres libidinum, et nulla erat eradicans manus. quin immo ubi me ille pater in balneis vidit pubescentem et inquieta indutum adulescentia, quasi iam ex hoc in nepotes gestiret, gaudens matri indicavit, gaudens vinulentia in qua te iste mundus oblitus est creatorem suum et creaturam tuam pro te amavit, de vino invisibili perversae atque inclinatae in ima voluntatis suae. sed matris in pectore iam inchoaveras templum tuum et exordium sanctae habitationis tuae, nam ille adhuc catechumenus et hoc recens erat. itaque illa exilivit pia

trepidatione ac tremore et, quamvis mihi nondum fideli, timuit tamen vias distortas in quibus ambulant qui ponunt ad te tergum et non faciem.

(7) Ei mihi! et audeo dicere tacuisse te, deus meus, cum irem abs te longius? itane tu tacebas tunc mihi? et cuius erant nisi tua verba illa per matrem meam, fidelem tuam, quae cantasti in aures meas? nec inde quicquam descendit in cor, ut facerem illud. volebat enim illa, et secreto memini ut monuerit cum sollicitudine ingenti, ne fornicarer maximeque ne adulterarem cuiusquam uxorem. qui mihi monitus muliebres videbantur, quibus obtemperare erubescerem. illi autem tui erant et nesciebam, et te tacere putabam atque illam loqui per quam mihi tu non tacebas, et in illa contemnebaris a me, a me, filio eius, filio ancillae tuae, servo tuo. sed nesciebam et praeceps ibam tanta caecitate ut inter coaetaneos meos puderet me minoris dedecoris, quoniam audiebam eos iactantes flagitia sua et tanto gloriantes magis, quanto magis turpes essent, et libebat facere non solum libidine facti verum etiam laudis. quid dignum est vituperatione nisi vitium? ego, ne vituperarer, vitiosior fiebam, et ubi non suberat quo admisso aequarer perditis, fingebam me fecisse quod non feceram, ne viderer abiectior quo eram innocentior, et ne vilior haberer quo eram castior.

(8) Ecce cum quibus comitibus iter agebam platearum Babyloniae, et volutabar in caeno eius tamquam in cinnamis et unguentis pretiosis. et in umbilico eius quo tenacius haererem, calcabat me inimicus invisibilis et seducebat me, quia ego seductilis eram. non enim et illa quae iam de medio Babylonis fugerat, sed ibat in ceteris eius tardior, mater carnis meae, sicut monuit me pudicitiam, ita curavit quod de me a viro suo audierat, iamque pestilentiosum et in posterum periculosum sentiebat cohercere termino coniugalis affectus, si resecari ad vivum non poterat. non curavit hoc, quia metus erat ne impediretur spes mea compede uxoria, non spes illa quam in te futuri saeculi habebat mater, sed spes litterarum, quas ut nossem nimis volebat parens uterque, ille quia de te prope nihil cogitabat, de me autem inania, illa autem quia non solum nullo detrimento sed etiam nonnullo adiumento ad te adipiscendum futura existimabat usitata illa studia doctrinae. ita enim conicio, recolens ut possum mores parentum meorum. relaxabantur etiam mihi ad ludendum habenae ultra temperamentum severitatis in dissolutionem affectionum variarum, et in omnibus erat caligo intercludens mihi, deus meus, serenitatem veritatis tuae, et prodiebat tamquam ex adipe iniquitas mea.

4   (9) Furtum certe punit lex tua, domine, et lex scripta in cordibus

hominum, quam ne ipsa quidem delet iniquitas. quis enim fur aequo animo furem patitur? nec copiosus adactum inopia. et ego furtum facere volui et feci, nulla compulsus egestate nisi penuria et fastidio iustitiae et sagina iniquitatis. nam id furatus sum quod mihi abundabat et multo melius, nec ea re volebam frui quam furto appetebam, sed ipso furto et peccato. arbor erat pirus in vicinia nostrae vineae pomis onusta nec forma nec sapore inlecebrosis. ad hanc excutiendam atque asportandam nequissimi adulescentuli perreximus nocte intempesta (quousque ludum de pestilentiae more in areis produxeramus) et abstulimus inde onera ingentia, non ad nostras epulas sed vel proicienda porcis, etiamsi aliquid inde comedimus, dum tamen fieret a nobis quod eo liberet quo non liceret. ecce cor meum, deus, ecce cor meum, quod miseratus es in imo abyssi. dicat tibi nunc, ecce cor meum, quid ibi quaerebat, ut essem gratis malus et malitiae meae causa nulla esset nisi malitia. foeda erat, et amavi eam. amavi perire, amavi defectum meum, non illud ad quod deficiebam, sed defectum meum ipsum amavi, turpis anima et dissiliens a firmamento tuo in exterminium, non dedecore aliquid, sed dedecus appetens.

5   (10) Etenim species est pulchris corporibus et auro et argento et omnibus, et in contactu carnis congruentia valet plurimum, ceterisque sensibus est sua cuique adcommodata modificatio corporum. habet etiam honor temporalis et imperitandi atque superandi potentia suum decus, unde etiam vindictae aviditas oritur, et tamen in cuncta haec adipiscenda non est egrediendum abs te, domine, neque deviandum a lege tua. et vita quam hic vivimus habet inlecebram suam propter quendam modum decoris sui et convenientiam cum his omnibus infimis pulchris. amicitia quoque hominum caro nodo dulcis est propter unitatem de multis animis. propter universa haec atque huius modi peccatum admittitur, dum immoderata in ista inclinatione, cum extrema bona sint, meliora et summa deseruntur, tu, domine deus noster, et veritas tua, et lex tua. habent enim et haec ima delectationes, sed non sicut deus meus, qui fecit omnia, quia in ipso delectatur iustus, et ipse est deliciae rectorum corde.

(11) Cum itaque de facinore quaeritur qua causa factum sit, credi non solet, nisi cum appetitus adipiscendi alicuius illorum bonorum quae infima diximus esse potuisse apparuerit aut metus amittendi. pulchra sunt enim et decora, quamquam prae bonis superioribus et beatificis abiecta et iacentia. homicidium fecit. cur fecit? adamavit eius coniugem aut praedium, aut voluit depraedari unde viveret, aut timuit ab illo tale aliquid amittere, aut laesus ulcisci se exarsit. num homicidium

sine causa faceret ipso homicidio delectatus? quis crediderit? nam et
de quo dictum est, vaecordi et nimis crudeli homine, quod gratuito
potius malus atque crudelis erat, praedicta est tamen causa: 'ne per
otium', inquit, 'torpesceret manus aut animus.' quaere id quoque:
'cur ita?' ut scilicet illa exercitatione scelerum capta urbe honores,
imperia, divitias adsequeretur et careret metu legum et difficultate
rerum propter 'inopiam rei familiaris et conscientiam scelerum'. nec
ipse igitur Catilina amavit facinora sua, sed utique aliud cuius causa illa
faciebat.

6   (12) Quid ego miser in te amavi, o furtum meum, o facinus illud
meum nocturnum sexti decimi anni aetatis meae? non enim pulchrum
eras, cum furtum esses. aut vero aliquid es, ut loquar ad te? pulchra
erant poma illa quae furati sumus, quoniam creatura tua erat, pulcherrime omnium, creator omnium, deus bone, deus summum bonum et
bonum verum meum. pulchra erant illa poma, sed non ipsa concupivit
anima mea miserabilis. erat mihi enim meliorum copia, illa autem
decerpsi tantum ut furarer. nam decerpta proieci, epulatus inde solam
iniquitatem qua laetabar fruens. nam et si quid illorum pomorum
intravit in os meum, condimentum ibi facinus erat. et nunc, domine
deus meus, quaero quid me in furto delectaverit, et ecce species nulla
est: non dico sicut in aequitate atque prudentia, sed neque sicut in
mente hominis atque memoria et sensibus et vegetante vita, neque sicut
speciosa sunt sidera et decora locis suis et terra et mare plena fetibus,
qui succedunt nascendo decedentibus—non saltem ut est quaedam
defectiva species et umbratica vitiis fallentibus.

    (13) Nam et superbia celsitudinem imitatur, cum tu sis unus super
omnia deus excelsus. et ambitio quid nisi honores quaerit et gloriam,
cum tu sis prae cunctis honorandus unus et gloriosus in aeternum? et
saevitia potestatum timeri vult: quis autem timendus nisi unus deus,
cuius potestati eripi aut subtrahi quid potest, quando aut ubi aut quo
vel a quo potest? et blanditiae lascivientium amari volunt: sed neque
blandius est aliquid tua caritate nec amatur quicquam salubrius quam
illa prae cunctis formosa et luminosa veritas tua. et curiositas affectare
videtur studium scientiae, cum tu omnia summe noveris. ignorantia
quoque ipsa atque stultitia simplicitatis et innocentiae nomine tegitur,
quia te simplicius quicquam non reperitur. quid te autem innocentius,
quandoquidem opera sua malis inimica sunt? et ignavia quasi quietem
appetit: quae vero quies certa praeter dominum? luxuria satietatem
atque abundantiam se cupit vocari: tu es autem plenitudo et indeficiens
copia incorruptibilis suavitatis. effusio liberalitatis obtendit umbram:

sed bonorum omnium largitor affluentissimus tu es. avaritia multa possidere vult: et tu possides omnia. invidentia de excellentia litigat: quid
te excellentius? ira vindictam quaerit: te iustius quis vindicat? timor
insolita et repentina exhorrescit rebus quae amantur adversantia, dum
praecavet securitati: tibi enim quid insolitum? quid repentinum? aut
quis a te separat quod diligis? aut ubi nisi apud te firma securitas?
tristitia rebus amissis contabescit quibus se oblectabat cupiditas, quia
ita sibi nollet, sicut tibi auferri nihil potest.

(14) Ita fornicatur anima, cum avertitur abs te et quaerit extra te ea
quae pura et liquida non invenit, nisi cum redit ad te. perverse te
imitantur omnes qui longe se a te faciunt et extollunt se adversum te.
sed etiam sic te imitando indicant creatorem te esse omnis naturae, et
ideo non esse quo a te omni modo recedatur. quid ergo in illo furto ego
dilexi, et in quo dominum meum vel vitiose atque perverse imitatus
sum? an libuit facere contra legem saltem fallacia, quia potentatu non
poteram ut mancam libertatem captivus imitarer, faciendo impune
quod non liceret tenebrosa omnipotentiae similitudine? ecce est ille
servus fugiens dominum suum et consecutus umbram. o putredo, o
monstrum vitae et mortis profunditas! potuitne libere quod non licebat,
non ob aliud nisi quia non licebat?

7 (15) Quid retribuam domino quod recolit haec memoria mea et
anima mea non metuit inde? diligam te, domine, et gratias agam et
confitear nomini tuo, quoniam tanta dimisisti mihi mala et nefaria
opera mea. gratiae tuae deputo et misericordiae tuae quod peccata mea
tanquam glaciem solvisti. gratiae tuae deputo et quaecumque non feci
mala. quid enim non facere potui, qui etiam gratuitum facinus amavi?
et omnia mihi dimissa esse fateor, et quae mea sponte feci mala et quae
te duce non feci. quis est hominum qui suam cogitans infirmitatem
audet viribus suis tribuere castitatem atque innocentiam suam, ut
minus amet te, quasi minus ei necessaria fuerit misericordia tua, qua
donas peccata conversis ad te? qui enim vocatus a te secutus est vocem
tuam et vitavit ea quae me de me ipso recordantem et fatentem legit,
non me derideat ab eo medico aegrum sanari a quo sibi praestitum est
ut non aegrotaret, vel potius ut minus aegrotaret, et ideo te tantundem,
immo vero amplius diligat, quia per quem me videt tantis peccatorum
meorum languoribus exui, per eum se videt tantis peccatorum languoribus non implicari.

8 (16) Quem fructum habui miser aliquando in his quae nunc recolens
erubesco, maxime in illo furto in quo ipsum furtum amavi, nihil aliud,
cum et ipsum esset nihil et eo ipso ego miserior? et tamen solus id non

fecissem (sic recordor animum tunc meum), solus omnino id non fecissem. ergo amavi ibi etiam consortium eorum cum quibus id feci. non ergo nihil aliud quam furtum amavi? immo vero nihil aliud, quia et illud nihil est. quid est re vera? (quis est qui doceat me, nisi qui inluminat cor meum et discernit umbras eius?) quid est quod mihi venit in mentem quaerere et discutere et considerare? quia si tunc amarem poma illa quae furatus sum et eis frui cuperem, possem etiam solus; si satis esset committere illam iniquitatem qua pervenirem ad voluptatem meam, nec confricatione consciorum animorum accenderem pruritum cupiditatis meae. sed quoniam in illis pomis voluptas mihi non erat, ea erat in ipso facinore quam faciebat consortium simul peccantium.

9   (17) Quid erat ille affectus animi? certe enim plane turpis erat nimis, et vae mihi erat qui habebam illum. sed tamen quid erat? delicta quis intellegit? risus erat quasi titillato corde, quod fallebamus eos qui haec a nobis fieri non putabant et vehementer nolebant. cur ergo eo me delectabat quo id non faciebam solus? an quia etiam nemo facile solus ridet? nemo quidem facile, sed tamen etiam solos et singulos homines, cum alius nemo praesens, vincit risus aliquando, si aliquid nimie ridiculum vel sensibus occurrit vel animo. at ego illud solus non facerem, non facerem omnino solus. ecce est coram te, deus meus, viva recordatio animae meae. solus non facerem furtum illud, in quo me non libebat id quod furabar sed quia furabar: quod me solum facere prorsus non liberet, nec facerem. o nimis inimica amicitia, seductio mentis investigabilis, ex ludo et ioco nocendi aviditas et alieni damni appetitus nulla lucri mei, nulla ulciscendi libidine! sed cum dicitur, 'eamus, faciamus,' et pudet non esse impudentem.

10   (18) Quis exaperit istam tortuosissimam et implicatissimam nodositatem? foeda est; nolo in eam intendere, nolo eam videre. te volo, iustitia et innocentia pulchra et decora, honestis luminibus et insatiabili satietate. quies est apud te valde et vita imperturbabilis. qui intrat in te, intrat in gaudium domini sui et non timebit et habebit se optime in optimo. defluxi abs te ego et erravi, deus meus, nimis devius ab stabilitate tua in adulescentia, et factus sum mihi regio egestatis.

LIBER TERTIUS

1   (1) Veni Carthaginem, et circumstrepebat me undique sartago flagitiosorum amorum. nondum amabam, et amare amabam, et secretiore indigentia oderam me minus indigentem. quaerebam quid amarem, amans amare, et oderam securitatem et viam sine muscipulis, quoniam fames mihi erat intus ab interiore cibo, te ipso, deus meus, et ea fame non esuriebam, sed eram sine desiderio alimentorum incorruptibilium, non quia plenus eis eram, sed quo inanior, fastidiosior. et ideo non bene valebat anima mea et ulcerosa proiciebat se foras, miserabiliter scalpi avida contactu sensibilium. sed si non haberent animam, non utique amarentur. amare et amari dulce mihi erat, magis si et amantis corpore fruerer. venam igitur amicitiae coinquinabam sordibus concupiscentiae candoremque eius obnubilabam de tartaro libidinis, et tamen foedus atque inhonestus, elegans et urbanus esse gestiebam abundanti vanitate. rui etiam in amorem, quo cupiebam capi. deus meus, misericordia mea, quanto felle mihi suavitatem illam et quam bonus aspersisti, quia et amatus sum, et perveni occulte ad vinculum fruendi, et conligabar laetus aerumnosis nexibus, ut caederer virgis ferreis ardentibus zeli et suspicionum et timorum et irarum atque rixarum.

2   (2) Rapiebant me spectacula theatrica, plena imaginibus miseriarum mearum et fomitibus ignis mei. quid est quod ibi homo vult dolere cum spectat luctuosa et tragica, quae tamen pati ipse nollet? et tamen pati vult ex eis dolorem spectator et dolor ipse est voluptas eius. quid est nisi mirabilis insania? nam eo magis eis movetur quisque, quo minus a talibus affectibus sanus est, quamquam, cum ipse patitur, miseria, cum aliis compatitur, misericordia dici solet. sed qualis tandem misericordia in rebus fictis et scenicis? non enim ad subveniendum provocatur auditor sed tantum ad dolendum invitatur, et actori earum imaginum amplius favet cum amplius dolet. et si calamitates illae hominum, vel antiquae vel falsae, sic agantur ut qui spectat non doleat, abscedit inde fastidiens et reprehendens; si autem doleat, manet intentus et gaudens lacrimat.

(3) Ergo amantur et dolores. certe omnis homo gaudere vult. an cum miserum esse neminem libeat, libet tamen esse misericordem, quod quia non sine dolore est, hac una causa amantur dolores? et hoc de illa vena amicitiae est. sed quo vadit? quo fluit? ut quid decurrit in torrentem picis bullientis, aestus immanes taetrarum libidinum, in quos

ipsa mutatur et vertitur per nutum proprium de caelesti serenitate
detorta atque deiecta? repudietur ergo misericordia? nequaquam. ergo
amentur dolores aliquando, sed cave immunditiam, anima mea, sub
tutore deo meo, deo patrum nostrorum et laudabili et superexaltato in
omnia saecula, cave immunditiam. neque enim nunc non misereor, sed
tunc in theatris congaudebam amantibus cum sese fruebantur per
flagitia, quamvis haec imaginarie gererent in ludo spectaculi. cum
autem sese amittebant, quasi misericors contristabar, et utrumque
delectabat tamen. nunc vero magis misereor gaudentem in flagitio
quam velut dura perpessum detrimento perniciosae voluptatis et amis-
sione miserae felicitatis. haec certe verior misericordia, sed non in ea
delectat dolor. nam etsi approbatur officio caritatis qui dolet miserum,
mallet tamen utique non esse quod doleret qui germanitus misericors
est. si enim est malivola benivolentia, quod fieri non potest, potest et
ille qui veraciter sinceriterque misereretur cupere esse miseros, ut
misereatur. nonnullus itaque dolor approbandus, nullus amandus est.
hoc enim tu, domine deus, qui animas amas, longe alteque purius quam
nos et incorruptibilius misereris, quod nullo dolore sauciaris. et ad
haec quis idoneus?

(4) At ego tunc miser dolere amabam, et quaerebam ut esset quod
dolerem, quando mihi in aerumna aliena et falsa et saltatoria ea magis
placebat actio histrionis meque alliciebat vehementius qua mihi
lacrimae excutiebantur. quid autem mirum, cum infelix pecus aberrans
a grege tuo et impatiens custodiae tuae turpi scabie foedarer? et inde
erant dolorum amores, non quibus altius penetrarer (non enim
amabam talia perpeti qualia spectare), sed quibus auditis et fictis tamquam in superficie raderer. quos tamen quasi ungues scalpentium fervidus tumor et tabes et sanies horrida consequebatur. talis vita mea
numquid vita erat, deus meus?

3   (5) Et circumvolabat super me fidelis a longe misericordia tua. in
quantas iniquitates distabui et sacrilega curiositate secutus sum, ut
deserentem te deduceret me ad ima infida et circumventoria obsequia
daemoniorum, quibus immolabam facta mea mala! et in omnibus
flagellabas me. ausus sum etiam in celebritate sollemnitatum tuarum,
intra parietes ecclesiae tuae, concupiscere et agere negotium pro-
curandi fructus mortis. unde me verberasti gravibus poenis, sed nihil
ad culpam meam, o tu praegrandis misericordia mea, deus meus,
refugium meum a terribilibus nocentibus, in quibus vagatus sum prae-
fidenti collo ad longe recedendum a te, amans vias meas et non tuas,
amans fugitivam libertatem.

(6) Habebant et illa studia quae honesta vocabantur ductum suum intuentem fora litigiosa, ut excellerem in eis, hoc laudabilior, quo fraudulentior. tanta est caecitas hominum de caecitate etiam gloriantium. et maior etiam eram in schola rhetoris, et gaudebam superbe et tumebam typho, quamquam longe sedatior, domine, tu scis, et remotus omnino ab eversionibus quas faciebant eversores (hoc enim nomen scaevum et diabolicum velut insigne urbanitatis est), inter quos vivebam pudore impudenti, quia talis non eram. et cum eis eram et amicitiis eorum delectabar aliquando, a quorum semper factis abhorrebam, hoc est ab eversionibus quibus proterve insectabantur ignotorum verecundiam, quam proturbarent gratis inludendo atque inde pascendo malivolas laetitias suas. nihil est illo actu similius actibus daemoniorum. quid itaque verius quam eversores vocarentur, eversi plane prius ipsi atque perversi, deridentibus eos et seducentibus fallacibus occulte spiritibus in eo ipso quod alios inridere amant et fallere.

4   (7) Inter hos ego inbecilla tunc aetate discebam libros eloquentiae, in qua eminere cupiebam fine damnabili et ventoso per gaudia vanitatis humanae. et usitato iam discendi ordine perveneram in librum cuiusdam Ciceronis, cuius linguam fere omnes mirantur, pectus non ita. sed liber ille ipsius exhortationem continet ad philosophiam et vocatur 'Hortensius'. ille vero liber mutavit affectum meum, et ad te ipsum, domine, mutavit preces meas, et vota ac desideria mea fecit alia. viluit mihi repente omnis vana spes, et immortalitatem sapientiae concupiscebam aestu cordis incredibili, et surgere coeperam ut ad te redirem. non enim ad acuendam linguam, quod videbar emere maternis mercedibus, cum agerem annum aetatis undevicensimum iam defuncto patre ante biennium, non ergo ad acuendam linguam referebam illum librum, neque mihi locutio sed quod loquebatur persuaserat.

(8) Quomodo ardebam, deus meus, quomodo ardebam revolare a terrenis ad te, et nesciebam quid ageres mecum! apud te est enim sapientia. amor autem sapientiae nomen graecum habet philosophiam, quo me accendebant illae litterae. sunt qui seducant per philosophiam magno et blando et honesto nomine colorantes et fucantes errores suos, et prope omnes qui ex illis et supra temporibus tales erant notantur in eo libro et demonstrantur, et manifestatur ibi salutifera illa admonitio spiritus tui per servum tuum bonum et pium: 'videte, ne quis vos decipiat per philosophiam et inanem seductionem, secundum traditionem hominum, secundum elementa huius mundi, et non secundum Christum, quia in ipso inhabitat omnis plenitudo divinitatis

corporaliter.' et ego illo tempore, scis tu, lumen cordis mei, quoniam nondum mihi haec apostolica nota erant, hoc tamen solo delectabar in illa exhortatione, quod non illam aut illam sectam, sed ipsam quaecumque esset sapientiam ut diligerem et quaerẹrem et adsequerer et tenerem atque amplexarer fortiter, excitabar sermone illo et accendebar et ardebam, et hoc solum me in tanta flagrantia refrangebat, quod nomen Christi non erat ibi, quoniam hoc nomen secundum misericordiam tuam, domine, hoc nomen salvatoris mei, filii tui, in ipso adhuc lacte matris tenerum cor meum pie biberat et alte retinebat, et quidquid sine hoc nomine fuisset, quamvis litteratum et expolitum et veridicum, non me totum rapiebat.

5   (9) Itaque institui animum intendere in scripturas sanctas et videre quales essent. et ecce video rem non compertam superbis neque nudatam pueris, sed incessu humilem, successu excelsam et velatam mysteriis. et non eram ego talis ut intrare in eam possem aut inclinare cervicem ad eius gressus. non enim sicut modo loquor, ita sensi, cum attendi ad illam scripturam, sed visa est mihi indigna quam tullianae dignitati compararem. tumor enim meus refugiebat modum eius et acies mea non penetrabat interiora eius. verum autem illa erat quae cresceret cum parvulis, sed ego dedignabar esse parvulus et turgidus fastu mihi grandis videbar.

6   (10) Itaque incidi in homines superbe delirantes, carnales nimis et loquaces, in quorum ore laquei diaboli et viscum confectum commixtione syllabarum nominis tui et domini Iesu Christi et paracleti consolatoris nostri spiritus sancti. haec nomina non recedebant de ore eorum, sed tenus sono et strepitu linguae; ceterum cor inane veri. et dicebant, 'veritas et veritas', et multum eam dicebant mihi, et nusquam erat in eis, sed falsa loquebantur, non de te tantum, qui vere veritas es, sed etiam de istis elementis huius mundi, creatura tua, de quibus etiam vera dicentes philosophos transgredi debui prae amore tuo, mi pater summe bone, pulchritudo pulchrorum omnium. o veritas, veritas, quam intime etiam tum medullae animi mei suspirabant tibi, cum te illi sonarent mihi frequenter et multipliciter voce sola et libris multis et ingentibus! et illa erant fercula in quibus mihi esurienti te inferebatur pro te sol et luna, pulchra opera tua, sed tamen opera tua, non tu, nec ipsa prima. priora enim spiritalia opera tua quam ista corporea, quamvis lucida et caelestia. at ego nec priora illa, sed te ipsam, te veritas, in qua non est commutatio nec momenti obumbratio, esuriebam et sitiebam. et apponebantur adhuc mihi in illis ferculis phantasmata splendida, quibus iam melius erat amare istum solem saltem istis

oculis verum quam illa falsa animo decepto per oculos. et tamen, quia te putabam, manducabam, non avide quidem, quia nec sapiebas in ore meo sicuti es (neque enim tu eras illa figmenta inania) nec nutriebar eis, sed exhauriebar magis. cibus in somnis simillimus est cibis vigilantium, quo tamen dormientes non aluntur; dormiunt enim. at illa nec similia erant ullo modo tibi, sicut nunc mihi locuta es, quia illa erant corporalia phantasmata, falsa corpora, quibus certiora sunt vera corpora ista quae videmus visu carneo, sive caelestia sive terrestria, cum pecudibus et volatilibus. videmus haec, et certiora sunt quam cum imaginamur ea. et rursus certius imaginamur ea quam ex eis suspicamur alia grandiora et infinita, quae omnino nulla sunt. qualibus ego tunc pascebar inanibus, et non pascebar. at tu, amor meus, in quem deficio ut fortis sim, nec ista corpora es quae videmus quamquam in caelo, nec ea quae non videmus ibi, quia tu ista condidisti nec in summis tuis conditionibus habes. quanto ergo longe es a phantasmatis illis meis, phantasmatis corporum quae omnino non sunt! quibus certiores sunt phantasiae corporum eorum quae sunt, et eis certiora corpora, quae tamen non es. sed nec anima es, quae vita est corporum (ideo melior vita corporum certiorque quam corpora), sed tu vita es animarum, vita vitarum, vivens te ipsa, et non mutaris, vita animae meae.

(11) Ubi ergo mihi tunc eras et quam longe? et longe peregrinabar abs te, exclusus et a siliquis porcorum quos de siliquis pascebam. quanto enim meliores grammaticorum et poetarum fabellae quam illa decipula! nam versus et carmen et Medea volans utiliores certe quam quinque elementa varie fucata propter quinque antra tenebrarum, quae omnino nulla sunt et occidunt credentem. nam versum et carmen etiam ad vera pulmenta transfero; volantem autem Medeam etsi cantabam, non adserebam, etsi cantari audiebam, non credebam. illa autem credidi—vae, vae! quibus gradibus deductus in profunda inferi, quippe laborans et aestuans inopia veri, cum te, deus meus (tibi enim confiteor, qui me miseratus es et nondum confidentem), cum te non secundum intellectum mentis, quo me praestare voluisti beluis, sed secundum sensum carnis quaererem. tu autem eras interior intimo meo et superior summo meo. offendi illam mulierem audacem, inopem prudentiae, aenigma Salomonis, sedentem super sellam in foribus et dicentem, 'panes occultos libenter edite, et aquam dulcem furtivam bibite.' quae me seduxit, quia invenit foris habitantem in oculo carnis meae et talia ruminantem apud me qualia per illum vorassem.

7   (12) Nesciebam enim aliud vere quod est, et quasi acutule movebar

ut suffragarer stultis deceptoribus, cum a me quaererent unde malum, et utrum forma corporea deus finiretur et haberet capillos et ungues, et utrum iusti existimandi essent qui haberent uxores multas simul et occiderent homines et sacrificarent de animalibus. quibus rerum ignarus perturbabar, et recedens a veritate ire in eam mihi videbar, quia non noveram malum non esse nisi privationem boni usque ad quod omnino non est. (quod unde viderem, cuius videre usque ad corpus erat oculis, et animo usque ad phantasma?) et non noveram deum esse spiritum, non cui membra essent per longum et latum nec cui esse moles esset, quia moles in parte minor est quam in toto suo, et si infinita sit, minor est in aliqua parte certo spatio definita quam per infinitum, et non est tota ubique sicut spiritus, sicut deus. et quid in nobis esset secundum quod essemus et recte in scriptura diceremur ad imaginem dei, prorsus ignorabam.

(13) Et non noveram iustitiam veram interiorem, non ex consuetudine iudicantem sed ex lege rectissima dei omnipotentis, qua formarentur mores regionum et dierum pro regionibus et diebus, cum ipsa ubique ac semper esset, non alibi alia nec alias aliter, secundum quam iusti essent Abraham et Isaac et Iacob et Moyses et David et illi omnes laudati ore dei. sed eos ab imperitis iudicari iniquos, iudicantibus ex humano die et universos mores humani generis ex parte moris sui metientibus, tamquam si quis nescius in armamentis quid cui membro adcommodatum sit ocrea velit caput contegi et galea calciari et murmuret, quod non apte conveniat; aut in uno die indicto a promeridianis horis iustitio quisquam stomachetur non sibi concedi quid venale proponere, quia mane concessum est; aut in una domo videat aliquid tractari manibus a quoquam servo quod facere non sinatur qui pocula ministrat, aut aliquid post praesepia fieri quod ante mensam prohibeatur, et indignetur, cum sit unum habitaculum et una familia, non ubique atque omnibus idem tribui. sic sunt isti qui indignantur, cum audierint illo saeculo licuisse iustis aliquid quod isto non licet iustis, et quia illis aliud praecepit deus, istis aliud pro temporalibus causis, cum eidem iustitiae utrique servierint, cum in uno homine et in uno die et in unis aedibus videant aliud alii membro congruere, et aliud iam dudum licuisse, post horam non licere, quiddam in illo angulo permitti aut iuberi, quod in isto iuxta vetetur et vindicetur. numquid iustitia varia est et mutabilis? sed tempora, quibus praesidet, non pariter eunt; tempora enim sunt. homines autem, quorum vita super terram brevis est, quia sensu non valent causas conexere saeculorum priorum aliarumque gentium, quas experti non sunt, cum his quas

experti sunt, in uno autem corpore vel die vel domo facile possunt videre quid cui membro, quibus momentis, quibus partibus personisve congruat, in illis offenduntur, hic serviunt.

(14) Haec ergo tunc nesciebam et non advertebam, et feriebant undique ista oculos meos, et non videbam. et cantabam carmina et non mihi licebat ponere pedem quemlibet ubilibet, sed in alio atque alio metro aliter atque aliter et in uno aliquo versu non omnibus locis eundem pedem. et ars ipsa qua canebam non habebat aliud alibi, sed omnia simul. et non intuebar iustitiam, cui servirent boni et sancti homines, longe excellentius atque sublimius habere simul omnia quae praecipit et nulla ex parte variari et tamen variis temporibus non omnia simul, sed propria distribuentem ac praecipientem. et reprehendebam caecus pios patres non solum, sicut deus iuberet atque inspiraret, utentes praesentibus verum quoque, sicut deus revelaret, futura praenuntiantes.

8   (15) Numquid aliquando aut alicubi iniustum est diligere deum ex toto corde et ex tota anima et ex tota mente, et diligere proximum tamquam te ipsum? itaque flagitia quae sunt contra naturam ubique ac semper detestanda atque punienda sunt, qualia Sodomitarum fuerunt. quae si omnes gentes facerent, eodem criminis reatu divina lege tenerentur, quae non sic fecit homines ut se illo uterentur modo. violatur quippe ipsa societas quae cum deo nobis esse debet cum eadem natura cuius ille auctor est libidinis perversitate polluitur. quae autem contra mores hominum sunt flagitia pro morum diversitate vitanda sunt, ut pactum inter se civitatis aut gentis consuetudine vel lege firmatum nulla civis aut peregrini libidine violetur. turpis enim omnis pars universo suo non congruens. cum autem deus aliquid contra morem aut pactum quorumlibet iubet, etsi numquam ibi factum est, faciendum est, et si omissum, instaurandum, et si institutum non erat, instituendum est. si enim regi licet in civitate cui regnat iubere aliquid quod neque ante illum quisquam nec ipse umquam iusserat, et non contra societatem civitatis eius obtemperatur, immo contra societatem non obtemperatur (generale quippe pactum est societatis humanae oboedire regibus suis), quanto magis deo regnatori universae creaturae suae ad ea quae iusserit sine dubitatione serviendum est. sicut enim in potestatibus societatis humanae maior potestas minori ad oboediendum praeponitur, ita deus omnibus.

(16) Item in facinoribus, ubi libido est nocendi sive per contumeliam sive per iniuriam et utrumque vel ulciscendi causa, sicut inimico inimicus, vel adipiscendi alicuius extra commodi, sicut latro viatori, vel

evitandi mali, sicut ei qui timetur, vel invidendo, sicut feliciori miserior aut in aliquo prosperatus ei quem sibi aequari timet aut aequalem dolet, vel sola voluptate alieni mali, sicut spectatores gladiatorum aut inrisores aut inlusores quorumlibet. haec sunt capita iniquitatis quae pullulant principandi et spectandi et sentiendi libidine aut una aut duabus earum aut simul omnibus, et vivitur male adversus tria et septem, psalterium decem chordarum, decalogum tuum, deus altissime et dulcissime. sed quae flagitia in te, qui non corrumperis? aut quae adversus te facinora, cui noceri non potest? sed hoc vindicas quod in se homines perpetrant, quia etiam cum in te peccant, impie faciunt in animas suas, et mentitur iniquitas sibi sive corrumpendo ac pervertendo naturam suam, quam tu fecisti et ordinasti, vel immoderate utendo concessis rebus, vel in non concessa flagrando in eum usum qui est contra naturam. aut rei tenentur animo et verbis saevientes adversus te et adversus stimulum calcitrantes, aut cum diruptis limitibus humanae societatis laetantur audaces privatis conciliationibus aut diremptionibus, prout quidque delectaverit aut offenderit. et ea fiunt cum tu derelinqueris, fons vitae, qui es unus et verus creator et rector universitatis, et privata superbia diligitur in parte unum falsum. itaque pietate humili reditur in te, et purgas nos a consuetudine mala, et propitius es peccatis confitentium, et exaudis gemitus compeditorum, et solvis a vinculis quae nobis fecimus, si iam non erigamus adversus te cornua falsae libertatis, avaritia plus habendi et damno totum amittendi, amplius amando proprium nostrum quam te, omnium bonum.

9   (17) Sed inter flagitia et facinora et tam multas iniquitates sunt peccata proficientium, quae a bene iudicantibus et vituperantur ex regula perfectionis et laudantur spe frugis sicut herba segetis. et sunt quaedam similia vel flagitio vel facinori et non sunt peccata, quia nec te offendunt, dominum deum nostrum, nec sociale consortium, cum conciliantur aliqua in usum vitae, congrua et tempori, et incertum est an libidine habendi, aut puniuntur corrigendi studio potestate ordinata, et incertum est an libidine nocendi. multa itaque facta quae hominibus improbanda viderentur testimonio tuo approbata sunt, et multa laudata ab hominibus te teste damnantur, cum saepe se aliter habet species facti et aliter facientis animus atque articulus occulti temporis. cum vero aliquid tu repente inusitatum et improvisum imperas, etiamsi hoc aliquando vetuisti, quamvis causam imperii tui pro tempore occultes et quamvis contra pactum sit aliquorum hominum societatis, quis dubitet esse faciendum, quando ea iusta est societas hominum quae servit tibi? sed beati qui te imperasse sciunt. fiunt enim omnia a servientibus tibi,

vel ad exhibendum quod ad praesens opus est, vel ad futura prae-
nuntianda.

10   (18) Haec ego nesciens inridebam illos sanctos servos et prophetas
tuos. et quid agebam cum inridebam eos, nisi ut inriderer abs te sensim
atque paulatim perductus ad eas nugas ut crederem ficum plorare cum
decerpitur et matrem eius arborem lacrimis lacteis? quam tamen ficum
si comedisset aliquis sanctus, alieno sane non suo scelere decerptam,
misceret visceribus et anhelaret de illa angelos, immo vero particulas
dei gemendo in oratione atque ructando. quae particulae summi et veri
dei ligatae fuissent in illo pomo, nisi electi sancti dente ac ventre
solverentur. et credidi miser magis esse misericordiam praestandam
fructibus terrae quam hominibus propter quos nascerentur. si quis
enim esuriens peteret qui manichaeus non esset, quasi capitali supplicio damnanda buccella videretur si ei daretur.

11   (19) Et misisti manum tuam ex alto et de hac profunda caligine
eruisti animam meam, cum pro me fleret ad te mea mater, fidelis tua,
amplius quam flent matres corporea funera. videbat enim illa mortem
meam ex fide et spiritu quem habebat ex te, et exaudisti eam, domine.
exaudisti eam nec despexisti lacrimas eius; cum profluentes rigarent
terram sub oculis eius in omni loco orationis eius, exaudisti eam. nam
unde illud somnium quo eam consolatus es, ut vivere mecum cederet et
habere mecum eandem mensam in domo? (quod nolle coeperat
aversans et detestans blasphemias erroris mei.) vidit enim se stantem in
quadam regula lignea et advenientem ad se iuvenem splendidum
hilarem atque arridentem sibi, cum illa esset maerens et maerore
confecta. qui cum causas ab ea quaesisset maestitiae suae cotidiana-
rumque lacrimarum, docendi, ut adsolet, non discendi gratia, atque illa
respondisset perditionem meam se plangere, iussisse illum (quo secura
esset) atque admonuisse, ut attenderet et videret, ubi esset illa, ibi esse
et me. quod illa ubi attendit, vidit me iuxta se in eadem regula stantem.
unde hoc, nisi quia erant aures tuae ad cor eius, o tu bone omnipotens,
qui sic curas unumquemque nostrum tamquam solum cures, et sic
omnes tamquam singulos?

    (20) Unde illud etiam, quod cum mihi narrasset ipsum visum, et ego
ad id trahere conarer ut illa se potius non desperaret futuram esse quod
eram, continuo sine aliqua haesitatione: 'non,' inquit, 'non enim mihi
dictum est, "ubi ille, ibi et tu", sed "ubi tu, ibi et ille."' confiteor tibi,
domine, recordationem meam, quantum recolo, quod saepe non tacui,
amplius me isto per matrem vigilantem responso tuo, quod tam vicina
interpretationis falsitate turbata non est et tam cito vidit quod

videndum fuit (quod ego certe, antequam dixisset, non videram), etiam
tum fuisse commotum quam ipso somnio quo feminae piae gaudium
tanto post futurum ad consolationem tunc praesentis sollicitudinis
tanto ante praedictum est. nam novem ferme anni secuti sunt quibus
ego in illo limo profundi ac tenebris falsitatis, cum saepe surgere
conarer et gravius alliderer, volutatus sum, cum tamen illa vidua casta,
pia et sobria, quales amas, iam quidem spe alacrior, sed fletu et gemitu
non segnior, non desineret horis omnibus orationum suarum de me
plangere ad te, et intrabant in conspectum tuum preces eius, et me
tamen dimittebas adhuc volvi et involvi illa caligine.

12   (21) Et dedisti alterum responsum interim quod recolo. nam et
multa praetereo, propter quod propero ad ea quae me magis urguent
confiteri tibi, et multa non memini. dedisti ergo alterum per sacer-
dotem tuum, quendam episcopum nutritum in ecclesia et exercitatum
in libris tuis. quem cum illa femina rogasset ut dignaretur mecum conloqui et refellere errores meos et dedocere me mala ac docere bona
(faciebat enim hoc, quos forte idoneos invenisset), noluit ille, prudenter
sane, quantum sensi postea. respondit enim me adhuc esse indocilem,
eo quod inflatus essem novitate haeresis illius et nonnullis quaesti-
unculis iam multos imperitos exagitassem, sicut illa indicaverat ei.
'sed', inquit, 'sine illum ibi. tantum roga pro eo dominum. ipse legendo
reperiet quis ille sit error et quanta impietas.' simul etiam narravit se
quoque parvulum a seducta matre sua datum fuisse manichaeis, et
omnes paene non legisse tantum verum etiam scriptitasse libros eorum,
sibique apparuisse nullo contra disputante et convincente quam esset
illa secta fugienda: itaque fugisse. quae cum ille dixisset atque illa
nollet adquiescere, sed instaret magis deprecando et ubertim flendo, ut
me videret et mecum dissereret, ille iam substomachans taedio, 'vade',
inquit, 'a me. ita vivas: fieri non potest, ut filius istarum lacrimarum
pereat.' quod illa ita se accepisse inter conloquia sua mecum saepe
recordabatur, ac si de caelo sonuisset.

LIBER QUARTUS

1 (1) Per idem tempus annorum novem, ab undevicensimo anno aetatis meae usque ad duodetricensimum, seducebamur et seducebamus, falsi atque fallentes in variis cupiditatibus, et palam per doctrinas quas liberales vocant, occulte autem falso nomine religionis, hic superbi, ibi superstitiosi, ubique vani, hac popularis gloriae sectantes inanitatem, usque ad theatricos plausus et contentiosa carmina et agonem coronarum faenearum et spectaculorum nugas et intemperantiam libidinum, illac autem purgari nos ab istis sordibus expetentes, cum eis qui appellarentur electi et sancti afferremus escas de quibus nobis in officina aqualiculi sui fabricarent angelos et deos per quos liberaremur. et sectabar ista atque faciebam cum amicis meis per me ac mecum deceptis. inrideant me arrogantes et nondum salubriter prostrati et elisi a te, deus meus, ego tamen confitear tibi dedecora mea in laude tua. sine me, obsecro, et da mihi circuire praesenti memoria praeteritos circuitus erroris mei et immolare tibi hostiam iubilationis. quid enim sum ego mihi sine te nisi dux in praeceps? aut quid sum, cum mihi bene est, nisi sugens lac tuum aut fruens te, cibo qui non corrumpitur? et quis homo est quilibet homo, cum sit homo? sed inrideant nos fortes et potentes, nos autem infirmi et inopes confiteamur tibi.

2 (2) Docebam in illis annis artem rhetoricam, et victoriosam loquacitatem victus cupiditate vendebam. malebam tamen, domine, tu scis, bonos habere discipulos, sicut appellantur boni, et eos sine dolo docebam dolos, non quibus contra caput innocentis agerent sed aliquando pro capite nocentis. et deus, vidisti de longinquo lapsantem in lubrico et in multo fumo scintillantem fidem meam, quam exhibebam in illo magisterio diligentibus vanitatem et quaerentibus mendacium, socius eorum. in illis annis unam habebam non eo quod legitimum vocatur coniugio cognitam, sed quam indagaverat vagus ardor inops prudentiae, sed unam tamen, ei quoque servans tori fidem, in qua sane experirer exemplo meo quid distaret inter coniugalis placiti modum, quod foederatum esset generandi gratia, et pactum libidinosi amoris, ubi proles etiam contra votum nascitur, quamvis iam nata cogat se diligi.

(3) Recolo etiam, cum mihi theatrici carminis certamen inire placuisset, mandasse mihi nescio quem haruspicem, quid ei dare vellem mercedis ut vincerem, me autem foeda illa sacramenta detestatum et abominatum respondisse, nec si corona illa esset immortaliter

aurea muscam pro victoria mea necari sinere. necaturus enim erat ille in sacrificiis suis animantia, et illis honoribus invitaturus mihi suffragatura daemonia videbatur. sed hoc quoque malum non ex tua castitate repudiavi, deus cordis mei. non enim amare te noveram, qui nisi fulgores corporeos cogitare non noveram. talibus enim figmentis suspirans anima nonne fornicatur abs te et fidit in falsis et pascit ventos? sed videlicet sacrificari pro me nollem daemonibus, quibus me illa superstitione ipse sacrificabam. quid est enim aliud ventos pascere quam ipsos pascere, hoc est errando eis esse voluptati atque derisui?

3　　(4) Ideoque illos planos quos mathematicos vocant plane consulere non desistebam, quod quasi nullum eis esset sacrificium et nullae preces ad aliquem spiritum ob divinationem dirigerentur. quod tamen christiana et vera pietas consequenter repellit et damnat. bonum est enim confiteri tibi, domine, et dicere, 'miserere mei: cura animam meam, quoniam peccavi tibi', neque ad licentiam peccandi abuti indulgentia tua, sed meminisse dominicae vocis: 'ecce sanus factus es; iam noli peccare, ne quid tibi deterius contingat.' quam totam illi salubritatem interficere conantur cum dicunt, 'de caelo tibi est inevitabilis causa peccandi', et 'Venus hoc fecit aut Saturnus aut Mars', scilicet ut homo sine culpa sit, caro et sanguis et superba putredo, culpandus sit autem caeli ac siderum creator et ordinator. et quis est hic nisi deus noster, suavitas et origo iustitiae, qui reddes unicuique secundum opera eius et cor contritum et humilatum non spernis?

(5) Erat eo tempore vir sagax, medicinae artis peritissimus atque in ea nobilissimus, qui proconsul manu sua coronam illam agonisticam imposuerat non sano capiti meo, sed non ut medicus. nam illius morbi tu sanator, qui resistis superbis, humilibus autem das gratiam. numquid tamen etiam per illum senem defuisti mihi aut destitisti mederi animae meae? quia enim factus ei eram familiarior et eius sermonibus (erant enim sine verborum cultu vivacitate sententiarum iucundi et graves) adsiduus et fixus inhaerebam, ubi cognovit ex conloquio meo libris genethliacorum esse me deditum, benigne ac paterne monuit ut eos abicerem neque curam et operam rebus utilibus necessariam illi vanitati frustra impenderem, dicens ita se illa didicisse ut eius professionem primis annis aetatis suae deferre voluisset qua vitam degeret et, si Hippocraten intellexisset, et illas utique litteras potuisse intellegere; et tamen non ob aliam causam se postea illis relictis medicinam adsecutum, nisi quod eas falsissimas comperisset et nollet vir gravis decipiendis hominibus victum quaerere. 'at tu', inquit, 'quo te in hominibus sustentas, rhetoricam tenes, hanc autem fallaciam

libero studio, non necessitate rei familiaris, sectaris. quo magis mihi te oportet de illa credere, qui eam tam perfecte discere elaboravi, quam ex ea sola vivere volui.' a quo ego cum quaesissem quae causa ergo faceret ut multa inde vera pronuntiarentur, respondit ille ut potuit, vim sortis hoc facere in rerum natura usquequaque diffusam. si enim de paginis poetae cuiuspiam longe aliud canentis atque intendentis, cum forte quis consulit, mirabiliter consonus negotio saepe versus exiret, mirandum non esse dicebat si ex anima humana superiore aliquo instinctu nesciente quid in se fieret, non arte sed sorte, sonaret aliquid quod interrogantis rebus factisque concineret.

(6) Et hoc quidem ab illo vel per illum procurasti mihi, et quid ipse postea per me ipsum quaererem, in memoria mea deliniasti. tunc autem nec ipse nec carissimus meus Nebridius, adulescens valde bonus et valde castus, inridens totum illud divinationis genus, persuadere mihi potuerunt ut haec abicerem, quoniam me amplius ipsorum auctorum movebat auctoritas et nullum certum quale quaerebam documentum adhuc inveneram, quo mihi sine ambiguitate appareret, quae ab eis consultis vera dicerentur, forte vel sorte non arte inspectorum siderum dici.

4   (7) In illis annis quo primum tempore in municipio quo natus sum docere coeperam, comparaveram amicum societate studiorum nimis carum, coaevum mihi et conflorentem flore adulescentiae. mecum puer creverat et pariter in scholam ieramus pariterque luseramus. sed nondum erat sic amicus, quamquam ne tunc quidem sic, uti est vera amicitia, quia non est vera nisi cum eam tu agglutinas inter haerentes tibi caritate diffusa in cordibus nostris per spiritum sanctum, qui datus est nobis. sed tamen dulcis erat nimis, cocta fervore parilium studiorum. nam et a fide vera, quam non germanitus et penitus adulescens tenebat, deflexeram eum in superstitiosas fabellas et perniciosas, propter quas me plangebat mater. mecum iam errabat in animo ille homo, et non poterat anima mea sine illo. et ecce tu imminens dorso fugitivorum tuorum, deus ultionum et fons misericordiarum simul, qui convertis nos ad te miris modis, ecce abstulisti hominem de hac vita, cum vix explevisset annum in amicitia mea, suavi mihi super omnes suavitates illius vitae meae.

(8) Quis laudes tuas enumerat unus in se uno quas expertus est? quid tunc fecisti, deus meus, et quam investigabilis abyssus iudiciorum tuorum? cum enim laboraret ille febribus, iacuit diu sine sensu in sudore laetali et, cum desperaretur, baptizatus est nesciens, me non curante et praesumente id retinere potius animam eius quod a me

acceperat, non quod in nescientis corpore fiebat. longe autem aliter
erat. nam recreatus est et salvus factus, statimque, ut primo cum eo
loqui potui (potui autem mox ut ille potuit, quando non discedebam et
nimis pendebamus ex invicem), temptavi apud illum inridere,
tamquam et illo inrisuro mecum baptismum quem acceperat mente
atque sensu absentissimus, sed tamen iam se accepisse didicerat. at ille
ita me exhorruit ut inimicum admonuitque mirabili et repentina
libertate ut, si amicus esse vellem, talia sibi dicere desinerem. ego
autem stupefactus atque turbatus distuli omnes motus meos, ut con-
valesceret prius essetque idoneus viribus valetudinis, cum quo agere
possem quod vellem. sed ille abreptus dementiae meae, ut apud te
servaretur consolationi meae. post paucos dies me absente repetitur
febribus et defungitur.

(9) Quo dolore contenebratum est cor meum, et quidquid aspi-
ciebam mors erat. et erat mihi patria supplicium et paterna domus mira
infelicitas, et quidquid cum illo communicaveram, sine illo in
cruciatum immanem verterat. expetebant eum undique oculi mei, et
non dabatur. et oderam omnia, quod non haberent eum, nec mihi iam
dicere poterant, 'ecce veniet', sicut cum viveret, quando absens erat.
factus eram ipse mihi magna quaestio, et interrogabam animam meam
quare tristis esset et quare conturbaret me valde, et nihil noverat
respondere mihi. et si dicebam, 'spera in deum', iuste non obtemperabat, quia verior erat et melior homo quem carissimum amiserat quam
phantasma in quod sperare iubebatur. solus fletus erat dulcis mihi et
successerat amico meo in deliciis animi mei.

5   (10) Et nunc, domine, iam illa transierunt, et tempore lenitum est
vulnus meum. possumne audire abs te, qui veritas es, et admovere
aurem cordis mei ori tuo, ut dicas mihi cur fletus dulcis sit miseris? an
tu, quamvis ubique adsis, longe abiecisti a te miseriam nostram, et tu in
te manes, nos autem in experimentis volvimur? et tamen nisi ad aures
tuas ploraremus, nihil residui de spe nostra fieret. unde igitur suavis
fructus de amaritudine vitae carpitur, gemere et flere et suspirare et
conqueri? an hoc ibi dulce est, quod speramus exaudire te? recte istuc
in precibus, quia desiderium perveniendi habent. num in dolore
amissae rei et luctu, quo tunc operiebar? neque enim sperabam
revivescere illum aut hoc petebam lacrimis, sed tantum dolebam et flebam. miser enim eram et amiseram gaudium meum. an et fletus res
amara est et, prae fastidio rerum quibus prius fruebamur et tunc ab eis
abhorremus, delectat?

6   (11) Quid autem ista loquor? non enim tempus quaerendi nunc est,

sed confitendi tibi. miser eram, et miser est omnis animus vinctus amicitia rerum mortalium, et dilaniatur cum eas amittit, et tunc sentit miseriam qua miser est et antequam amittat eas. sic ego eram illo tempore et flebam amarissime et requiescebam in amaritudine. ita miser eram et habebam cariorem illo amico meo vitam ipsam miseram. nam quamvis eam mutare vellem, nollem tamen amittere magis quam illum, et nescio an vellem vel pro illo, sicut de Oreste et Pylade traditur, si non fingitur, qui vellent pro invicem vel simul mori, qua morte peius eis erat non simul vivere. sed in me nescio quis affectus nimis huic contrarius ortus erat, et taedium vivendi erat in me gravissimum et moriendi metus. credo, quo magis illum amabam, hoc magis mortem, quae mihi eum abstulerat, tamquam atrocissimam inimicam oderam et timebam, et eam repente consumpturam omnes homines putabam, quia illum potuit. sic eram omnino, memini. ecce cor meum, deus meus, ecce intus. vide, quia memini, spes mea, qui me mundas a talium affectionum immunditia, dirigens oculos meos ad te et evellens de laqueo pedes meos. mirabar enim ceteros mortales vivere, quia ille, quem quasi non moriturum dilexeram, mortuus erat, et me magis, quia ille alter eram, vivere illo mortuo mirabar. bene quidam dixit de amico suo, 'dimidium animae suae'. nam ego sensi animam meam et animam illius unam fuisse animam in duobus corporibus, et ideo mihi horrori erat vita, quia nolebam dimidius vivere, et ideo forte mori metuebam, ne totus ille moreretur quem multum amaveram.

7   (12) O dementiam nescientem diligere homines humaniter! o stultum hominem immoderate humana patientem! quod ego tunc eram. itaque aestuabam, suspirabam, flebam, turbabar, nec requies erat nec consilium. portabam enim concisam et cruentam animam meam impatientem portari a me, et ubi eam ponerem non inveniebam. non in amoenis nemoribus, non in ludis atque cantibus, nec in suave olentibus locis, nec in conviviis apparatis, neque in voluptate cubilis et lecti, non denique in libris atque carminibus adquiescebat. horrebant omnia et ipsa lux, et quidquid non erat quod ille erat improbum et odiosum erat praeter gemitum et lacrimas: nam in eis solis aliquantula requies. ubi autem inde auferebatur anima mea, onerabat me grandi sarcina miseriae. ad te, domine, levanda erat et curanda, sciebam, sed nec volebam nec valebam, eo magis quia non mihi eras aliquid solidum et firmum, cum de te cogitabam. non enim tu eras, sed vanum phantasma et error meus erat deus meus. si conabar eam ibi ponere ut requiesceret, per inane labebatur et iterum ruebat super me, et ego mihi remanseram infelix locus, ubi nec esse possem nec inde recedere.

quo enim cor meum fugeret a corde meo? quo a me ipso fugerem? quo non me sequerer? et tamen fugi de patria. minus enim eum quaerebant oculi mei ubi videre non solebant, atque a Thagastensi oppido veni Carthaginem.

8   (13) Non vacant tempora nec otiose volvuntur per sensus nostros: faciunt in animo mira opera. ecce veniebant et praeteribant de die in diem, et veniendo et praetereundo inserebant mihi spes alias et alias memorias, et paulatim resarciebant me pristinis generibus delectationum, quibus cedebat dolor meus ille; sed succedebant non quidem dolores alii, causae tamen aliorum dolorum. nam unde me facillime et in intima dolor ille penetraverat, nisi quia fuderam in harenam animam meam diligendo moriturum acsi non moriturum? maxime quippe me reparabant atque recreabant aliorum amicorum solacia, cum quibus amabam quod pro te amabam, et hoc erat ingens fabula et longum mendacium, cuius adulterina confricatione corrumpebatur mens nostra pruriens in auribus. sed illa mihi fabula non moriebatur, si quis amicorum meorum moreretur. alia erant quae in eis amplius capiebant animum, conloqui et conridere et vicissim benivole obsequi, simul legere libros dulciloquos, simul nugari et simul honestari, dissentire interdum sine odio tamquam ipse homo secum atque ipsa rarissima dissensione condire consensiones plurimas, docere aliquid invicem aut discere ab invicem, desiderare absentes cum molestia, suscipere venientes cum laetitia: his atque huius modi signis a corde amantium et redamantium procedentibus per os, per linguam, per oculos et mille motus gratissimos, quasi fomitibus conflare animos et ex pluribus unum facere.

9   (14) Hoc est quod diligitur in amicis, et sic diligitur ut rea sibi sit humana conscientia si non amaverit redamantem aut si amantem non redamaverit, nihil quaerens ex eius corpore praeter indicia benivolentiae. hinc ille luctus si quis moriatur, et tenebrae dolorum, et versa dulcedine in amaritudinem cor madidum, et ex amissa vita morientium mors viventium. beatus qui amat te et amicum in te et inimicum propter te. solus enim nullum carum amittit cui omnes in illo cari sunt qui non amittitur. et quis est iste nisi deus noster, deus, qui fecit caelum et terram et implet ea, quia implendo ea fecit ea? te nemo amittit nisi qui dimittit, et quia dimittit, quo it aut quo fugit nisi a te placido ad te iratum? nam ubi non invenit legem tuam in poena sua? et lex tua veritas et veritas tu.

10   (15) Deus virtutum, converte nos et ostende faciem tuam, et salvi erimus. nam quoquoversum se verterit anima hominis, ad dolores

figitur alibi praeterquam in te, tametsi figitur in pulchris extra te et extra se. quae tamen nulla essent, nisi essent abs te. quae oriuntur et occidunt et oriendo quasi esse incipiunt, et crescunt ut perficiantur, et perfecta senescunt et intereunt: et non omnia senescunt, et omnia intereunt. ergo cum oriuntur et tendunt esse, quo magis celeriter crescunt ut sint, eo magis festinant ut non sint: sic est modus eorum. tantum dedisti eis, quia partes sunt rerum, quae non sunt omnes simul, sed decedendo ac succedendo agunt omnes universum, cuius partes sunt. (ecce sic peragitur et sermo noster per signa sonantia. non enim erit totus sermo, si unum verbum non decedat, cum sonuerit partes suas, ut succedat aliud.) laudet te ex illis anima mea, deus, creator omnium, sed non in eis figatur glutine amore per sensus corporis. eunt enim quo ibant, ut non sint, et conscindunt eam desideriis pestilentiosis, quoniam ipsa esse vult et requiescere amat in eis quae amat. in illis autem non est ubi, quia non stant: fugiunt, et quis ea sequitur sensu carnis? aut quis ea comprehendit, vel cum praesto sunt? tardus est enim sensus carnis, quoniam sensus carnis est: ipse est modus eius. sufficit ad aliud, ad quod factus est, ad illud autem non sufficit, ut teneat transcurrentia ab initio debito usque ad finem debitum. in verbo enim tuo, per quod creantur, ibi audiunt, 'hinc et huc usque.'

11 (16) Noli esse vana, anima mea, et obsurdescere in aure cordis tumultu vanitatis tuae. audi et tu: verbum ipsum clamat ut redeas, et ibi est locus quietis imperturbabilis, ubi non deseritur amor si ipse non deserat. ecce illa discedunt ut alia succedant, et omnibus suis partibus constet infima universitas. 'numquid ego aliquo discedo?' ait verbum dei. ibi fige mansionem tuam, ibi commenda quidquid inde habes, anima mea; saltem fatigata fallaciis, veritati commenda quidquid tibi est a veritate, et non perdes aliquid, et reflorescent putria tua, et sanabuntur omnes languores tui, et fluxa tua reformabuntur et renovabuntur et constringentur ad te, et non te deponent quo descendunt, sed stabunt tecum et permanebunt ad semper stantem ac permanentem deum.

(17) Ut quid perversa sequeris carnem tuam? ipsa te sequatur conversam. quidquid per illam sentis in parte est, et ignoras totum cuius hae partes sunt, et delectant te tamen. sed si ad totum comprehendendum esset idoneus sensus carnis tuae, ac non et ipse in parte universi accepisset pro tua poena iustum modum, velles ut transiret quidquid existit in praesentia, ut magis tibi omnia placerent. nam et quod loquimur per eundem sensum carnis audis, et non vis utique stare syllabas sed transvolare, ut aliae veniant et totum audias. ita semper

omnia, quibus unum aliquid constat (et non sunt omnia simul ea quibus constat): plus delectant omnia quam singula, si possint sentiri omnia. sed longe his melior qui fecit omnia, et ipse est deus noster, et non discedit, quia nec succeditur ei.

12   (18) Si placent corpora, deum ex illis lauda et in artificem eorum retorque amorem, ne in his quae tibi placent tu displiceas. si placent animae, in deo amentur, quia et ipsae mutabiles sunt et in illo fixae stabiliuntur: alioquin irent et perirent. in illo ergo amentur, et rape ad eum tecum quas potes et dic eis:

'Hunc amemus: ipse fecit haec et non est longe. non enim fecit atque abiit, sed ex illo in illo sunt. ecce ubi est, ubi sapit veritas: intimus cordi est, sed cor erravit ab eo. redite, praevaricatores, ad cor et inhaerete illi qui fecit vos. state cum eo et stabitis, requiescite in eo et quieti eritis. quo itis in aspera? quo itis? bonum quod amatis ab illo est: sed quantum est ad illum, bonum est et suave; sed amarum erit iuste, quia iniuste amatur deserto illo quidquid ab illo est. quo vobis adhuc et adhuc ambulare vias difficiles et laboriosas? non est requies ubi quaeratis eam. quaerite quod quaeritis, sed ibi non est ubi quaeritis. beatam vitam quaeritis in regione mortis: non est illic. quomodo enim beata vita, ubi nec vita? (19) et descendit huc ipsa vita nostra, et tulit mortem nostram et occidit eam de abundantia vitae suae, et tonuit, clamans ut redeamus hinc ad eum in illud secretum unde processit ad nos in ipsum primum virginalem uterum, ubi ei nupsit humana creatura, caro mortalis, ne semper mortalis. et inde velut sponsus procedens de thalamo suo exultavit ut gigans ad currendam viam. non enim tardavit, sed cucurrit clamans dictis, factis, morte, vita, descensu, ascensu, clamans ut redeamus ad eum: et discessit ab oculis, ut redeamus ad eum. et discessit ab oculis, ut redeamus ad cor et inveniamus eum. abscessit enim et ecce hic est. noluit nobiscum diu esse et non reliquit nos. illuc enim abscessit unde numquam recessit, quia mundus per eum factus est, et in hoc mundo erat et venit in hunc mundum peccatores salvos facere. cui confitetur anima mea et sanat eam, quoniam peccavit illi. filii hominum, quo usque graves corde? numquid et post descensum vitae non vultis ascendere et vivere? sed quo ascenditis, quando in alto estis et posuistis in caelo os vestrum? descendite, ut ascendatis, et ascendatis ad deum. cecidistis enim ascendendo contra deum.'

Dic eis ista, ut plorent in convalle plorationis, et sic eos rape tecum ad deum, quia de spiritu eius haec dicis eis, si dicis ardens igne caritatis.

13   (20) Haec tunc non noveram, et amabam pulchra inferiora et ibam in

profundum, et dicebam amicis meis, 'num amamus aliquid nisi pulchrum? quid est ergo pulchrum? et quid est pulchritudo? quid est quod nos allicit et conciliat rebus quas amamus? nisi enim esset in eis decus et species, nullo modo nos ad se moverent.' et animadvertebam et videbam in ipsis corporibus aliud esse quasi totum et ideo pulchrum, aliud autem quod ideo deceret, quoniam apte adcommodaretur alicui, sicut pars corporis ad universum suum aut calciamentum ad pedem et similia. et ista consideratio scaturrivit in animo meo ex intimo corde meo, et scripsi libros 'de pulchro et apto'—puto duos aut tres: tu scis, deus, nam excidit mihi. non enim habemus eos, sed aberraverunt a nobis nescio quo modo.

14 (21) Quid est autem quod me movit, domine deus meus, ut ad Hierium, Romanae urbis oratorem, scriberem illos libros? quem non noveram facie, sed amaveram hominem ex doctrinae fama, quae illi clara erat, et quaedam verba eius audieram et placuerant mihi. sed magis quia placebat aliis et eum efferebant laudibus, stupentes quod ex homine Syro, docto prius graecae facundiae, post in latina etiam dictor mirabilis extitisset et esset scientissimus rerum ad studium sapientiae pertinentium, mihi placebat. laudatur homo et amatur absens. utrumnam ab ore laudantis intrat in cor audientis amor ille? absit! sed ex amante alio accenditur alius. hinc enim amatur qui laudatur, dum non fallaci corde laudatoris praedicari creditur, id est cum amans eum laudat.

(22) Sic enim tunc amabam homines ex hominum iudicio, non enim ex tuo, deus meus, in quo nemo fallitur. sed tamen cur non sicut auriga nobilis, sicut venator studiis popularibus diffamatus, sed longe aliter et graviter et ita, quemadmodum et me laudari vellem? non autem vellem ita laudari et amari me ut histriones, quamquam eos et ipse laudarem et amarem, sed eligens latere quam ita notus esse et vel haberi odio quam sic amari. ubi distribuuntur ista pondera variorum et diversorum amorum in anima una? quid est quod amo in alio, quod rursus nisi odissem, non a me detestarer et repellerem, cum sit uterque nostrum homo? non enim sicut equus bonus amatur ab eo qui nollet hoc esse, etiamsi posset, hoc et de histrione dicendum est, qui naturae nostrae socius est. ergone amo in homine quod odi esse, cum sim homo? grande profundum est ipse homo, cuius etiam capillos tu, domine, numeratos habes et non minuuntur in te: et tamen capilli eius magis numerabiles quam affectus eius et motus cordis eius.

(23) At ille rhetor ex eo erat genere quem sic amabam ut vellem esse me talem. et errabam typho et circumferebar omni vento, et nimis

occulte gubernabar abs te. et unde scio et unde certus confiteor tibi quod illum in amore laudantium magis amaveram quam in rebus ipsis de quibus laudabatur? quia si non laudatum vituperarent eum idem ipsi et vituperando atque spernendo ea ipsa narrarent, non accenderer in eo et non excitarer, et certe res non aliae forent nec homo ipse alius, sed tantummodo alius affectus narrantium. ecce ubi iacet anima infirma nondum haerens soliditati veritatis: sicut aurae linguarum flaverint a pectoribus opinantium, ita fertur et vertitur, torquetur ac retorquetur, et obnubilatur ei lumen et non cernitur veritas, et ecce est ante nos. et magnum quiddam mihi erat, si sermo meus et studia mea illi viro innotescerent. quae si probaret, flagrarem magis; si autem improbaret, sauciaretur cor vanum et inane soliditatis tuae. et tamen pulchrum illud atque aptum, unde ad eum scripseram, libenter animo versabam ob os contemplationis meae et nullo conlaudatore mirabar.

15   (24) Sed tantae rei cardinem in arte tua nondum videbam, omnipotens, qui facis mirabilia solus, et ibat animus per formas corporeas et pulchrum, quod per se ipsum, aptum autem, quod ad aliquid adcommodatum deceret, definiebam et distinguebam et exemplis corporeis adstruebam. et converti me ad animi naturam, et non me sinebat falsa opinio quam de spiritalibus habebam verum cernere. et inruebat in oculos ipsa vis veri, et avertebam palpitantem mentem ab incorporea re ad liniamenta et colores et tumentes magnitudines et, quia non poteram ea videre in animo, putabam me non posse videre animum. et cum in virtute pacem amarem, in vitiositate autem odissem discordiam, in illa unitatem, in ista quandam divisionem notabam, inque illa unitate mens rationalis et natura veritatis ac summi boni mihi esse videbatur, in ista vero divisione inrationalis vitae nescioquam substantiam et naturam summi mali, quae non solum esset substantia sed omnino vita esset, et tamen abs te non esset, deus meus, ex quo sunt omnia, miser opinabar. et illam 'monadem' appellabam tamquam sine ullo sexu mentem, hanc vero 'dyadem', iram in facinoribus, libidinem in flagitiis, nesciens quid loquerer. non enim noveram neque didiceram nec ullam substantiam malum esse nec ipsam mentem nostram summum atque incommutabile bonum.

(25) Sicut enim facinora sunt, si vitiosus est ille animi motus in quo est impetus et se iactat insolenter ac turbide, et flagitia, si est immoderata illa animae affectio qua carnales hauriuntur voluptates, ita errores et falsae opiniones vitam contaminant, si rationalis mens ipsa vitiosa est, qualis in me tunc erat nesciente alio lumine illam inlustrandam esse, ut sit particeps veritatis, quia non est ipsa natura

veritatis, quoniam tu inluminabis lucernam meam, domine. deus meus, inluminabis tenebras meas, et de plenitudine tua omnes nos accepimus. es enim tu lumen verum quod inluminat omnem hominem venientem in hunc mundum, quia in te non est transmutatio nec momenti obumbratio.

(26) Sed ego conabar ad te et repellebar abs te, ut saperem mortem, quoniam superbis resistis. quid autem superbius quam ut adsererem mira dementia me id esse naturaliter quod tu es? cum enim ego essem mutabilis et eo mihi manifestum esset, quod utique ideo sapiens esse cupiebam, ut ex deteriore melior fierem, malebam tamen etiam te opinari mutabilem quam me non hoc esse quod tu es. itaque repellebar et resistebas ventosae cervici meae, et imaginabar formas corporeas et caro carnem accusabam, et spiritus ambulans nondum revertebar ad te et ambulando ambulabam in ea quae non sunt, neque in te neque in me neque in corpore, neque mihi creabantur a veritate tua, sed a mea vanitate fingebantur ex corpore. et dicebam parvulis fidelibus tuis, civibus meis, a quibus nesciens exulabam, dicebam illis garrulus et ineptus, 'cur ergo errat anima quam fecit deus?', et mihi nolebam dici, 'cur ergo errat deus?' et contendebam magis incommutabilem tuam substantiam coactam errare quam meam mutabilem sponte deviasse et poena errare confitebar.

(27) Et eram aetate annorum fortasse viginti sex aut septem, cum illa volumina scripsi, volvens apud me corporalia figmenta obstrepentia cordis mei auribus, quas intendebam, dulcis veritas, in interiorem melodiam tuam, cogitans de pulchro et apto, et stare cupiens et audire te et gaudio gaudere propter vocem sponsi, et non poteram, quia vocibus erroris mei rapiebar foras et pondere superbiae meae in ima decidebam. non enim dabas auditui meo gaudium et laetitiam, aut exultabant ossa, quae humilata non erant.

(28) Et quid mihi proderat quod annos natus ferme viginti, cum in manus meas venissent aristotelica quaedam, quas appellant decem categorias (quarum nomine, cum eas rhetor Carthaginiensis, magister meus, buccis typho crepantibus commemoraret et alii qui docti habebantur, tamquam in nescio quid magnum et divinum suspensus inhiabam), legi eas solus et intellexi? quas cum contulissem cum eis qui se dicebant vix eas magistris eruditissimis, non loquentibus tantum sed multa in pulvere depingentibus, intellexisse, nihil inde aliud mihi dicere potuerunt quam ego solus apud me ipsum legens cognoveram. et satis aperte mihi videbantur loquentes de substantiis, sicuti est homo, et quae in illis essent, sicuti est figura hominis, qualis sit, et statura,

quot pedum sit, et cognatio, cuius frater sit, aut ubi sit constitutus aut quando natus, aut stet an sedeat, aut calciatus vel armatus sit, aut aliquid faciat aut patiatur aliquid, et quaecumque in his novem generibus, quorum exempli gratia quaedam posui, vel in ipso substantiae genere innumerabilia reperiuntur.

(29) Quid hoc mihi proderat, quando et oberat, cum etiam te, deus meus, mirabiliter simplicem atque incommutabilem, illis decem praedicamentis putans quidquid esset omnino comprehensum, sic intellegere conarer, quasi et tu subiectus esses magnitudini tuae aut pulchritudini, ut illa essent in te quasi in subiecto sicut in corpore, cum tua magnitudo et tua pulchritudo tu ipse sis, corpus autem non eo sit magnum et pulchrum quo corpus est, quia etsi minus magnum et minus pulchrum esset, nihilominus corpus esset? falsitas enim erat quam de te cogitabam, non veritas, et figmenta miseriae meae, non firmamenta beatitudinis tuae. iusseras enim, et ita fiebat in me, ut terra spinas et tribulos pareret mihi et cum labore pervenirem ad panem meum.

(30) Et quid mihi proderat quod omnes libros artium quas liberales vocant tunc nequissimus malarum cupiditatum servus per me ipsum legi et intellexi, quoscumque legere potui? et gaudebam in eis, et nesciebam unde esset quidquid ibi verum et certum esset. dorsum enim habebam ad lumen et ad ea quae inluminantur faciem, unde ipsa facies mea, qua inluminata cernebam, non inluminabatur. quidquid de arte loquendi et disserendi, quidquid de dimensionibus figurarum et de musicis et de numeris, sine magna difficultate nullo hominum tradente intellexi. scis tu, domine deus meus, quia et celeritas intellegendi et dispiciendi acumen donum tuum est. (sed non inde sacrificabam tibi; itaque mihi non ad usum sed ad perniciem magis valebat, quia tam bonam partem substantiae meae sategi habere in potestate et fortitudinem meam non ad te custodiebam, sed profectus sum abs te in longinquam regionem, ut eam dissiparem in meretrices cupiditates.) nam quid mihi proderat bona res non utenti bene? non enim sentiebam illas artes etiam ab studiosis et ingeniosis difficillime intellegi, nisi cum eis eadem conabar exponere, et erat ille excellentissimus in eis qui me exponentem non tardius sequeretur.

(31) Sed quid mihi hoc proderat, putanti quod tu, domine deus veritas, corpus esses lucidum et immensum et ego frustum de illo corpore? nimia perversitas! sed sic eram nec erubesco, deus meus, confiteri tibi in me misericordias tuas et invocare te, qui non erubui tunc profiteri hominibus blasphemias meas et latrare adversum te. quid ergo

tunc mihi proderat ingenium per illas doctrinas agile et nullo admin-
iculo humani magisterii tot nodosissimi libri enodati, cum deformiter
et sacrilega turpitudine in doctrina pietatis errarem? aut quid tantum
oberat parvulis tuis longe tardius ingenium, cum a te longe non rece-
derent, ut in nido ecclesiae tuae tuti plumescerent et alas caritatis alimento sanae fidei nutrirent? o domine deus noster, in velamento
alarum tuarum speremus, et protege nos et porta nos. tu portabis et
parvulos et usque ad canos tu portabis, quoniam firmitas nostra
quando tu es, tunc est firmitas, cum autem nostra est, infirmitas est.
vivit apud te semper bonum nostrum, et quia inde aversi sumus, perversi sumus. revertamur iam, domine, ut non evertamur, quia vivit
apud te sine ullo defectu bonum nostrum, quod tu ipse es, et non
timemus ne non sit quo redeamus, quia nos inde ruimus. nobis autem
absentibus non ruit domus nostra, aeternitas tua.

LIBER QUINTUS

1 (1) Accipe sacrificium confessionum mearum de manu linguae meae (quam formasti et excitasti, ut confiteatur nomini tuo), et sana omnia ossa mea, et dicant, 'domine, quis similis tibi?' neque enim docet te quid in se agatur qui tibi confitetur, quia oculum tuum non excludit cor clausum nec manum tuam repellit duritia hominum, sed solvis eam cum voles, aut miserans aut vindicans, et non est qui se abscondat a calore tuo. sed te laudet anima mea ut amet te, et confiteatur tibi miserationes tuas ut laudet te. non cessat nec tacet laudes tuas universa creatura tua, nec spiritus omnis per os conversum ad te, nec animalia nec corporalia per os considerantium ea, ut exsurgat in te a lassitudine anima nostra, innitens eis quae fecisti et transiens ad te, qui fecisti haec mirabiliter. et ibi refectio et vera fortitudo.

2 (2) Eant et fugiant a te inquieti iniqui. et tu vides eos et distinguis umbras, et ecce pulchra sunt cum eis omnia et ipsi turpes sunt. et quid nocuerunt tibi? aut in quo imperium tuum dehonestaverunt, a caelis usque in novissima iustum et integrum? quo enim fugerunt, cum fugerent a facie tua? aut ubi tu non invenis eos? sed fugerunt ut non viderent te videntem se atque excaecati in te offenderent, quia non deseris aliquid eorum quae fecisti; in te offenderent iniusti et iuste vexarentur, subtrahentes se lenitati tuae et offendentes in rectitudinem tuam et cadentes in asperitatem tuam. videlicet nesciunt quod ubique sis, quem nullus circumscribit locus, et solus es praesens etiam his qui longe fiunt a te. convertantur ergo et quaerant te, quia non, sicut ipsi deseruerunt creatorem suum, ita tu deseruisti creaturam tuam: ipsi convertantur. et ecce ibi es in corde eorum, in corde confitentium tibi et proicientium se in te et plorantium in sinu tuo post vias suas difficiles. et tu facilis terges lacrimas eorum, et magis plorant et gaudent in fletibus, quoniam tu, domine, non aliquis homo, caro et sanguis, sed tu, domine, qui fecisti, reficis et consolaris eos. et ubi ego eram, quando te quaerebam? et tu eras ante me, ego autem et a me discesseram nec me inveniebam: quanto minus te!

3 (3) Proloquar in conspectu dei mei annum illum undetricensimum aetatis meae. iam venerat Carthaginem quidam manichaeorum episcopus, Faustus nomine, magnus laqueus diaboli, et multi implicabantur in eo per inlecebram suaviloquentiae. quam ego iam tametsi laudabam, discernebam tamen a veritate rerum quarum discendarum avidus eram, nec quali vasculo sermonis, sed quid mihi scientiae

comedendum apponeret nominatus apud eos ille Faustus intuebar. fama enim de illo praelocuta mihi erat quod esset honestarum omnium doctrinarum peritissimus et apprime disciplinis liberalibus eruditus. et quoniam multa philosophorum legeram memoriaeque mandata retinebam, ex eis quaedam comparabam illis manichaeorum longis fabulis, et mihi probabiliora ista videbantur quae dixerunt illi qui tantum potuerunt valere ut possent aestimare saeculum, quamquam eius dominum minime invenerint. quoniam magnus es, domine, et humilia respicis, excelsa autem a longe cognoscis, nec propinquas nisi obtritis corde nec inveniris a superbis, nec si illi curiosa peritia numerent stellas et harenam et dimetiantur sidereas plagas et vestigent vias astrorum. (4) mente sua enim quaerunt ista et ingenio quod tu dedisti eis et multa invenerunt et praenuntiaverunt ante multos annos defectus luminarium solis et lunae, quo die, qua hora, quanta ex parte futuri essent, et non eos fefellit numerus. et ita factum est ut praenunti-averunt, et scripserunt regulas indagatas, et leguntur hodie atque ex eis praenuntiatur quo anno et quo mense anni et quo die mensis et qua hora diei et quota parte luminis sui defectura sit luna vel sol: et ita fiet ut praenuntiatur. et mirantur haec homines et stupent qui nesciunt ea, et exultant atque extolluntur qui sciunt, et per impiam superbiam recedentes et deficientes a lumine tuo tanto ante solis defectum futurum praevident, et in praesentia suum non vident (non enim reli-giose quaerunt unde habeant ingenium quo ista quaerunt), et in-venientes quia tu fecisti eos, non ipsi se dant tibi, se ut serves quod fecisti, et quales se ipsi fecerant occidunt se tibi, et trucidant exalta-tiones suas sicut volatilia, et curiositates suas sicut pisces maris quibus perambulant secretas semitas abyssi, et luxurias suas sicut pecora campi, ut tu, deus, ignis edax consumas mortuas curas eorum, recreans eos immortaliter.

(5) Sed non noverunt viam, verbum tuum, per quod fecisti ea quae numerant et ipsos qui numerant, et sensum quo cernunt quae numerant et mentem de qua numerant: et sapientiae tuae non est numerus. ipse autem unigenitus factus est nobis sapientia et iustitia et sanctificatio, et numeratus est inter nos, et solvit tributum Caesari. non noverunt hanc viam qua descendant ad illum a se et per eum ascendant ad eum. non noverunt hanc viam, et putant se excelsos esse cum sideribus et lucidos, et ecce ruerunt in terram, et obscuratum est insipiens cor eorum. et multa vera de creatura dicunt et veritatem, creaturae artificem, non pie quaerunt, et ideo non inveniunt, aut si inveniunt, cognoscentes deum non sicut deum honorant aut gratias

agunt, et evanescunt in cogitationibus suis, et dicunt se esse sapientes
sibi tribuendo quae tua sunt, ac per hoc student perversissima caecitate
etiam tibi tribuere quae sua sunt, mendacia scilicet in te conferentes,
qui veritas es, et immutantes gloriam incorrupti dei in similitudinem
imaginis corruptibilis hominis et volucrum et quadrupedum et
serpentium, et convertunt veritatem tuam in mendacium, et colunt et
serviunt creaturae potius quam creatori.

(6) Multa tamen ab eis ex ipsa creatura vera dicta retinebam, et
occurrebat mihi ratio per numeros et ordinem temporum et visibiles
attestationes siderum, et conferebam cum dictis Manichaei, quae de
his rebus multa scripsit copiosissime delirans, et non mihi occurrebat
ratio nec solistitiorum et aequinoctiorum nec defectuum luminarium
nec quidquid tale in libris saecularis sapientiae didiceram. ibi autem
credere iubebar, et ad illas rationes numeris et oculis meis exploratas
non occurrebat, et longe diversum erat.

4   (7) Numquid, domine deus veritatis, quisquis novit ista, iam placet
tibi? infelix enim homo qui scit illa omnia, te autem nescit; beatus
autem qui te scit, etiamsi illa nesciat. qui vero et te et illa novit, non
propter illa beatior, sed propter te solum beatus est, si cognoscens te
sicut te glorificet et gratias agat, et non evanescat in cogitationibus suis.
sicut enim melior est qui novit possidere arborem et de usu eius tibi
gratias agit, quamvis nesciat vel quot cubitis alta sit vel quanta
latitudine diffusa, quam ille qui eam metitur et omnes ramos eius
numerat et neque possidet eam neque creatorem eius novit aut diligit,
sic fidelis homo, cuius totus mundus divitiarum est et quasi nihil
habens omnia possidet inhaerendo tibi, cui serviunt omnia, quamvis
nec saltem septentrionum gyros noverit, dubitare stultum est, quin
utique melior sit quam mensor caeli et numerator siderum et pensor
elementorum et neglegens tui, qui omnia in mensura et numero et
pondere disposuisti.

5   (8) Sed tamen quis quaerebat Manichaeum nescio quem etiam ista
scribere, sine quorum peritia pietas disci poterat? dixisti enim homini,
'ecce pietas est sapientia.' quam ille ignorare posset, etiamsi ista
perfecte nosset; ista vero quia non noverat, impudentissime audens
docere, prorsus illam nosse non posset. vanitas est enim mundana ista
etiam nota profiteri, pietas autem tibi confiteri. unde ille devius ad hoc
ista multum locutus est, ut convictus ab eis qui ista vere didicissent,
quis esset eius sensus in ceteris quae abditiora sunt manifeste cogno-
sceretur. non enim parvi se aestimari voluit, sed spiritum sanctum,
consolatorem et ditatorem fidelium tuorum, auctoritate plenaria

personaliter in se esse persuadere conatus est. itaque cum de caelo ac
stellis et de solis ac lunae motibus falsa dixisse deprehenderetur,
quamvis ad doctrinam religionis ista non pertineant, tamen ausus eius
sacrilegos fuisse satis emineret, cum ea non solum ignorata sed etiam
falsa tam vesana superbiae vanitate diceret, ut ea tamquam divinae
personae tribuere sibi niteretur.

(9) Cum enim audio christianum aliquem fratrem illum aut illum
ista nescientem et aliud pro alio sentientem, patienter intueor
opinantem hominem nec illi obesse video, cum de te, domine creator
omnium, non credat indigna, si forte situs et habitus creaturae
corporalis ignoret. obest autem, si hoc ad ipsam doctrinae pietatis
formam pertinere arbitretur et pertinacius affirmare audeat quod ignorat. sed etiam talis infirmitas in fidei cunabulis a caritate matre
sustinetur, donec adsurgat novus homo in virum perfectum et circum-
ferri non possit omni vento doctrinae. in illo autem qui doctor, qui auctor, qui dux et princeps eorum quibus illa suaderet, ita fieri ausus est, ut
qui eum sequerentur non quemlibet hominem sed spiritum tuum sanctum se sequi arbitrarentur, quis tantam dementiam, sicubi falsa dixisse
convinceretur, non detestandam longeque abiciendam esse iudicaret?
sed tamen nondum liquido compereram utrum etiam secundum eius
verba vicissitudines longiorum et breviorum dierum atque noctium et
ipsius noctis et diei et deliquia luminum et si quid eius modi in aliis
libris legeram posset exponi, ut, si forte posset, incertum quidem mihi
fieret utrum ita se res haberet an ita, sed ad fidem meam illius auctoritatem propter creditam sanctitatem praeponerem.

6 (10) Et per annos ferme ipsos novem quibus eos animo vagabundus
audivi nimis extento desiderio venturum expectabam istum Faustum.
ceteri enim eorum in quos forte incurrissem, qui talium rerum
quaestionibus a me obiectibus deficiebant, illum mihi promittebant,
cuius adventu conlatoque conloquio facillime mihi haec et si qua forte
maiora quaererem enodatissime expedirentur. ergo ubi venit, expertus
sum hominem gratum et iucundum verbis et ea ipsa quae illi solent
dicere multo suavius garrientem. sed quid ad meam sitim pretiosorum
poculorum decentissimus ministrator? iam rebus talibus satiatae erant
aures meae, nec ideo mihi meliora videbantur quia melius dicebantur,
nec ideo vera quia diserta, nec ideo sapiens anima quia vultus congruus
et decorum eloquium. illi autem qui eum mihi promittebant non boni
rerum existimatores erant, et ideo illis videbatur prudens et sapiens,
quia delectabat eos loquens. sensi autem aliud genus hominum etiam
veritatem habere suspectam et ei nolle adquiescere, si compto atque

uberi sermone promeretur. me autem iam docueras, deus meus, miris
et occultis modis (et propterea credo quod tu me docueris, quoniam
verum est, nec quisquam praeter te alius doctor est veri, ubicumque et
undecumque claruerit), iam ergo abs te didiceram nec eo debere videri
aliquid verum dici, quia eloquenter dicitur, nec eo falsum, quia in-
composite sonant signa labiorum; rursus nec ideo verum, quia impolite
enuntiatur, nec ideo falsum, quia splendidus sermo est, sed perinde
esse sapientiam et stultitiam sicut sunt cibi utiles et inutiles, verbis
autem ornatis et inornatis sicut vasis urbanis et rusticanis utrosque
cibos posse ministrari.

(11) Igitur aviditas mea, qua illum tanto tempore expectaveram
hominem, delectabatur quidem motu affectuque disputantis et verbis
congruentibus atque ad vestiendas sententias facile occurrentibus.
delectabar autem et cum multis vel etiam prae multis laudabam ac
ferebam, sed moleste habebam quod in coetu audientium non sinerer
ingerere illi et partiri cum eo curas quaestionum mearum conferendo
familiariter et accipiendo ac reddendo sermonem. quod ubi potui et
aures eius cum familiaribus meis eoque tempore occupare coepi quo
non dedeceret alternis disserere, et protuli quaedam quae me
movebant, expertus sum prius hominem expertem liberalium disci-
plinarum nisi grammaticae atque eius ipsius usitato modo. et quia legerat aliquas tullianas orationes et paucissimos Senecae libros et
nonnulla poetarum et suae sectae si qua volumina latine atque composite conscripta erant, et quia aderat cotidiana sermocinandi exer-
citatio, inde suppetebat eloquium, quod fiebat acceptius magisque
seductorium moderamine ingenii et quodam lepore naturali. itane est,
ut recolo, domine deus meus, arbiter conscientiae meae? coram te cor
meum et recordatio mea, qui me tunc agebas abdito secreto providentiae tuae et inhonestos errores meos iam convertebas ante faciem
meam, ut viderem et odissem.

7   (12) Nam posteaquam ille mihi imperitus earum artium quibus eum
excellere putaveram satis apparuit, desperare coepi posse mihi eum illa
quae me movebant aperire atque dissolvere; quorum quidem ignarus
posset veritatem tenere pietatis, sed si manichaeus non esset. libri
quippe eorum pleni sunt longissimis fabulis de caelo et sideribus et
sole et luna; quae mihi eum, quod utique cupiebam, conlatis
numerorum rationibus quas alibi ego legeram, utrum potius ita essent
ut Manichaei libris continebantur, an certe vel par etiam inde ratio red-
deretur, subtiliter explicare posse iam non arbitrabar. quae tamen ubi
consideranda et discutienda protuli, modeste sane ille nec ausus est

subire ipsam sarcinam. noverat enim se ista non nosse nec eum puduit confiteri. non erat de talibus, quales multos loquaces passus eram, conantes ea me docere et dicentes nihil. iste vero cor habebat, etsi non rectum ad te, nec tamen nimis incautum ad se ipsum. non usquequaque imperitus erat imperitiae suae, et noluit se temere disputando in ea coartare unde nec exitus ei ullus nec facilis esset reditus: etiam hinc mihi amplius placuit. pulchrior est enim temperantia confitentis animi quam illa quae nosse cupiebam. et eum in omnibus difficilioribus et subtilioribus quaestionibus talem inveniebam.

(13) Refracto itaque studio quod intenderam in Manichaei litteras, magisque desperans de ceteris eorum doctoribus, quando in multis quae me movebant ita ille nominatus apparuit, coepi cum eo pro studio eius agere vitam, quo ipse flagrabat in eas litteras quas tunc iam rhetor Carthaginis adulescentes docebam, et legere cum eo sive quae ille audita desideraret sive quae ipse tali ingenio apta existimarem. ceterum conatus omnis meus quo proficere in illa secta statueram illo homine cognito prorsus intercidit, non ut ab eis omnino separarer sed, quasi melius quicquam non inveniens, eo quo iam quoquo modo inrueram contentus interim esse decreveram, nisi aliquid forte quod magis eligendum esset eluceret. ita ille Faustus, qui multis laqueus mortis extitit, meum quo captus eram relaxare iam coeperat, nec volens nec sciens. manus enim tuae, deus meus, in abdito providentiae tuae non deserebant animam meam, et de sanguine cordis matris meae per lacrimas eius diebus et noctibus pro me sacrificabatur tibi, et egisti mecum miris modis. tu illud egisti, deus meus, nam a domino gressus hominis diriguntur, et viam eius volet. aut quae procuratio salutis praeter manum tuam reficientem quae fecisti?

8 (14) Egisti ergo mecum ut mihi persuaderetur Romam pergere et potius ibi docere quod docebam Carthagini. et hoc unde mihi persuasum est non praeteribo confiteri tibi, quoniam et in his altissimi tui recessus et praesentissima in nos misericordia tua cogitanda et praedicanda est. non ideo Romam pergere volui, quod maiores quaestus maiorque mihi dignitas ab amicis qui hoc suadebant promittebatur (quamquam et ista ducebant animum tunc meum), sed illa erat causa maxima et paene sola, quod audiebam quietius ibi studere adulescentes et ordinatiore disciplinae coercitione sedari, ne in eius scholam quo magistro non utuntur passim et proterve inruant, nec eos admitti omnino nisi ille permiserit. contra apud Carthaginem foeda est et intemperans licentia scholasticorum. inrumpunt impudenter et prope furiosa fronte perturbant ordinem quem quisque discipulis ad

proficiendum instituerit. multa iniuriosa faciunt mira hebetudine, et punienda legibus nisi consuetudo patrona sit, hoc miseriores eos ostendens, quo iam quasi liceat faciunt quod per tuam aeternam legem numquam licebit, et impune se facere arbitrantur, cum ipsa faciendi caecitate puniantur et incomparabiliter patiantur peiora quam faciunt. ergo quos mores cum studerem meos esse nolui, eos cum docerem cogebar perpeti alienos. et ideo placebat ire ubi talia non fieri omnes qui noverant indicabant. verum autem tu, spes mea et portio mea in terra viventium, ad mutandum terrarum locum pro salute animae meae, et Carthagini stimulos quibus inde avellerer admovebas, et Romae inlecebras quibus attraherer proponebas mihi per homines qui diligunt vitam mortuam, hinc insana facientes, inde vana pollicentes, et ad corrigendos gressus meos utebaris occulte et illorum et mea perversitate. nam et qui perturbabant otium meum foeda rabie caeci erant, et qui invitabant ad aliud terram sapiebant, ego autem, qui detestabar hic veram miseriam, illic falsam felicitatem appetebam.

(15) Sed quare hinc abirem et illuc irem, tu sciebas, deus, nec indicabas mihi nec matri, quae me profectum atrociter planxit et usque ad mare secuta est. sed fefelli eam, violenter me tenentem ut aut revocaret aut mecum pergeret. et finxi me amicum nolle deserere donec vento facto navigaret, et mentitus sum matri, et illi matri. et evasi, quia et hoc dimisisti mihi misericorditer servans me ab aquis maris, plenum exsecrandis sordibus usque ad aquam gratiae tuae, qua me abluto siccarentur flumina maternorum oculorum, quibus pro me cotidie tibi rigabat terram sub vultu suo. et tamen recusanti sine me redire vix persuasi ut in loco qui proximus nostrae navi erat, memoria beati Cypriani, maneret ea nocte. sed ea nocte clanculo ego profectus sum, illa autem non; mansit orando et flendo. et quid a te petebat, deus meus, tantis lacrimis, nisi ut navigare me non sineres? sed tu alte consulens et exaudiens cardinem desiderii eius non curasti quod tunc petebat, ut me faceres quod semper petebat. flavit ventus et implevit vela nostra et litus subtraxit aspectibus nostris, in quo mane illa insaniebat dolore, et querelis et gemitu implebat aures tuas contemnentis ista, cum et me cupiditatibus meis raperes ad finiendas ipsas cupiditates et illius carnale desiderium iusto dolorum flagello vapularet. amabat enim secum praesentiam meam more matrum, sed multis multo amplius, et nesciebat quid tu illi gaudiorum facturus esses de absentia mea. nesciebat, ideo flebat et eiulabat, atque illis cruciatibus arguebatur in ea reliquiarium Evae, cum gemitu quaerens quod cum gemitu pepererat. et tamen post accusationem fallaciarum et

crudelitatis meae conversa rursus ad deprecandum te pro me abiit ad solita, et ego Romam.

9   (16) Et ecce excipior ibi flagello aegritudinis corporalis, et ibam iam ad inferos portans omnia mala quae commiseram et in te et in me et in alios, multa et gravia super originalis peccati vinculum quo omnes in Adam morimur. non enim quicquam eorum mihi donaveras in Christo, nec solverat ille in cruce sua inimicitias quas tecum contraxeram peccatis meis. quomodo enim eas solveret in cruce phantasmatis, quod de illo credideram? quam ergo falsa mihi videbatur mors carnis eius, tam vera erat animae meae, et quam vera erat mors carnis eius, tam falsa vita animae meae, quae id non credebat. et ingravescentibus febribus iam ibam et peribam. quo enim irem, si hinc tunc abirem, nisi in ignem atque tormenta digna factis meis in veritate ordinis tui? et hoc illa nesciebat et tamen pro me orabat absens; tu autem ubique praesens ubi erat exaudiebas eam, et ubi eram miserebaris mei, ut recuperarem salutem corporis adhuc insanus corde sacrilego. neque enim desiderabam in illo tanto periculo baptismum tuum, et melior eram puer, quo illum de materna pietate flagitavi, sicut iam recordatus atque confessus sum. sed in dedecus meum creveram et consilia medicinae tuae demens inridebam, qui non me sivisti talem bis mori. quo vulnere si feriretur cor matris, numquam sanaretur. non enim satis eloquor quid erga me habebat animi, et quanto maiore sollicitudine me parturiebat spiritu quam carne pepererat.

(17) Non itaque video quomodo sanaretur, si mea talis illa mors transverberasset viscera dilectionis eius. et ubi essent tantae preces, et tam crebrae sine intermissione? nusquam nisi ad te. an vero tu, deus misericordiarum, sperneres cor contritum et humilatum viduae castae ac sobriae, frequentantis elemosynas, obsequentis atque servientis sanctis tuis, nullum diem praetermittentis oblationem ad altare tuum, bis die, mane et vespere, ad ecclesiam tuam sine ulla intermissione venientis, non ad vanas fabulas et aniles loquacitates, sed ut te audiret in tuis sermonibus et tu illam in suis orationibus? huiusne tu lacrimas, quibus non a te aurum et argentum petebat, nec aliquod nutabile aut volubile bonum, sed salutem animae filii sui, tu, cuius munere talis erat, contemneres et repelleres ab auxilio tuo? nequaquam, domine. immo vero aderas et exaudiebas et faciebas ordine quo praedestinaveras esse faciendum. absit ut tu falleres eam in illis visionibus et responsis tuis, quae iam commemoravi et quae non commemoravi, quae illa fideli pectore tenebat et semper orans tamquam chirographa tua ingerebat tibi. dignaris enim, quoniam in saeculum misericordia

tua, eis quibus omnia debita dimittis, etiam promissionibus debitor fieri.

10   (18) Recreasti ergo me ab illa aegritudine et salvum fecisti filium ancillae tuae tunc interim corpore, ut esset cui salutem meliorem atque certiorem dares. et iungebar etiam tunc Romae falsis illis atque fallentibus sanctis, non enim tantum auditoribus eorum, quorum e numero erat etiam is in cuius domo aegrotaveram et convalueram, sed eis etiam quos electos vocant. adhuc enim mihi videbatur non esse nos qui peccamus, sed nescio quam aliam in nobis peccare naturam, et delectabat superbiam meam extra culpam esse et, cum aliquid mali fecissem, non confiteri me fecisse, ut sanares animam meam, quoniam peccabat tibi, sed excusare me amabam et accusare nescio quid aliud quod mecum esset et ego non essem. verum autem totum ego eram et adversus me impietas mea me diviserat, et id erat peccatum insanabilius, quo me peccatorem non esse arbitrabar, et execrabilis iniquitas, te, deus omnipotens, te in me ad perniciem meam, quam me a te ad salutem malle superari. nondum ergo posueras custodiam ori meo et ostium continentiae circum labia mea, ut non declinaret cor meum in verba mala ad excusandas excusationes in peccatis cum hominibus operantibus iniquitatem, et ideo adhuc combinabam cum electis eorum, sed tamen iam desperans in ea falsa doctrina me posse proficere, eaque ipsa quibus, si nihil melius reperirem, contentus esse decreveram iam remissius neglegentiusque retinebam.

(19) Etenim suborta est etiam mihi cogitatio, prudentiores illos ceteris fuisse philosophos quos academicos appellant, quod de omnibus dubitandum esse censuerant nec aliquid veri ab homine comprehendi posse decreverant. ita enim et mihi liquido sensisse videbantur, ut vulgo habentur, etiam illorum intentionem nondum intellegenti. nec dissimulavi eundem hospitem meum reprimere a nimia fiducia quam sensi eum habere de rebus fabulosis quibus Manichaei libri pleni sunt. amicitia tamen eorum familiarius utebar quam ceterorum hominum qui in illa haeresi non fuissent. nec eam defendebam pristina animositate, sed tamen familiaritas eorum (plures enim eos Roma occultat) pigrius me faciebat aliud quaerere, praesertim desperantem in ecclesia tua, domine caeli et terrae, creator omnium visibilium et invisibilium, posse inveniri verum, unde me illi averterant, multumque mihi turpe videbatur credere figuram te habere humanae carnis et membrorum nostrorum liniamentis corporalibus terminari, et quoniam cum de deo meo cogitare vellem, cogitare nisi moles corporum non noveram (neque enim videbatur mihi esse quic-

quam quod tale non esset), ea maxima et prope sola causa erat inevitabilis erroris mei.

(20) Hinc enim et mali substantiam quandam credebam esse talem
et habere suam molem taetram et deformem et crassam, quam terram
dicebant, sive tenuem atque subtilem, sicuti est aeris corpus, quam
malignam mentem per illam terram repentem imaginantur. et quia
deum bonum nullam malam naturam creasse qualiscumque me pietas
credere cogebat, constituebam ex adverso sibi duas moles, utramque
infinitam, sed malam angustius, bonam grandius, et ex hoc initio
pestilentioso me cetera sacrilegia sequebantur. cum enim conaretur
animus meus recurrere in catholicam fidem, repercutiebar, quia non
erat catholica fides quam esse arbitrabar. et magis pius mihi videbar, si
te, deus meus, cui confitentur ex me miserationes tuae, vel ex ceteris
partibus infinitum crederem, quamvis ex una, qua tibi moles mali
opponebatur, cogerer finitum fateri, quam si ex omnibus partibus in
corporis humani forma te opinarer finiri. et melius mihi videbar
credere nullum malum te creasse (quod mihi nescienti non solum
aliqua substantia sed etiam corporea videbatur, quia et mentem cogitare non noveram nisi eam subtile corpus esse, quod tamen per loci
spatia diffunderetur) quam credere abs te esse qualem putabam
naturam mali. ipsumque salvatorem nostrum, unigenitum tuum,
tamquam de massa lucidissimae molis tuae porrectum ad nostram salutem ita putabam, ut aliud de illo non crederem nisi quod possem
vanitate imaginari. talem itaque naturam eius nasci non posse de Maria
virgine arbitrabar, nisi carni concerneretur. concerni autem et non
inquinari non videbam, quod mihi tale figurabam. metuebam itaque
credere in carne natum, ne credere cogerer ex carne inquinatum. nunc
spiritales tui blande et amanter ridebunt me, si has confessiones meas
legerint, sed tamen talis eram.

1   (21) Deinde quae illi in scripturis tuis reprehenderant defendi posse
non existimabam, sed aliquando sane cupiebam cum aliquo illorum
librorum doctissimo conferre singula et experiri quid inde sentiret. iam
enim Elpidii cuiusdam adversus eosdem manichaeos coram loquentis
et disserentis sermones etiam apud Carthaginem movere me
coeperant, cum talia de scripturis proferret quibus resisti non facile
posset. et inbecilla mihi responsio videbatur istorum, quam quidem
non facile palam promebant sed nobis secretius, cum dicerent
scripturas novi testamenti falsatas fuisse a nescio quibus, qui
Iudaeorum legem inserere christianae fidei voluerunt, atque ipsi incorrupta exemplaria nulla proferrent. sed me maxime captum et offocatum

quodam modo deprimebant corporalia cogitantem moles illae, sub quibus anhelans in auram tuae veritatis liquidam et simplicem respirare
non poteram.

12   (22) Sedulo ergo agere coeperam, propter quod veneram, ut
docerem Romae artem rhetoricam, et prius domi congregare aliquos
quibus et per quos innotescere coeperam. et ecce cognosco alia Romae
fieri, quae non patiebar in Africa. nam re vera illas eversiones a perditis
adulescentibus ibi non fieri manifestatum est mihi: 'sed subito,'
inquiunt, 'ne mercedem magistro reddant, conspirant multi adulescentes et transferunt se ad alium, desertores fidei et quibus prae
pecuniae caritate iustitia vilis est.' oderat etiam istos cor meum,
quamvis non perfecto odio. quod enim ab eis passurus eram magis
oderam fortasse quam eo quod cuilibet inlicita faciebant. certe tamen
turpes sunt tales et fornicantur abs te amando volatica ludibria
temporum et lucrum luteum, quod cum apprehenditur manum
inquinat, et amplectendo mundum fugientem, contemnendo te manentem et revocantem et ignoscentem redeunti ad te meretrici animae
humanae. et nunc tales odi pravos et distortos, quamvis eos corrigendos diligam, ut pecuniae doctrinam ipsam quam discunt praeferant, ei
vero te deum veritatem et ubertatem certi boni et pacem castissimam.
sed tunc magis eos pati nolebam malos propter me, quam fieri propter
te bonos volebam.

13   (23) Itaque posteaquam missum est a Mediolanio Romam ad prae-
fectum urbis, ut illi civitati rhetoricae magister provideretur, impertita
etiam evectione publica, ego ipse ambivi per eos ipsos manichaeis
vanitatibus ebrios (quibus ut carerem ibam, sed utrique nesciebamus)
ut dictione proposita me probatum praefectus tunc Symmachus
mitteret. et veni Mediolanium ad Ambrosium episcopum, in optimis
notum orbi terrae, pium cultorem tuum, cuius tunc eloquia strenue
ministrabant adipem frumenti tui et laetitiam olei et sobriam vini
ebrietatem populo tuo. ad eum autem ducebar abs te nesciens, ut per
eum ad te sciens ducerer. suscepit me paterne ille homo dei et
peregrinationem meam satis episcopaliter dilexit. et eum amare coepi,
primo quidem non tamquam doctorem veri, quod in ecclesia tua
prorsus desperabam, sed tamquam hominem benignum in me. et
studiose audiebam disputantem in populo, non intentione qua debui,
sed quasi explorans eius facundiam, utrum conveniret famae suae an
maior minorve proflueret quam praedicabatur, et verbis eius
suspendebar intentus, rerum autem incuriosus et contemptor
adstabam. et delectabar suavitate sermonis, quamquam eruditioris,

minus tamen hilarescentis atque mulcentis quam Fausti erat, quod attinet ad dicendi modum. ceterum rerum ipsarum nulla comparatio: nam ille per manichaeas fallacias aberrabat, ille autem saluberrime docebat salutem. sed longe est a peccatoribus salus, qualis ego tunc aderam, et tamen propinquabam sensim et nesciens.

14 (24) Cum enim non satagerem discere quae dicebat, sed tantum quemadmodum dicebat audire (ea mihi quippe iam desperanti ad te viam patere homini inanis cura remanserat), veniebant in animum meum simul cum verbis quae diligebam res etiam quas neglegebam, neque enim ea dirimere poteram. et dum cor aperirem ad excipiendum quam diserte diceret, pariter intrabat et quam vere diceret, gradatim quidem. nam primo etiam ipsa defendi posse mihi iam coeperunt videri, et fidem catholicam, pro qua nihil posse dici adversus oppugnantes manichaeos putaveram, iam non impudenter adseri existimabam, maxime audito uno atque altero et saepius aenigmate soluto de scriptis veteribus, ubi, cum ad litteram acciperem, occidebar. spiritaliter itaque plerisque illorum librorum locis expositis iam reprehendebam desperationem meam, illam dumtaxat qua credideram legem et prophetas detestantibus atque inridentibus resisti omnino non posse. nec tamen iam ideo mihi catholicam viam tenendam esse sentiebam, quia et ipsa poterat habere doctos adsertores suos, qui copiose et non absurde obiecta refellerent, nec ideo iam damnandum illud quod tenebam quia defensionis partes aequabantur. ita enim catholica non mihi victa videbatur, ut nondum etiam victrix appareret.

(25) Tum vero fortiter intendi animum, si quo modo possem certis aliquibus documentis manichaeos convincere falsitatis. quod si possem spiritalem substantiam cogitare, statim machinamenta illa omnia solverentur et abicerentur ex animo meo: sed non poteram. verum tamen de ipso mundi huius corpore omnique natura quam sensus carnis attingeret multo probabiliora plerosque sensisse philosophos magis magisque considerans atque comparans iudicabam. itaque academicorum more, sicut existimantur, dubitans de omnibus atque inter omnia fluctuans, manichaeos quidem relinquendos esse decrevi, non arbitrans eo ipso tempore dubitationis meae in illa secta mihi permanendum esse cui iam nonnullos philosophos praeponebam. quibus tamen philosophis, quod sine salutari nomine Christi essent, curationem languoris animae meae committere omnino recusabam. statui ergo tamdiu esse catechumenus in catholica ecclesia mihi a parentibus commendata, donec aliquid certi eluceret quo cursum dirigerem.

LIBER SEXTUS

1 (1) Spes mea a iuventute mea, ubi mihi eras et quo recesseras? an vero non tu feceras me et discreveras me a quadrupedibus et a volatilibus caeli sapientiorem me feceras? et ambulabam per tenebras et lubricum et quaerebam te foris a me, et non inveniebam deum cordis mei. et veneram in profundum maris, et diffidebam et desperabam de inventione veri. iam venerat ad me mater pietate fortis, terra marique me sequens et in periculis omnibus de te secura. nam et per marina discrimina ipsos nautas consolabatur, a quibus rudes abyssi viatores, cum perturbantur, consolari solent, pollicens eis perventionem cum salute, quia hoc ei tu per visum pollicitus eras. et invenit me, periclitantem quidem graviter desperatione indagandae veritatis, sed tamen ei cum indicassem non me quidem iam esse manichaeum, sed neque catholicum christianum, non quasi inopinatum aliquid audierit, exilivit laetitia, cum iam secura fieret ex ea parte miseriae meae in qua me tamquam mortuum sed resuscitandum tibi flebat, et feretro cogitationis offerebat ut diceres filio viduae, 'iuvenis, tibi dico, surge', et revivesceret et inciperet loqui et traderes illum matri suae. nulla ergo turbulenta exultatione trepidavit cor eius, cum audisset ex tanta parte iam factum quod tibi cotidie plangebat ut fieret, veritatem me nondum adeptum sed falsitati iam ereptum. immo vero quia certa erat et quod restabat te daturum, qui totum promiseras, placidissime et pectore pleno fiduciae respondit mihi credere se in Christo quod priusquam de hac vita emigraret me visura esset fidelem catholicum. et hoc quidem mihi. tibi autem, fons misericordiarum, preces et lacrimas densiores, ut accelerares adiutorium tuum et inluminares tenebras meas, et studiosius ad ecclesiam currere et in Ambrosii ora suspendi, ad fontem salientis aquae in vitam aeternam. diligebat autem illum virum sicut angelum dei, quod per illum cognoverat me interim ad illam ancipitem fluctuationem iam esse perductum per quam transiturum me ab aegritudine ad sanitatem, intercurrente artiore periculo quasi per accessionem quam criticam medici vocant, certa praesumebat.

2 (2) Itaque cum ad memorias sanctorum, sicut in Africa solebat, pultes et panem et merum attulisset atque ab ostiario prohiberetur, ubi hoc episcopum vetuisse cognovit, tam pie atque oboedienter amplexa est ut ipse mirarer quam facile accusatrix potius consuetudinis suae quam disceptatrix illius prohibitionis effecta sit. non enim obsidebat spiritum eius vinulentia eamque stimulabat in odium veri amor vini,

sicut plerosque mares et feminas qui ad canticum sobrietatis sicut ad potionem aquatam madidi nausiant, sed illa cum attulisset canistrum cum sollemnibus epulis praegustandis atque largiendis, plus etiam quam unum pocillum pro suo palato satis sobrio temperatum, unde dignationem sumeret, non ponebat, et si multae essent quae illo modo videbantur honorandae memoriae defunctorum, idem ipsum unum, quod ubique poneret, circumferebat, quo iam non solum aquatissimo sed etiam tepidissimo cum suis praesentibus per sorbitiones exiguas partiretur, quia pietatem ibi quaerebat, non voluptatem. itaque ubi comperit a praeclaro praedicatore atque antistite pietatis praeceptum esse ista non fieri nec ab eis qui sobrie facerent, ne ulla occasio se ingurgitandi daretur ebriosis, et quia illa quasi parentalia superstitioni gentilium essent simillima, abstinuit se libentissime, et pro canistro pleno terrenis fructibus plenum purgatioribus votis pectus ad memorias martyrum afferre didicerat, ut et quod posset daret egentibus et sic communicatio dominici corporis illic celebraretur, cuius passionis imitatione immolati et coronati sunt martyres. sed tamen videtur mihi, domine deus meus (et ita est in conspectu tuo de hac re cor meum), non facile fortasse de hac amputanda consuetudine matrem meam fuisse cessuram si ab alio prohiberetur quem non sicut Ambrosium diligebat. quem propter salutem meam maxime diligebat, eam vero ille propter eius religiosissimam conversationem, qua in bonis operibus tam fervens spiritu frequentabat ecclesiam, ita ut saepe erumperet, cum me videret, in eius praedicationem gratulans mihi, quod talem matrem haberem, nesciens qualem illa me filium, qui dubitabam de illis omnibus et inveniri posse viam vitae minime putabam.

(3) Nec iam ingemescebam orando ut subvenires mihi, sed ad quaerendum intentus et ad disserendum inquietus erat animus meus, ipsumque Ambrosium felicem quendam hominem secundum saeculum opinabar, quem sic tantae potestates honorarent; caelibatus tantum eius mihi laboriosus videbatur. quid autem ille spei gereret, et adversus ipsius excellentiae temptamenta quid luctaminis haberet quidve solaminis in adversis, et occultum os eius, quod erat in corde eius, quam sapida gaudia de pane tuo ruminaret, nec conicere noveram nec expertus eram, nec ille sciebat aestus meos nec foveam periculi mei. non enim quaerere ab eo poteram quod volebam, sicut volebam, secludentibus me ab eius aure atque ore catervis negotiosorum hominum, quorum infirmitatibus serviebat. cum quibus quando non erat, quod perexiguum temporis erat, aut corpus reficiebat necessariis

sustentaculis aut lectione animum. sed cum legebat, oculi ducebantur per paginas et cor intellectum rimabatur, vox autem et lingua quiescebant. saepe cum adessemus (non enim vetabatur quisquam ingredi aut ei venientem nuntiari mos erat), sic eum legentem vidimus tacite et aliter numquam, sedentesque in diuturno silentio (quis enim tam intento esse oneri auderet?) discedebamus et coniectabamus eum parvo ipso tempore quod reparandae menti suae nanciscebatur, feriatum ab strepitu causarum alienarum, nolle in aliud avocari et cavere fortasse ne, auditore suspenso et intento, si qua obscurius posuisset ille quem legeret, etiam exponere esset necesse aut de aliquibus difficilioribus dissertare quaestionibus, atque huic operi temporibus impensis minus quam vellet voluminum evolveret, quamquam et causa servandae vocis, quae illi facillime obtundebatur, poterat esse iustior tacite legendi. quolibet tamen animo id ageret, bono utique ille vir agebat.

(4) Sed certe mihi nulla dabatur copia sciscitandi quae cupiebam de tam sancto oraculo tuo, pectore illius, nisi cum aliquid breviter esset audiendum. aestus autem illi mei otiosum eum valde cui refunderentur requirebant nec umquam inveniebant. et eum quidem in populo verbum veritatis recte tractantem omni die dominico audiebam, et magis magisque mihi confirmabatur omnes versutarum calumniarum nodos quos illi deceptores nostri adversus divinos libros innectebant posse dissolvi. ubi vero etiam comperi ad imaginem tuam hominem a te factum ab spiritalibus filiis tuis, quos de matre catholica per gratiam regenerasti, non sic intellegi ut humani corporis forma te determinatum crederent atque cogitarent (quamquam quomodo se haberet spiritalis substantia, ne quidem tenuiter atque in aenigmate suspicabar), tamen gaudens erubui non me tot annos adversus catholicam fidem, sed contra carnalium cogitationum figmenta latrasse. eo quippe temerarius et impius fueram, quod ea quae debebam quaerendo discere accusando dixeram. tu enim, altissime et proxime, secretissime et praesentissime, cui membra non sunt alia maiora et alia minora, sed ubique totus es et nusquam locorum es, non es utique forma ista corporea, tamen fecisti hominem ad imaginem tuam, et ecce ipse a capite usque ad pedes in loco est.

4   (5) Cum ergo nescirem quomodo haec subsisteret imago tua, pulsans proponerem quomodo credendum esset, non insultans opponerem quasi ita creditum esset. tanto igitur acrior cura rodebat intima mea, quid certi retinerem, quanto me magis pudebat tam diu inlusum et deceptum promissione certorum puerili errore et animosi-

tate tam multa incerta quasi certa garrisse. quod enim falsa essent, postea mihi claruit; certum tamen erat quod incerta essent et a me aliquando pro certis habita fuissent, cum catholicam tuam caecis contentionibus accusarem, etsi nondum compertam vera docentem, non tamen ea docentem quae graviter accusabam. itaque confundebar et convertebar, et gaudebam, deus meus, quod ecclesia unica, corpus unici tui, in qua mihi nomen Christi infanti est inditum, non saperet infantiles nugas neque hoc haberet in doctrina sua sana, quod te creatorem omnium in spatium loci quamvis summum et amplum, tamen undique terminatum membrorum humanorum figura contruderet.

(6) Gaudebam etiam quod vetera scripta legis et prophetarum iam non illo oculo mihi legenda proponerentur quo antea videbantur absurda, cum arguebam tamquam ita sentientes sanctos tuos, verum autem non ita sentiebant. et tamquam regulam diligentissime commendaret, saepe in popularibus sermonibus suis dicentem Ambrosium laetus audiebam, 'littera occidit, spiritus autem vivificat', cum ea quae ad litteram perversitatem docere videbantur, remoto mystico velamento, spiritaliter aperiret, non dicens quod me offenderet, quamvis ea diceret quae utrum vera essent adhuc ignorarem. tenebam enim cor meum ab omni adsensione timens praecipitium, et suspendio magis necabar. volebam enim eorum quae non viderem ita me certum fieri ut certus essem quod septem et tria decem sint. neque enim tam insanus eram ut ne hoc quidem putarem posse comprehendi, sed sicut hoc, ita cetera cupiebam, sive corporalia, quae coram sensibus meis non adessent, sive spiritalia, de quibus cogitare nisi corporaliter nesciebam. et sanari credendo poteram, ut purgatior acies mentis meae dirigeretur aliquo modo in veritatem tuam semper manentem et ex nullo deficientem. sed sicut evenire adsolet, ut malum medicum expertus etiam bono timeat se committere, ita erat valetudo animae meae, quae utique nisi credendo sanari non poterat et, ne falsa crederet, curari recusabat, resistens manibus tuis, qui medicamenta fidei confecisti et sparsisti super morbos orbis terrarum et tantam illis auctoritatem tribuisti.

(7) Ex hoc tamen quoque iam praeponens doctrinam catholicam, modestius ibi minimeque fallaciter sentiebam iuberi ut crederetur quod non demonstrabatur (sive esset quid, sed cui forte non esset, sive nec quid esset), quam illic temeraria pollicitatione scientiae credulitatem inrideri et postea tam multa fabulosissima et absurdissima, quia demonstrari non poterant, credenda imperari. deinde paulatim tu,

domine, manu mitissima et misericordissima pertractans et com-
ponens cor meum, consideranti quam innumerabilia crederem quae
non viderem neque cum gererentur adfuissem, sicut tam multa in
historia gentium, tam multa de locis atque urbibus quae non videram,
tam multa amicis, tam multa medicis, tam multa hominibus aliis atque
aliis, quae nisi crederentur, omnino in hac vita nihil ageremus,
postremo quam inconcusse fixum fide retinerem de quibus parentibus
ortus essem, quod scire non possem nisi audiendo credidissem,
persuasisti mihi non qui crederent libris tuis, quos tanta in omnibus
fere gentibus auctoritate fundasti, sed qui non crederent esse
culpandos nec audiendos esse, si qui forte mihi dicerent, 'unde scis
illos libros unius veri et veracissimi dei spiritu esse humano generi
ministratos?' idipsum enim maxime credendum erat, quoniam nulla
pugnacitas calumniosarum quaestionum per tam multa quae legeram
inter se confligentium philosophorum extorquere mihi potuit ut aliquando non crederem te esse quidquid esses, quod ego nescirem, aut
administrationem rerum humanarum ad te pertinere.

(8) Sed id credebam aliquando robustius, aliquando exilius, semper
tamen credidi et esse te et curam nostri gerere, etiamsi ignorabam vel
quid sentiendum esset de substantia tua vel quae via duceret aut
reduceret ad te. ideoque cum essemus infirmi ad inveniendam liquida
ratione veritatem et ob hoc nobis opus esset auctoritate sanctarum
litterarum, iam credere coeperam nullo modo te fuisse tributurum tam
excellentem illi scripturae per omnes iam terras auctoritatem, nisi et
per ipsam tibi credi et per ipsam te quaeri voluisses. iam enim
absurditatem quae me in illis litteris solebat offendere, cum multa ex
eis probabiliter exposita audissem, ad sacramentorum altitudinem
referebam eoque mihi illa venerabilior et sacrosancta fide dignior
apparebat auctoritas, quo et omnibus ad legendum esset in promptu et
secreti sui dignitatem in intellectu profundiore servaret, verbis apertis-
simis et humillimo genere loquendi se cunctis praebens et exercens
intentionem eorum qui non sunt leves corde, ut exciperet omnes
populari sinu et per angusta foramina paucos ad te traiceret, multo
tamen plures quam si nec tanto apice auctoritatis emineret nec turbas
gremio sanctae humilitatis hauriret. cogitabam haec et aderas mihi,
suspirabam et audiebas me, fluctuabam et gubernabas me, ibam per
viam saeculi latam nec deserebas.

6   (9) Inhiabam honoribus, lucris, coniugio, et tu inridebas. patiebar in
eis cupiditatibus amarissimas difficultates, te propitio tanto magis,
quanto minus sinebas mihi dulcescere quod non eras tu. vide cor

meum, domine, qui voluisti ut hoc recordarer et confiterer tibi. nunc
tibi inhaereat anima mea, quam de visco tam tenaci mortis exuisti.
quam misera erat! et sensum vulneris tu pungebas, ut relictis omnibus
converteretur ad te, qui es super omnia et sine quo nulla essent omnia,
converteretur et sanaretur. quam ergo miser eram, et quomodo egisti ut
sentirem miseriam meam die illo quo, cum pararem recitare imperatori
laudes, quibus plura mentirer et mentienti faveretur ab scientibus,
easque curas anhelaret cor meum et cogitationum tabificarum febribus
aestuaret, transiens per quendam vicum Mediolanensem animadverti
pauperem mendicum, iam, credo, saturum, iocantem atque laetantem.
et ingemui et locutus sum cum amicis qui mecum erant multos dolores
insaniarum nostrarum, quia omnibus talibus conatibus nostris,
qualibus tunc laborabam, sub stimulis cupiditatum trahens infelicitatis
meae sarcinam et trahendo exaggerans, nihil vellemus aliud nisi ad
securam laetitiam pervenire, quo nos mendicus ille iam praecessisset
numquam illuc fortasse venturos. quod enim iam ille pauculis et
emendicatis nummulis adeptus erat, ad hoc ego tam aerumnosis
anfractibus et circuitibus ambiebam, ad laetitiam scilicet temporalis
felicitatis. non enim verum gaudium habebat, sed et ego illis ambitio-
nibus multo falsius quaerebam. et certe ille laetabatur, ego anxius eram,
securus ille, ego trepidus. et si quisquam percontaretur me utrum
mallem exultare an metuere, responderem, 'exultare'; rursus si inter-
rogaret utrum me talem mallem qualis ille, an qualis ego tunc essem,
me ipsum curis timoribusque confectum eligerem, sed perversitate—
numquid veritate? neque enim eo me praeponere illi debebam, quo
doctior eram, quoniam non inde gaudebam, sed placere inde
quaerebam hominibus, non ut eos docerem, sed tantum ut placerem.
propterea et tu baculo disciplinae tuae confringebas ossa mea.

(10) Recedant ergo ab anima mea qui dicunt ei, 'interest unde quis
gaudeat. gaudebat mendicus ille vinulentia, tu gaudere cupiebas
gloria.' qua gloria, domine, quae non est in te? nam sicut verum
gaudium non erat, ita nec illa vera gloria et amplius vertebat mentem
meam. et ille ipsa nocte digesturus erat ebrietatem suam, ego cum mea
dormieram et surrexeram et dormiturus et surrecturus eram, vide quot
dies! interest vero unde quis gaudeat, scio, et gaudium spei fidelis
incomparabiliter distat ab illa vanitate, sed et tunc distabat inter nos.
nimirum quippe ille felicior erat, non tantum quod hilaritate per-
fundebatur, cum ego curis eviscerarer, verum etiam quod ille bene
optando adquisiverat vinum, ego mentiendo quaerebam typhum. dixi
tunc multa in hac sententia caris meis, et saepe advertebam in his

quomodo mihi esset, et inveniebam male mihi esse et dolebam et con-
duplicabam ipsum male et, si quid adrisisset prosperum, taedebat
apprehendere, quia paene priusquam teneretur avolabat.

7   (11) Congemescebamus in his qui simul amice vivebamus, et
maxime ac familiarissime cum Alypio et Nebridio ista conloquebar.
quorum Alypius ex eodem quo ego eram ortus municipio, parentibus
primatibus municipalibus, me minor natu. nam et studuerat apud me,
cum in nostro oppido docere coepi, et postea Carthagini, et diligebat
multum, quod ei bonus et doctus viderer, et ego illum propter magnam
virtutis indolem, quae in non magna aetate satis eminebat. gurges
tamen morum Carthaginiensium, quibus nugatoria fervent spectacula,
absorbuerat eum in insaniam circensium. sed cum in eo miserabiliter
volveretur, ego autem rhetoricam ibi professus publica schola uterer,
nondum me audiebat ut magistrum propter quandam simultatem quae
inter me et patrem eius erat exorta. et compereram quod circum
exitiabiliter amaret, et graviter angebar, quod tantam spem perditurus
vel etiam perdidisse mihi videbatur. sed monendi eum et aliqua co-
hercitione revocandi nulla erat copia vel amicitiae benivolentia vel iure
magisterii. putabam enim eum de me cum patre sentire, ille vero non
sic erat. itaque postposita in hac re patris voluntate salutare me
coeperat veniens in auditorium meum et audire aliquid atque abire.

(12) Sed enim de memoria mihi lapsum erat agere cum illo, ne
vanorum ludorum caeco et praecipiti studio tam bonum interimeret
ingenium, verum autem, domine, tu, qui praesides gubernaculis
omnium quae creasti, non eum oblitus eras futurum inter filios tuos
antistitem sacramenti tui et, ut aperte tibi tribueretur eius correctio,
per me quidem illam sed nescientem operatus es. nam quodam die cum
sederem loco solito et coram me adessent discipuli, venit, salutavit,
sedit atque in ea quae agebantur intendit animum. et forte lectio in
manibus erat, quam dum exponerem opportune mihi adhibenda
videretur similitudo circensium, quo illud quod insinuabam et
iucundius et planius fieret cum irrisione mordaci eorum quos illa cap-
tivasset insania. scis tu, deus noster, quod tunc de Alypio ab illa peste
sanando non cogitaverim. at ille in se rapuit meque illud non nisi propter se dixisse credidit et quod alius acciperet ad suscensendum mihi,
accepit honestus adulescens ad suscensendum sibi et ad me ardentius
diligendum. dixeras enim tu iam olim et innexueras litteris tuis, 'cor-
ripe sapientem, et amabit te.' at ego illum non corripueram, sed utens
tu omnibus et scientibus et nescientibus ordine quo nosti (et ille ordo
iustus est) de corde et lingua mea carbones ardentes operatus es, qui-

bus mentem spei bonae adureres tabescentem ac sanares. taceat laudes
tuas qui miserationes tuas non considerat, quae tibi de medullis meis
confitentur. etenim vero ille post illa verba proripuit se ex fovea tam
alta, qua libenter demergebatur et cum mira voluptate caecabatur, et
excussit animum forti temperantia, et resiluerunt omnes circensium
sordes ab eo ampliusque illuc non accessit. deinde patrem reluctantem
evicit ut me magistro uteretur; cessit ille atque concessit. et audire me
rursus incipiens illa mecum superstitione involutus est, amans in
manichaeis ostentationem continentiae, quam veram et germanam
putabat. erat autem illa vecors et seductoria, pretiosas animas captans
nondum virtutis altitudinem scientes tangere et superficie decipi
faciles, sed tamen adumbratae simulataeque virtutis.

8   (13) Non sane relinquens incantatam sibi a parentibus terrenam
viam, Romam praecesserat ut ius disceret, et ibi gladiatorii spectaculi
hiatu incredibili et incredibiliter abreptus est. cum enim aversaretur et
detestaretur talia, quidam eius amici et condiscipuli, cum forte de
prandio redeuntibus pervium esset, recusantem vehementer et
resistentem familiari violentia duxerunt in amphitheatrum crudelium
et funestorum ludorum diebus, haec dicentem: 'si corpus meum in
locum illum trahitis et ibi constituitis, numquid et animum et oculos
meos in illa spectacula potestis intendere? adero itaque absens ac sic et
vos et illa superabo.' quibus auditis illi nihilo setius eum adduxerunt
secum, idipsum forte explorare cupientes utrum posset efficere. quo
ubi ventum est et sedibus quibus potuerunt locati sunt, fervebant
omnia immanissimis voluptatibus. ille clausis foribus oculorum inter-
dixit animo ne in tanta mala procederet. atque utinam et aures
obturavisset! nam quodam pugnae casu, cum clamor ingens totius
populi vehementer eum pulsasset, curiositate victus et quasi paratus,
quidquid illud esset, etiam visum contemnere et vincere, aperuit
oculos. et percussus est graviore vulnere in anima quam ille in corpore
quem cernere concupivit, ceciditque miserabilius quam ille quo
cadente factus est clamor. qui per eius aures intravit et reseravit eius
lumina, ut esset qua feriretur et deiceretur audax adhuc potius quam
fortis animus, et eo infirmior quo de se praesumserat, qui debuit de te.
ut enim vidit illum sanguinem, immanitatem simul ebibit et non se
avertit, sed fixit aspectum et hauriebat furias et nesciebat, et
delectabatur scelere certaminis et cruenta voluptate inebriabatur. et
non erat iam ille qui venerat sed unus de turba ad quam venerat, et
verus eorum socius a quibus adductus erat. quid plura! spectavit,
clamavit, exarsit, abstulit inde secum insaniam qua stimularetur redire

non tantum cum illis a quibus prius abstractus est, sed etiam prae illis et alios trahens. et inde tamen manu validissima et misericordissima eruisti eum tu, et docuisti non sui habere sed tui fiduciam, sed longe postea.

9   (14) Verum tamen iam hoc ad medicinam futuram in eius memoria reponebatur. nam et illud quod, cum adhuc studeret iam me audiens apud Carthaginem et medio die cogitaret in foro quod recitaturus erat, sicut exerceri scholastici solent, sivisti eum comprehendi ab aeditimis fori tamquam furem, non arbitror aliam ob causam te permisisse, deus noster, nisi ut ille vir tantus futurus iam inciperet discere quam non facile in cognoscendis causis homo ab homine damnandus esset temeraria credulitate. quippe ante tribunal deambulabat solus cum tabulis ac stilo, cum ecce adulescens quidam ex numero scho-lasticorum, fur verus, securim clanculo apportans, illo non sentiente ingressus est ad cancellos plumbeos qui vico argentario desuper praeminent et praecidere plumbum coepit. sono autem securis audito submurmuraverunt argentarii qui subter erant, et miserunt qui appre-henderent quem forte invenissent. quorum vocibus auditis relicto instrumento ille discessit timens, ne cum eo teneretur. Alypius autem, qui non viderat intrantem, exeuntem sensit et celeriter vidit abeuntem et, causam scire cupiens, ingressus est locum et inventam securim stans atque admirans considerabat, cum ecce illi qui missi erant reperiunt eum solum ferentem ferrum cuius sonitu exciti venerant. tenent, attrahunt, congregatis inquilinis fori tamquam furem manifestum se comprehendisse gloriantur, et inde offerendus iudiciis ducebatur.

(15) Sed hactenus docendus fuit. statim enim, domine, subvenisti innocentiae, cuius testis eras tu solus. cum enim duceretur vel ad custodiam vel ad supplicium, fit eis obviam quidam architectus, cuius maxima erat cura publicarum fabricarum. gaudent illi eum potissimum occurrisse, cui solebant in suspicionem venire ablatarum rerum quae perissent de foro, ut quasi tandem iam ille cognosceret a quibus haec fierent. verum autem viderat homo saepe Alypium in domo cuiusdam senatoris ad quem salutandum ventitabat, statimque cognitum manu apprehensa semovit a turbis et tanti mali causam quaerens, quid gestum esset audivit omnesque tumultuantes qui aderant et minaciter frementes iussit venire secum. et venerunt ad domum illius adule-scentis qui rem commiserat. puer vero erat ante ostium, et tam parvus erat ut nihil exinde domino suo metuens facile posset totum indicare; cum eo quippe in foro fuit pedisequus. quem posteaquam recoluit Alypius, architecto intimavit. at ille securim demonstravit puero,

quaerens ab eo cuius esset. qui confestim, 'nostra', inquit; deinde inter-
rogatus aperuit cetera. sic in illam domum translata causa confusisque
turbis quae de illo triumphare iam coeperant, futurus dispensator verbi
tui et multarum in ecclesia tua causarum examinator experientior
instructiorque discessit.

10 (16) Hunc ergo Romae inveneram, et adhaesit mihi fortissimo
vinculo mecumque Mediolanium profectus est, ut nec me desereret et
de iure quod didicerat aliquid ageret secundum votum magis parentum
quam suum. et ter iam adsederat mirabili continentia ceteris, cum ille
magis miraretur eos qui aurum innocentiae praeponerent. temptata est
quoque eius indoles non solum inlecebra cupiditatis sed etiam stimulo
timoris. Romae adsidebat comiti largitionum Italicianarum. erat eo
tempore quidam potentissimus senator cuius et beneficiis obstricti
multi et terrori subditi erant. voluit sibi licere nescio quid ex more
potentiae suae quod esset per leges inlicitum; restitit Alypius. promissum est praemium; inrisit animo. praetentae minae; calcavit, miranti-
bus omnibus inusitatam animam, quae hominem tantum et
innumerabilibus praestandi nocendique modis ingenti fama cele-
bratum vel amicum non optaret vel non formidaret inimicum. ipse
autem iudex cui consiliarius erat, quamvis et ipse fieri nollet, non
tamen aperte recusabat, sed in istum causam transferens ab eo se non
permitti adserebat, quia et re vera, si ipse faceret, iste discederet. hoc
solo autem paene iam inlectus erat studio litterario, ut pretiis
praetorianis codices sibi conficiendos curaret, sed consulta iustitia
deliberationem in melius vertit, utiliorem iudicans aequitatem qua
prohibebatur quam potestatem qua sinebatur. parvum est hoc, sed qui
in parvo fidelis est et in magno fidelis est, nec ullo modo erit inane
quod tuae veritatis ore processit: 'si in iniusto mammona fideles non
fuistis, verum quis dabit vobis? et si in alieno fideles non fuistis,
vestrum quis dabit vobis?' talis ille tunc inhaerebat mihi mecumque
nutabat in consilio, quisnam esset tenendus vitae modus.

(17) Nebridius etiam, qui relicta patria vicina Carthagini atque ipsa
Carthagine, ubi frequentissimus erat, relicto paterno rure optimo,
relicta domo et non secutura matre, nullam ob aliam causam Mediolanium venerat, nisi ut mecum viveret in flagrantissimo studio
veritatis atque sapientiae, pariter suspirabat pariterque fluctuabat, beatae vitae inquisitor ardens et quaestionum difficillimarum scrutator
acerrimus. et erant ora trium egentium et inopiam suam sibimet
invicem anhelantium et ad te expectantium, ut dares eis escam in
tempore opportuno. et in omni amaritudine quae nostros saeculares

actus de misericordia tua sequebatur, intuentibus nobis finem cur ea
pateremur, occurrebant tenebrae, et aversabamur gementes et
dicebamus, 'quamdiu haec?' et hoc crebro dicebamus, et dicentes non
relinquebamus ea, quia non elucebat certum aliquid quod illis relictis
apprehenderemus.

11   (18) Et ego maxime mirabar, satagens et recolens quam longum
tempus esset ab undevicensimo anno aetatis meae, quo fervere
coeperam studio sapientiae, disponens ea inventa relinquere omnes
vanarum cupiditatum spes inanes et insanias mendaces. et ecce iam
tricenariam aetatem gerebam, in eodem luto haesitans aviditate fruendi
praesentibus fugientibus et dissipantibus me, dum dico, 'cras
inveniam. ecce manifestum apparebit, et tenebo. ecce Faustus veniet et
exponet omnia. o magni viri academici! nihil ad agendam vitam certi
comprehendi potest. immo quaeramus diligentius et non desperemus.
ecce iam non sunt absurda in libris ecclesiasticis quae absurda
videbantur, et possunt aliter atque honeste intellegi. figam pedes in eo
gradu in quo puer a parentibus positus eram, donec inveniatur per-
spicua veritas. sed ubi quaeretur? quando quaeretur? non vacat
Ambrosio, non vacat legere. ubi ipsos codices quaerimus? unde aut
quando comparamus? a quibus sumimus? deputentur tempora,
distribuantur horae pro salute animae. magna spes oborta est: non
docet catholica fides quod putabamus et vani accusabamus. nefas
habent docti eius credere deum figura humani corporis terminatum. et
dubitamus pulsare, quo aperiantur cetera? antemeridianis horis
discipuli occupant: ceteris quid facimus? cur non id agimus? sed
quando salutamus amicos maiores, quorum suffragiis opus habemus?
quando praeparamus quod emant scholastici? quando reparamus nos
ipsos relaxando animo ab intentione curarum? (19) pereant omnia et
dimittamus haec vana et inania: conferamus nos ad solam inquisi-
tionem veritatis. vita misera est, mors incerta est. subito obrepat:
quomodo hinc exibimus? et ubi nobis discenda sunt quae hic
negleximus? ac non potius huius neglegentiae supplicia luenda? quid si
mors ipsa omnem curam cum sensu amputabit et finiet? ergo et hoc
quaerendum. sed absit ut ita sit. non vacat, non est inane, quod tam
eminens culmen auctoritatis christianae fidei toto orbe diffunditur.
numquam tanta et talia pro nobis divinitus agerentur, si morte corporis
etiam vita animae consumeretur. quid cunctamur igitur relicta spe
saeculi conferre nos totos ad quaerendum deum et vitam beatam? sed
expecta: iucunda sunt etiam ista, habent non parvam dulcedinem
suam; non facile ab eis praecidenda est intentio, quia turpe est ad ea

rursum redire. ecce iam quantum est ut impetretur aliquis honor. et quid amplius in his desiderandum? suppetit amicorum maiorum copia: ut nihil aliud et multum festinemus, vel praesidatus dari potest. et ducenda uxor cum aliqua pecunia, ne sumptum nostrum gravet, et ille erit modus cupiditatis. multi magni viri et imitatione dignissimi sapientiae studio cum coniugibus dediti fuerunt.'

(20) Cum haec dicebam et alternabant hi venti et impellebant huc atque illuc cor meum, transibant tempora et tardabam converti ad dominum, et differebam de die in diem vivere in te et non differebam cotidie in memet ipso mori. amans beatam vitam timebam illam in sede sua et ab ea fugiens quaerebam eam. putabam enim me miserum fore nimis si feminae privarer amplexibus, et medicinam misericordiae tuae ad eandem infirmitatem sanandam non cogitabam, quia expertus non eram, et propriarum virium credebam esse continentiam, quarum mihi non eram conscius, cum tam stultus essem ut nescirem, sicut scriptum est, neminem posse esse continentem nisi tu dederis. utique dares, si gemitu interno pulsarem aures tuas et fide solida in te iactarem curam meam.

12   (21) Prohibebat me sane Alypius ab uxore ducenda, cantans nullo modo nos posse securo otio simul in amore sapientiae vivere, sicut iam diu desideraremus, si id fecissem. erat enim ipse in ea re etiam tunc castissimus, ita ut mirum esset, quia vel experientiam concubitus ceperat in ingressu adulescentiae suae, sed non haeserat magisque doluerat et spreverat et deinde iam continentissime vivebat. ego autem resistebam illi exemplis eorum qui coniugati coluissent sapientiam et promeruissent deum et habuissent fideliter ac dilexissent amicos. a quorum ego quidem granditate animi longe aberam et deligatus morbo carnis mortifera suavitate trahebam catenam meam, solvi timens et quasi concusso vulnere repellens verba bene suadentis tamquam manum solventis. insuper etiam per me ipsi quoque Alypio loquebatur serpens, et innectebat atque spargebat per linguam meam dulces laqueos in via eius, quibus illi honesti et expediti pedes implicarentur.

(22) Cum enim me ille miraretur, quem non parvi penderet, ita haerere visco illius voluptatis ut me adfirmarem, quotienscumque inde inter nos quaereremus, caelibem vitam nullo modo posse degere atque ita me defenderem, cum illum mirantem viderem, ut dicerem multum interesse inter illud quod ipse raptim et furtim expertus esset, quod paene iam ne meminisset quidem atque ideo nulla molestia facile contemneret, et delectationes consuetudinis meae, ad quas si accessisset honestum nomen matrimonii, non eum mirari oportere cur ego illam

vitam nequirem spernere, coeperat et ipse desiderare coniugium, nequaquam victus libidine talis voluptatis sed curiositatis. dicebat enim scire se cupere quidnam esset illud sine quo vita mea, quae illi sic placebat, non mihi vita sed poena videretur. stupebat enim liber ab illo vinculo animus servitutem meam et stupendo ibat in experiendi cupidinem, venturus in ipsam experientiam atque inde fortasse lapsurus in eam quam stupebat servitutem, quoniam sponsionem volebat facere cum morte, et qui amat periculum incidet in illud. neutrum enim nostrum, si quod est coniugale decus in officio regendi matrimonii et suscipiendorum liberorum, ducebat nisi tenuiter. magna autem ex parte atque vehementer consuetudo satiandae insatiabilis concupiscentiae me captum excruciabat, illum autem admiratio capiendum trahebat. sic eramus, donec tu, altissime, non deserens humum nostram miseratus miseros subvenires miris et occultis modis.

13   (23) Et instabatur impigre ut ducerem uxorem. iam petebam, iam promittebatur maxime matre dante operam, quo me iam coniugatum baptismus salutaris ablueret, quo me in dies gaudebat aptari et vota sua ac promissa tua in mea fide compleri animadvertebat. cum sane et rogatu meo et desiderio suo forti clamore cordis abs te deprecaretur cotidie ut ei per visum ostenderes aliquid de futuro matrimonio meo, numquam voluisti. et videbat quaedam vana et phantastica, quo cogebat impetus de hac re satagentis humani spiritus, et narrabat mihi non cum fiducia qua solebat, cum tu demonstrabas ei, sed contemnens ea. dicebat enim discernere se nescio quo sapore, quem verbis explicare non poterat, quid interesset inter revelantem te et animam suam somniantem. instabatur tamen, et puella petebatur, cuius aetas ferme biennio minus quam nubilis erat, et quia ea placebat, exspectabatur.

14   (24) Et multi amici agitaveramus animo et conloquentes ac detestantes turbulentas humanae vitae molestias paene iam firmaveramus remoti a turbis otiose vivere, id otium sic moliti ut, si quid habere possemus, conferremus in medium unamque rem familiarem conflaremus ex omnibus, ut per amicitiae sinceritatem non esset aliud huius et aliud illius, sed quod ex cunctis fieret unum et universum singulorum esset et omnia omnium, cum videremur nobis esse posse decem ferme homines in eadem societate essentque inter nos praedivites, Romanianus maxime communiceps noster, quem tunc graves aestus negotiorum suorum ad comitatum attraxerant, ab ineunte aetate mihi familiarissimus. qui maxime instabat huic rei et magnam in suadendo habebat auctoritatem, quod ampla res eius multum ceteris

anteibat. et placuerat nobis ut bini annui tamquam magistratus omnia necessaria curarent ceteris quietis. sed posteaquam coepit cogitari utrum hoc mulierculae sinerent, quas et alii nostrum iam habebant et nos habere volebamus, totum illud placitum, quod bene formabamus, dissiluit in manibus atque confractum et abiectum est. inde ad suspiria et gemitus et gressus ad sequendas latas et tritas vias saeculi, quoniam multae cogitationes erant in corde nostro, consilium autem tuum manet in aeternum. ex quo consilio deridebas nostra et tua praeparabas nobis, daturus escam in opportunitate et aperturus manum atque impleturus animas nostras benedictione.

15   (25) Interea mea peccata multiplicabantur, et avulsa a latere meo tamquam impedimento coniugii cum qua cubare solitus eram, cor, ubi adhaerebat, concisum et vulneratum mihi erat et trahebat sanguinem. et illa in Africam redierat, vovens tibi alium se virum nescituram, relicto apud me naturali ex illa filio meo. at ego infelix nec feminae imitator, dilationis impatiens, tamquam post biennium accepturus eam quam petebam, quia non amator coniugii sed libidinis servus eram, procuravi aliam, non utique coniugem, quo tamquam sustentaretur et perduceretur vel integer vel auctior morbus animae meae satellitio perdurantis consuetudinis in regnum uxorium. nec sanabatur vulnus illud meum quod prioris praecisione factum erat, sed post fervorem doloremque acerrimum putrescebat, et quasi frigidius sed desperatius dolebat.

16   (26) Tibi laus, tibi gloria, fons misericordiarum! ego fiebam miserior et tu propinquior. aderat iam iamque dextera tua raptura me de caeno et ablutura, et ignorabam. nec me revocabat a profundiore voluptatum carnalium gurgite nisi metus mortis et futuri iudicii tui, qui per varias quidem opiniones numquam tamen recessit de pectore meo. et disputabam cum amicis meis Alypio et Nebridio de finibus bonorum et malorum: Epicurum accepturum fuisse palmam in animo meo, nisi ego credidissem post mortem restare animae vitam et tractus meritorum, quod Epicurus credere noluit. et quaerebam si essemus immortales et in perpetua corporis voluptate sine ullo amissionis terrore viveremus, cur non essemus beati aut quid aliud quaereremus, nesciens idipsum ad magnam miseriam pertinere quod ita demersus et caecus cogitare non possem lumen honestatis et gratis amplectendae pulchritudinis quam non videt oculus carnis, et videtur ex intimo. nec considerabam miser ex qua vena mihi manaret quod ista ipsa foeda tamen cum amicis dulciter conferebam, nec esse sine amicis poteram beatus, etiam secundum sensum quem tunc habebam in quantalibet affluentia

carnalium voluptatum. quos utique amicos gratis diligebam vicissimque ab eis me diligi gratis sentiebam. o tortuosas vias! vae animae audaci quae speravit, si a te recessisset, se aliquid melius habituram! versa et reversa in tergum et in latera et in ventrem, et dura sunt omnia, et tu solus requies. et ecce ades et liberas a miserabilibus erroribus et constituis nos in via tua et consolaris et dicis, 'currite, ego feram et ego perducam et ibi ego feram.'

LIBER SEPTIMUS

1 (1) Iam mortua erat adulescentia mea mala et nefanda, et ibam in iuventutem, quanto aetate maior, tanto vanitate turpior, qui cogitare aliquid substantiae nisi tale non poteram, quale per hos oculos videri solet. non te cogitabam, deus, in figura corporis humani; ex quo audire aliquid de sapientia coepi, semper hoc fugi et gaudebam me hoc repperisse in fide spiritalis matris nostrae, catholicae tuae. sed quid te aliud cogitarem non occurrebat, et conabar cogitare te, homo et talis homo, summum et solum et verum deum, et te incorruptibilem et inviolabilem et incommutabilem totis medullis credebam, quia nesciens unde et quomodo, plane tamen videbam et certus eram id quod corrumpi potest deterius esse quam id quod non potest, et quod violari non potest incunctanter praeponebam violabili, et quod nullam patitur mutationem melius esse quam id quod mutari potest. clamabat violenter cor meum adversus omnia phantasmata mea, et hoc uno ictu conabar abigere circumvolantem turbam immunditiae ab acie mentis meae, et vix dimota in ictu oculi, ecce conglobata rursus aderat et inruebat in aspectum meum et obnubilabat eum, ut quamvis non forma humani corporis, corporeum tamen aliquid cogitare cogerer per spatia locorum, sive infusum mundo sive etiam extra mundum per infinita diffusum, etiam ipsum incorruptibile et inviolabile et incommutabile quod corruptibili et violabili et commutabili praeponebam, quoniam quidquid privabam spatiis talibus nihil mihi esse videbatur, sed prorsus nihil, ne inane quidem, tamquam si corpus auferatur loco et maneat locus omni corpore vacuatus et terreno et humido et aerio et caelesti, sed tamen sit locus inanis tamquam spatiosum nihil.

(2) Ego itaque incrassatus corde nec mihimet ipsi vel ipse conspicuus, quidquid non per aliquanta spatia tenderetur vel diffunderetur vel conglobaretur vel tumeret vel tale aliquid caperet aut capere posset, nihil prorsus esse arbitrabar. per quales enim formas ire solent oculi mei, per tales imagines ibat cor meum, nec videbam hanc eandem intentionem qua illas ipsas imagines formabam non esse tale aliquid, quae tamen ipsas non formaret nisi esset magnum aliquid. ita etiam te, vita vitae meae, grandem per infinita spatia undique cogitabam penetrare totam mundi molem et extra eam quaquaversum per immensa sine termine, ut haberet te terra, haberet caelum, haberent omnia et illa finirentur in te, tu autem nusquam. sicut autem luci solis non obsisteret aeris corpus, aeris huius qui supra terram est, quominus

per eum traiceretur penetrans eum, non dirrumpendo aut concidendo sed implendo eum totum, sic tibi putabam non solum caeli et aeris et maris sed etiam terrae corpus pervium et ex omnibus maximis minimisque partibus penetrabile ad capiendam praesentiam tuam, occulta inspiratione intrinsecus et extrinsecus administrantem omnia quae creasti. ita suspicabar, quia cogitare aliud non poteram; nam falsum erat. illo enim modo maior pars terrae maiorem tui partem haberet et minorem minor, atque ita te plena essent omnia ut amplius tui caperet elephanti corpus quam passeris, quo esset isto grandius grandioremque occuparet locum, atque ita frustatim partibus mundi magnis magnas, brevibus breves partes tuas prasesentes faceres. non est autem ita, sed nondum inluminaveras tenebras meas.

2   (3) Sat erat mihi, domine, adversus illos deceptos deceptores et loquaces mutos, quoniam non ex eis sonabat verbum tuum—sat erat ergo illud quod iam diu ab usque Carthagine a Nebridio proponi solebat et omnes qui audieramus concussi sumus: quid erat tibi factura nescio qua gens tenebrarum, quam ex adversa mole solent opponere, si tu cum ea pugnare noluisses? si enim responderetur aliquid fuisse nocituram, violabilis tu et corruptibilis fores. si autem nihil ea nocere potuisse diceretur, nulla afferretur causa pugnandi, et ita pugnandi ut quaedam portio tua et membrum tuum vel proles de ipsa substantia tua misceretur adversis potestatibus et non a te creatis naturis, atque in tantum ab eis corrumperetur et commutaretur in deterius ut a beatitudine in miseriam verteretur et indigeret auxilio quo erui purgarique posset, et hanc esse animam cui tuus sermo servienti liber et contaminatae purus et corruptae integer subveniret, sed et ipse corruptibilis, quia ex una eademque substantia. itaque si te, quidquid es, id est substantiam tuam qua es, incorruptibilem dicerent, falsa esse illa omnia et exsecrabilia; si autem corruptibilem, idipsum iam falsum et prima voce abominandum. sat erat ergo istuc adversus eos omni modo evomendos a pressura pectoris, quia non habebant qua exirent sine horribili sacrilegio cordis et linguae sentiendo de te ista et loquendo.

3   (4) Sed et ego adhuc, quamvis incontaminabilem et inconvertibilem et nulla ex parte mutabilem dicerem firmeque sentirem deum nostrum, deum verum, qui fecisti non solum animas nostras sed etiam corpora, nec tantum nostras animas et corpora sed omnes et omnia, non tenebam explicatam et enodatam causam mali. quaecumque tamen esset, sic eam quaerendam videbam, ut non per illam constringerer deum incommutabilem mutabilem credere, ne ipse fierem quod

quaerebam. itaque securus eam quaerebam, et certus non esse verum quod illi dicerent quos toto animo fugiebam, quia videbam quaerendo unde malum repletos malitia, qua opinarentur tuam potius substantiam male pati quam suam male facere.

(5) Et intendebam ut cernerem quod audiebam, liberum voluntatis arbitrium causam esse ut male faceremus et rectum iudicium tuum ut pateremur, et eam liquidam cernere non valebam. itaque aciem mentis de profundo educere conatus mergebar iterum, et saepe conatus mergebar iterum atque iterum. sublevabat enim me in lucem tuam quod tam sciebam me habere voluntatem quam me vivere. itaque cum aliquid vellem aut nollem, non alium quam me velle ac nolle certissimus eram, et ibi esse causam peccati mei iam iamque animadvertebam. quod autem invitus facerem, pati me potius quam facere videbam, et id non culpam sed poenam esse iudicabam, qua me non iniuste plecti te iustum cogitans cito fatebar. sed rursus dicebam, 'quis fecit me? nonne deus meus, non tantum bonus sed ipsum bonum? unde igitur mihi male velle et bene nolle? ut esset cur iuste poenas luerem? quis in me hoc posuit et insevit mihi plantarium amaritudinis, cum totus fierem a dulcissimo deo meo? si diabolus auctor, unde ipse diabolus? quod si et ipse perversa voluntate ex bono angelo diabolus factus est, unde et in ipso voluntas mala qua diabolus fieret, quando totus angelus a conditore optimo factus esset?' his cogitationibus deprimebar iterum et suffocabar, sed non usque ad illum infernum subducebar erroris ubi nemo tibi confitetur, dum tu potius mala pati quam homo facere putatur.

(6) Sic enim nitebar invenire cetera, ut iam inveneram melius esse incorruptibile quam corruptibile, et ideo te, quidquid esses, esse incorruptibilem confitebar. neque enim ulla anima umquam potuit poteritve cogitare aliquid quod sit te melius, qui summum et optimum bonum es. cum autem verissime atque certissime incorruptibile corruptibili praeponatur, sicut iam ego praeponebam, poteram iam cogitatione aliquid attingere quod esset melius deo meo, nisi tu esses incorruptibilis. ubi igitur videbam incorruptibile corruptibili esse praeferendum, ibi te quaerere debebam atque inde advertere ubi sit malum, id est unde sit ipsa corruptio, qua violari substantia tua nullo modo potest. nullo enim prorsus modo violat corruptio deum nostrum, nulla voluntate, nulla necessitate, nullo improviso casu, quoniam ipse est deus, et quod sibi vult bonum est, et ipse est idem bonum; corrumpi autem non est bonum. nec cogeris invitus ad aliquid, quia voluntas tua non est maior quam potentia tua. esset autem maior, si te ipso tu ipse

maior esses: voluntas enim et potentia dei deus ipse est. et quid
improvisum tibi, qui nosti omnia? et nulla natura est nisi quia nosti
eam. et ut quid multa dicimus cur non sit corruptibilis substantia quae
deus est, quando, si hoc esset, non esset deus?

5   (7) Et quaerebam unde malum, et male quaerebam, et in ipsa
inquisitione mea non videbam malum. et constituebam in conspectu
spiritus mei universam creaturam, quidquid in ea cernere possumus,
sicuti est terra et mare et aer et sidera et arbores et animalia mortalia, et
quidquid in ea non videmus, sicut firmamentum caeli insuper et omnes
angelos et cuncta spiritalia eius, sed etiam ipsa, quasi corpora essent,
locis et locis ordinavit imaginatio mea. et feci unam massam grandem
distinctam generibus corporum, creaturam tuam, sive re vera quae
corpora erant, sive quae ipse pro spiritibus finxeram, et eam feci
grandem, non quantum erat, quod scire non poteram, sed quantum
libuit, undiqueversum sane finitam, te autem, domine, ex omni parte
ambientem et penetrantem eam, sed usquequaque infinitum, tamquam
si mare esset ubique et undique per immensa infinitum solum mare et
haberet intra se spongiam quamlibet magnam, sed finitam tamen,
plena esset utique spongia illa ex omni sua parte ex immenso mari. sic
creaturam tuam finitam te infinito plenam putabam et dicebam, 'ecce
deus et ecce quae creavit deus, et bonus deus atque his validissime
longissimeque praestantior; sed tamen bonus bona creavit, et ecce
quomodo ambit atque implet ea. ubi ergo malum et unde et qua huc
inrepsit? quae radix eius et quod semen eius? an omnino non est? cur
ergo timemus et cavemus quod non est? aut si inaniter timemus, certe
vel timor ipse malum est, quo incassum stimulatur et excruciatur cor, et
tanto gravius malum, quanto non est, quod timeamus, et timemus.
idcirco aut est malum quod timemus, aut hoc malum est quia timemus.
unde est igitur, quoniam deus fecit haec omnia bonus bona? maius
quidem et summum bonum minora fecit bona, sed tamen et creans et
creata bona sunt omnia. unde est malum? an unde fecit ea, materies
aliqua mala erat et formavit atque ordinavit eam, sed reliquit aliquid in
illa quod in bonum non converteret? cur et hoc? an impotens erat totam
vertere et commutare, ut nihil mali remaneret, cum sit omnipotens?
postremo cur inde aliquid facere voluit ac non potius eadem omnipotentia fecit, ut nulla esset omnino? aut vero exsistere poterat contra
eius voluntatem? aut si aeterna erat, cur tam diu per infinita retro spatia
temporum sic eam sivit esse ac tanto post placuit aliquid ex ea facere?
aut iam, si aliquid subito voluit agere, hoc potius ageret omnipotens, ut
illa non esset atque ipse solus esset totum verum et summum et in-

finitum bonum? aut si non erat bene, ut non aliquid boni etiam
fabricaretur et conderet qui bonus erat, illa sublata et ad nihilum
redacta materie quae mala erat, bonam ipse institueret unde omnia
crearet? non enim esset omnipotens si condere non posset aliquid boni
nisi ea quam non ipse condiderat adiuvaretur materia.' talia volvebam
pectore misero, ingravidato curis mordacissimis de timore mortis et
non inventa veritate; stabiliter tamen haerebat in corde meo in
catholica ecclesia fides Christi tui, domini et salvatoris nostri, in multis
quidem adhuc informis et praeter doctrinae normam fluitans, sed
tamen non eam relinquebat animus, immo in dies magis magisque
inbibebat.

6   (8) Iam etiam mathematicorum fallaces divinationes et impia
deliramenta reieceram. confiteantur etiam hinc tibi de intimis
visceribus animae meae miserationes tuae, deus meus! tu enim, tu
omnino (nam quis alius a morte omnis erroris revocat nos nisi vita quae
mori nescit, et sapientia mentes indigentes inluminans, nullo indigens
lumine, qua mundus administratur usque ad arborum volatica folia?),
tu procurasti pervicaciae meae, qua obluctatus sum Vindiciano acuto
seni et Nebridio adulescenti mirabilis animae, illi vehementer
adfirmanti, huic cum dubitatione quidem aliqua sed tamen crebro
dicenti non esse illam artem futura praevidendi, coniecturas autem
hominum habere saepe vim sortis et multa dicendo dici pleraque
ventura, nescientibus eis qui dicerent sed in ea non tacendo incur-
rentibus—procurasti ergo tu hominem amicum, non quidem segnem
consultorem mathematicorum nec eas litteras bene callentem sed, ut
dixi, consultorem curiosum et tamen scientem aliquid quod a patre suo
se audisse dicebat: quod quantum valeret ad illius artis opinionem
evertendam ignorabat. is ergo vir nomine Firminus, liberaliter
institutus et excultus eloquio, cum me tamquam carissimum de
quibusdam suis rebus, in quas saecularis spes eius intumuerat, consu-
leret, quid mihi secundum suas quas constellationes appellant videretur, ego autem, qui iam de hac re in Nebridii sententiam flecti
coeperam, non quidem abnuerem conicere ac dicere quod nutanti
occurrebat, sed tamen subicerem prope iam esse mihi persuasum
ridicula illa esse et inania, tum ille mihi narravit patrem suum fuisse
librorum talium curiosissimum et habuisse amicum aeque illa
simulque sectantem. qui pari studio et conlatione flatabant in eas nugas
ignem cordis sui, ita ut mutorum quoque animalium, si quae domi
parerent, observarent momenta nascentium atque ad ea caeli posi-
tionem notarent, unde illius quasi artis experimenta conligerent. itaque

dicebat audisse se a patre quod, cum eundem Firminum praegnans
mater esset, etiam illius paterni amici famula quaedam pariter utero
grandescebat, quod latere non potuit dominum, qui etiam canum
suarum partus examinatissima diligentia nosse curabat; atque ita
factum esse, ut cum iste coniugis, ille autem ancillae dies et horas mi-
nutioresque horarum articulos cautissima observatione numerarent,
enixae essent ambae simul, ita ut easdem constellationes usque ad
easdem minutias utrique nascenti facere cogerentur, iste filio, ille
servulo. nam cum mulieres parturire coepissent, indicaverunt sibi
ambo quid sua cuiusque domo ageretur, et paraverunt quos ad se
invicem mitterent, simul ut natum quod parturiebatur esset cuique
nuntiatum: quod tamen ut continuo nuntiaretur, tamquam in regno suo
facile effecerant. atque ita qui ab alterutro missi sunt tam ex paribus
domorum intervallis sibi obviam factos esse dicebat, ut aliam posi-
tionem siderum aliasque particulas momentorum neuter eorum notare
sineretur. et tamen Firminus amplo apud suos loco natus dealbatiores
vias saeculi cursitabat, augebatur divitiis, sublimabatur honoribus,
servus autem ille conditionis iugo nullatenus relaxato dominis
serviebat, ipso indicante qui noverat eum.

(9) His itaque auditis et creditis (talis quippe narraverat) omnis illa
reluctatio mea resoluta concidit, et primo Firminum ipsum conatus
sum ab illa curiositate revocare, cum dicerem, constellationibus eius
inspectis ut vera pronuntiarem, debuisse me utique videre ibi parentes
inter suos esse primarios, nobilem familiam propriae civitatis, natales
ingenuos, honestam educationem liberalesque doctrinas; at si me ille
servus ex eisdem constellationibus (quia et illius ipsae essent) con-
suluisset, ut eidem quoque vera proferrem, debuisse me rursus ibi
videre abiectissimam familiam, conditionem servilem et cetera longe a
prioribus aliena longeque distantia. unde autem fieret ut eadem
inspiciens diversa dicerem, si vera dicerem, si autem eadem dicerem,
falsa dicerem, inde certissime conlegi ea quae vera consideratis constellationibus dicerentur non arte dici sed sorte, quae autem falsa, non
artis imperitia sed sortis mendacio.

(10) Hinc autem accepto aditu, ipse mecum talia ruminando, ne quis
eorundem delirorum qui talem quaestum sequerentur, quos iam
iamque invadere atque inrisos refellere cupiebam, mihi ita resisteret,
quasi aut Firminus mihi aut illi pater falsa narraverit, intendi considerationem in eos qui gemini nascuntur, quorum plerique ita post
invicem funduntur ex utero ut parvum ipsum temporis intervallum,
quantamlibet vim in rerum natura habere contendant, conligi tamen

humana observatione non possit litterisque signari omnino non valeat quas mathematicus inspecturus est ut vera pronuntiet. et non erunt vera, quia easdem litteras inspiciens eadem debuit dicere de Esau et de Iacob, sed non eadem utrique acciderunt. falsa ergo diceret aut, si vera diceret, non eadem diceret: at eadem inspiceret. non ergo arte sed sorte vera diceret. tu enim, domine, iustissime moderator universitatis, consulentibus consultisque nescientibus occulto instinctu agis ut, dum quisque consulit, hoc audiat quod eum oportet audire occultis meritis animarum ex abysso iusti iudicii tui. cui non dicat homo, 'quid est hoc?', 'ut quid hoc?' non dicat, non dicat; homo est enim.

7   (11) Iam itaque me, adiutor meus, illis vinculis solveras, et quaerebam unde malum, et non erat exitus. sed me non sinebas ullis fluctibus cogitationis auferri ab ea fide qua credebam et esse te et esse incommutabilem substantiam tuam et esse de hominibus curam et iudicium tuum et in Christo, filio tuo, domino nostro, atque scripturis sanctis quas ecclesiae tuae catholicae commendaret auctoritas, viam te posuisse salutis humanae ad eam vitam quae post hanc mortem futura est. his itaque salvis atque inconcusse roboratis in animo meo, quaerebam aestuans unde sit malum. quae illa tormenta parturientis cordis mei, qui gemitus, deus meus! et ibi erant aures tuae nesciente me. et cum in silentio fortiter quaererem, magnae voces erant ad misericordiam tuam tacitae contritiones animi mei. tu sciebas quid patiebar, et nullus hominum. quantum enim erat quod inde digerebatur per linguam meam in aures familiarissimorum meorum! numquid totus tumultus animae meae, cui nec tempora nec os meum sufficiebat, sonabat eis? totum tamen ibat in auditum tuum quod rugiebam a gemitu cordis mei, et ante te erat desiderium meum, et lumen oculorum meorum non erat mecum. intus enim erat, ego autem foris, nec in loco illud. at ego intendebam in ea quae locis continentur, et non ibi inveniebam locum ad requiescendum, nec recipiebant me ista ut dicerem, 'sat est et bene est', nec dimittebant redire ubi mihi satis esset bene. superior enim eram istis, te vero inferior, et tu gaudium verum mihi subdito tibi et tu mihi subieceras quae infra me creasti. et hoc erat rectum temperamentum et media regio salutis meae, ut manerem ad imaginem tuam et tibi serviens dominarer corpori. sed cum superbe contra te surgerem et currerem adversus dominum in cervice crassa scuti mei, etiam ista infima supra me facta sunt et premebant, et nusquam erat laxamentum et respiramentum. ipsa occurrebant undique acervatim et conglobatim cernenti, cogitanti autem imagines corporum ipsae opponebantur redeunti, quasi

diceretur, 'quo is, indigne et sordide?' et haec de vulnere meo
creverant, quia humilasti tamquam vulneratum superbum, et tumore
meo separabar abs te et nimis inflata facies claudebat oculos meos.

8   (12) Tu vero, domine, in aeternum manes et non in aeternum
irasceris nobis, quoniam miseratus es terram et cinerem. et placuit in
conspectu tuo reformare deformia mea, et stimulis internis agitabas me
ut impatiens essem donec mihi per interiorem aspectum certus esses.
et residebat tumor meus ex occulta manu medicinae tuae aciesque
conturbata et contenebrata mentis meae acri collyrio salubrium
dolorum de die in diem sanabatur.

9   (13) Et primo volens ostendere mihi quam resistas superbis,
humilibus autem dat gratiam, et quanta misericordia tua demonstrata
sit hominibus via humilitatis, quod verbum tuum caro factum est et
habitavit inter homines, procurasti mihi per quendam hominem
immanissimo typho turgidum quosdam platonicorum libros ex graeca
lingua in latinam versos, et ibi legi, non quidem his verbis sed hoc idem
omnino multis et multiplicibus suaderi rationibus, quod in principio
erat verbum et verbum erat apud deum et deus erat verbum. hoc erat in
principio apud deum. omnia per ipsum facta sunt, et sine ipso factum
est nihil. quod factum est in eo vita est, et vita erat lux hominum; et lux
in tenebris lucet, et tenebrae eam non comprehenderunt. et quia
hominis anima, quamvis testimonium perhibeat de lumine, non est
tamen ipsa lumen, sed verbum deus est lumen verum, quod inluminat
omnem hominem venientem in hunc mundum. et quia in hoc mundo
erat, et mundus per eum factus est, et mundus eum non cognovit. quia
vero in sua propria venit et sui eum non receperunt, quotquot autem
receperunt eum, dedit eis potestatem filios dei fieri credentibus in
nomine eius, non ibi legi.

(14) Item legi ibi quia verbum, deus, non ex carne, non ex sanguine
non ex voluntate viri neque ex voluntate carnis, sed ex deo natus est;
sed quia verbum caro factum est et habitavit in nobis, non ibi legi.
indagavi quippe in illis litteris varie dictum et multis modis quod sit
filius in forma patris, non rapinam arbitratus esse aequalis deo, quia
naturaliter idipsum est, sed quia semet ipsum exinanivit formam servi
accipiens, in similitudinem hominum factus et habitu inventus ut
homo, humilavit se factus oboediens usque ad mortem, mortem autem
crucis: propter quod deus eum exaltavit a mortuis et donavit ei nomen
quod est super omne nomen, ut in nomine Iesu omne genu flectatur
caelestium terrestrium et infernorum, et omnis lingua confiteatur quia
dominus Iesus in gloria est dei patris, non habent illi libri. quod enim

ante omnia tempora et supra omnia tempora incommutabiliter manet unigenitus filius tuus coaeternus tibi, et quia de plenitudine eius accipiunt animae ut beatae sint, et quia participatione manentis in se sapientiae renovantur ut sapientes sint, est ibi; quod autem secundum tempus pro impiis mortuus est, et filio tuo unico non pepercisti, sed pro nobis omnibus tradidisti eum, non est ibi. abscondisti enim haec a sapientibus et revelasti ea parvulis, ut venirent ad eum laborantes et onerati et reficeret eos, quoniam mitis est et humilis corde, et diriget mites in iudicio et docet mansuetos vias suas, videns humilitatem nostram et laborem nostrum et dimittens omnia peccata nostra. qui autem cothurno tamquam doctrinae sublimioris elati non audiunt dicentem, 'discite a me quoniam mitis sum et humilis corde, et invenietis requiem animabus vestris,' etsi cognoscunt deum, non sicut deum glorificant aut gratias agunt, sed evanescunt in cogitationibus suis et obscuratur insipiens cor eorum; dicentes se esse sapientes stulti facti sunt.

(15) Et ideo legebam ibi etiam immutatam gloriam incorruptionis tuae in idola et varia simulacra, in similitudinem imaginis corruptibilis hominis et volucrum et quadrupedum et serpentium, videlicet Aegyptium cibum quo Esau perdidit primogenita sua, quoniam caput quadrupedis pro te honoravit populus primogenitus, conversus corde in Aegyptum et curvans imaginem tuam, animam suam, ante imaginem vituli manducantis faenum. inveni haec ibi et non manducavi. placuit enim tibi, domine, auferre opprobrium diminutionis ab Iacob, ut maior serviret minori, et vocasti gentes in hereditatem tuam. et ego ad te veneram ex gentibus et intendi in aurum quod ab Aegypto voluisti ut auferret populus tuus, quoniam tuum erat, ubicumque erat. et dixisti Atheniensibus per apostolum tuum quod in te vivimus et movemur et sumus, sicut et quidam secundum eos dixerunt, et utique inde erant illi libri. et non attendi in idola Aegyptiorum, quibus de auro tuo ministrabant qui transmutaverunt veritatem dei in mendacium, et coluerunt et servierunt creaturae potius quam creatori.

0   (16) Et inde admonitus redire ad memet ipsum, intravi in intima mea duce te, et potui, quoniam factus es adiutor meus. intravi et vidi qualicumque oculo animae meae supra eundem oculum animae meae, supra mentem meam, lucem incommutabilem, non hanc vulgarem et conspicuam omni carni, nec quasi ex eodem genere grandior erat, tamquam si ista multo multoque clarius claresceret totumque occuparet magnitudine. non hoc illa erat sed aliud, aliud valde ab istis omnibus. nec ita erat supra mentem meam, sicut oleum super aquam

nec sicut caelum super terram, sed superior, quia ipsa fecit me, et ego
inferior, quia factus ab ea. qui novit veritatem, novit eam, et qui novit
eam, novit aeternitatem; caritas novit eam. o aeterna veritas et vera
caritas et cara aeternitas, tu es deus meus, tibi suspiro die ac nocte! et
cum te primum cognovi, tu adsumpsisti me ut viderem esse quod
viderem, et nondum me esse qui viderem. et reverberasti infirmitatem
aspectus mei, radians in me vehementer, et contremui amore et
horrore. et inveni longe me esse a te in regione dissimilitudinis,
tamquam audirem vocem tuam de excelso: 'cibus sum grandium:
cresce et manducabis me. nec tu me in te mutabis sicut cibum carnis
tuae, sed tu mutaberis in me.' et cognovi quoniam pro iniquitate
erudisti hominem, et tabescere fecisti sicut araneam animam meam,
et dixi, 'numquid nihil est veritas, quoniam neque per finita
neque per infinita locorum spatia diffusa est?' et clamasti de longinquo, 'immo vero ego sum qui sum.' et audivi, sicut auditur in corde,
et non erat prorsus unde dubitarem, faciliusque dubitarem vivere me
quam non esse veritatem, quae per ea quae facta sunt intellecta con-
spicitur.

11   (17) Et inspexi cetera infra te et vidi nec omnino esse nec omnino
non esse: esse quidem, quoniam abs te sunt, non esse autem, quoniam
id quod es non sunt. id enim vere est quod incommutabiliter manet.
mihi autem inhaerere deo bonum est, quia, si non manebo in illo, nec
in me potero. ille autem in se manens innovat omnia, et dominus meus
es, quoniam bonorum meorum non eges.

12   (18) Et manifestatum est mihi quoniam bona sunt quae corrumpuntur, quae neque si summa bona essent neque nisi bona essent
corrumpi possent; quia si summa bona essent, incorruptibilia essent, si
autem nulla bona essent, quid in eis corrumperetur non esset. nocet
enim corruptio et, nisi bonum minueret, non noceret. aut igitur nihil
nocet corruptio, quod fieri non potest, aut, quod certissimum est,
omnia quae corrumpuntur privantur bono. si autem omni bono
privabuntur, omnino non erunt. si enim erunt et corrumpi iam non
poterunt, meliora erunt, quia incorruptibiliter permanebunt. et quid
monstrosius quam ea dicere omni bono amisso facta meliora? ergo si
omni bono privabuntur, omnino nulla erunt: ergo quamdiu sunt, bona
sunt. ergo quaecumque sunt, bona sunt, malumque illud quod
quaerebam unde esset non est substantia, quia si substantia esset,
bonum esset. aut enim esset incorruptibilis substantia, magnum utique
bonum, aut substantia corruptibilis esset, quae nisi bona esset,
corrumpi non posset. itaque vidi et manifestatum est mihi quia omnia

bona tu fecisti et prorsus nullae substantiae sunt quas tu non fecisti. et
quoniam non aequalia omnia fecisti, ideo sunt omnia, quia singula
bona sunt, et simul omnia valde bona, quoniam fecit deus noster omnia
bona valde.

3   (19) Et tibi omnino non est malum, non solum tibi sed nec universae
creaturae tuae, quia extra non est aliquid quod inrumpat et corrumpat
ordinem quem imposuisti ei. in partibus autem eius quaedam quibusdam quia non conveniunt, mala putantur; et eadem ipsa conveniunt
aliis et bona sunt et in semet ipsis bona sunt. et omnia haec, quae
sibimet invicem non conveniunt, conveniunt inferiori parti rerum,
quam terram dicimus, habentem caelum suum nubilosum atque
ventosum congruum sibi. et absit iam ut dicerem, 'non essent ista', quia
etsi sola ista cernerem, desiderarem quidem meliora, sed iam etiam de
solis istis laudare te deberem, quoniam laudandum te ostendunt de
terra dracones et omnes abyssi, ignis, grando, nix, glacies, spiritus
tempestatis, quae faciunt verbum tuum, montes et omnes colles, ligna
fructifera et omnes cedri, bestiae et omnia pecora, reptilia et volatilia
pinnata. reges terrae et omnes populi, principes et omnes iudices
terrae, iuvenes et virgines, seniores cum iunioribus laudent nomen
tuum. cum vero etiam de caelis te laudent, laudent te, deus noster. in
excelsis omnes angeli tui, omnes virtutes tuae, sol et luna, omnes stellae
et lumen, caeli caelorum et aquae quae super caelos sunt laudent
nomen tuum. non iam desiderabam meliora, quia omnia cogitabam, et
meliora quidem superiora quam inferiora, sed meliora omnia quam
sola superiora iudicio saniore pendebam.

4   (20) Non est sanitas eis quibus displicet aliquid creaturae tuae, sicut
mihi non erat cum displicerent multa quae fecisti. et quia non audebat
anima mea ut ei displiceret deus meus, nolebat esse tuum quidquid ei
displicebat. et inde ierat in opinionem duarum substantiarum, et non
requiescebat, et aliena loquebatur. et inde rediens fecerat sibi deum per
infinita spatia locorum omnium et eum putaverat esse te et eum
conlocaverat in corde suo, et facta erat rursus templum idoli sui
abominandum tibi, sed posteaquam fovisti caput nescientis et clausisti
oculos meos, ne viderent vanitatem. cessavi de me paululum, et
consopita est insania mea, et evigilavi in te et vidi te infinitum aliter, et
visus iste non a carne trahebatur.

5   (21) Et respexi alia, et vidi tibi debere quia sunt et in te cuncta finita,
sed aliter, non quasi in loco, sed quia tu es omnitenens manu veritate,
et omnia vera sunt in quantum sunt, nec quicquam est falsitas, nisi cum
putatur esse quod non est. et vidi quia non solum locis sua quaeque suis

conveniunt sed etiam temporibus et quia tu, qui solus aeternus es, non
post innumerabilia spatia temporum coepisti operari, quia omnia
spatia temporum, et quae praeterierunt et quae praeteribunt, nec
abirent nec venirent nisi te operante et manente.

16   (22) Et sensi expertus non esse mirum quod palato non sano poena
est et panis qui sano suavis est, et oculis aegris odiosa lux quae puris
amabilis. et iustitia tua displicet iniquis, nedum vipera et vermiculus,
quae bona creasti, apta inferioribus creaturae tuae partibus, quibus et
ipsi iniqui apti sunt, quanto dissimiliores sunt tibi, apti autem
superioribus, quanto similiores fiunt tibi. et quaesivi quid esset
iniquitas et non inveni substantiam, sed a summa substantia, te deo,
detortae in infima voluntatis perversitatem, proicientis intima sua et
tumescentis foras.

17   (23) Et mirabar quod iam te amabam, non pro te phantasma, et non
stabam frui deo meo, sed rapiebar ad te decore tuo moxque diripiebar
abs te pondere meo, et ruebam in ista cum gemitu; et pondus hoc
consuetudo carnalis. sed mecum erat memoria tui, neque ullo modo
dubitabam esse cui cohaererem, sed nondum me esse qui cohaererem,
quoniam corpus quod corrumpitur adgravat animam et deprimit
terrena inhabitatio sensum multa cogitantem, eramque certissimus
quod invisibilia tua a constitutione mundi per ea quae facta sunt intellecta conspiciuntur, sempiterna quoque virtus et divinitas tua.
quaerens enim unde approbarem pulchritudinem corporum, sive caelestium sive terrestrium, et quid mihi praesto esset integre de
mutabilibus iudicanti et dicenti, 'hoc ita esset debet, illud non ita'—hoc
ergo quaerens, unde iudicarem cum ita iudicarem, inveneram incommutabilem et veram veritatis aeternitatem supra mentem meam com-
mutabilem. atque ita gradatim a corporibus ad sentientem per corpus
animam atque inde ad eius interiorem vim, cui sensus corporis
exteriora nuntiaret, et quousque possunt bestiae, atque inde rursus ad
ratiocinantem potentiam ad quam refertur iudicandum quod sumitur a
sensibus corporis. quae se quoque in me comperiens mutabilem erexit
se ad intellegentiam suam et abduxit cogitationem a consuetudine,
subtrahens se contradicentibus turbis phantasmatum, ut inveniret quo
lumine aspergeretur, cum sine ulla dubitatione clamaret incommutabile praeferendum esse mutabili unde nosset ipsum incommutabile (quod nisi aliquo modo nosset, nullo modo illud mutabili
certa praeponeret), et pervenit ad id quod est in ictu trepidantis
aspectus. tunc vero invisibilia tua per ea quae facta sunt intellecta
conspexi, sed aciem figere non evalui, et repercussa infirmitate reddi-

tus solitis non mecum ferebam nisi amantem memoriam et quasi ole-
facta desiderantem quae comedere nondum possem.

(24) Et quaerebam viam comparandi roboris quod esset idoneum ad
fruendum te, nec inveniebam donec amplecterer mediatorem dei et
hominum, hominem Christum Iesum, qui est super omnia deus
benedictus in saecula, vocantem et dicentem, 'ego sum via et veritas et
vita', et cibum, cui capiendo invalidus eram, miscentem carni, quoniam
verbum caro factum est ut infantiae nostrae lactesceret sapientia tua,
per quam creasti omnia. non enim tenebam deum meum Iesum,
humilis humilem, nec cuius rei magistra esset eius infirmitas noveram.
verbum enim tuum, aeterna veritas, superioribus creaturae tuae
partibus supereminens subditos erigit ad se ipsam, in inferioribus
autem aedificavit sibi humilem domum de limo nostro, per quam
subdendos deprimeret a seipsis et ad se traiceret, sanans tumorem et
nutriens amorem, ne fiducia sui progrederentur longius, sed potius
infirmarentur, videntes ante pedes suos infirmam divinitatem ex
participatione tunicae pelliciae nostrae, et lassi prosternerentur in eam,
illa autem surgens levaret eos.

(25) Ego vero aliud putabam tantumque sentiebam de domino
Christo meo, quantum de excellentis sapientiae viro cui nullus posset
aequari, praesertim quia mirabiliter natus ex virgine, ad exemplum
contemnendorum temporalium prae adipiscenda immortalitate, divina
pro nobis cura tantam auctoritatem magisterii meruisse videbatur. quid
autem sacramenti haberet verbum caro factum, ne suspicari quidem
poteram. tantum cognoveram ex his quae de illo scripta traderentur
quia manducavit et bibit, dormivit, ambulavit, exhilaratus est, con-
tristatus est, sermocinatus est, non haesisse carnem illam verbo tuo nisi
cum anima et mente humana. novit hoc omnis qui novit incommutabilitatem verbi tui, quam ego iam noveram, quantum poteram, nec
omnino quicquam inde dubitabam. etenim nunc movere membra
corporis per voluntatem, nunc non movere, nunc aliquo affectu affici,
nunc non affici, nunc proferre per signa sapientes sententias, nunc esse
in silentio, propria sunt mutabilitatis animae et mentis. quae si falsa de
illo scripta essent, etiam omnia periclitarentur mendacio neque in illis
litteris ulla fidei salus generi humano remaneret. quia itaque vera
scripta sunt, totum hominem in Christo agnoscebam, non corpus
tantum hominis aut cum corpore sine mente animum, sed ipsum
hominem, non persona veritatis, sed magna quadam naturae humanae
excellentia et perfectiore participatione sapientiae praeferri ceteris
arbitrabar. Alypius autem deum carne indutum ita putabat credi a

catholicis ut praeter deum et carnem non esset in Christo, animam mentemque hominis non existimabat in eo praedicari. et quoniam bene persuasum tenebat ea quae de illo memoriae mandata sunt sine vitali et rationali creatura non fieri, ad ipsam christianam fidem pigrius movebatur. sed postea haereticorum apollinaristarum hunc errorem esse cognoscens catholicae fidei conlaetatus et contemperatus est. ego autem aliquanto posterius didicisse me fateor, in eo quod verbum caro factum est, quomodo catholica veritas a Photini falsitate dirimatur. improbatio quippe haereticorum facit eminere quid ecclesia tua sentiat et quid habeat sana doctrina. oportuit enim et haereses esse, ut probati manifesti fierent inter infirmos.

20 (26) Sed tunc, lectis platonicorum illis libris, posteaquam inde admonitus quaerere incorpoream veritatem, invisibilia tua per ea quae facta sunt intellecta conspexi et repulsus sensi quid per tenebras animae meae contemplari non sinerer, certus esse te et infinitum esse nec tamen per locos finitos infinitosve diffundi et vere te esse, qui semper idem ipse esses, ex nulla parte nulloque motu alter aut aliter, cetera vero ex te esse omnia, hoc solo firmissimo documento quia sunt, certus quidem in istis eram, nimis tamen infirmus ad fruendum te. garriebam plane quasi peritus et, nisi in Christo, salvatore nostro, viam tuam quaererem, non peritus sed periturus essem. iam enim coeperam velle videri sapiens plenus poena mea et non flebam, insuper et inflabar scientia. ubi enim erat illa aedificans caritas a fundamento humilitatis, quod est Christus Iesus? aut quando illi libri me docerent eam? in quos me propterea, priusquam scripturas tuas considerarem, credo voluisti incurrere, ut imprimeretur memoriae meae quomodo ex eis affectus essem et, cum postea in libris tuis mansuefactus essem et curantibus digitis tuis contrectarentur vulnera mea, discernerem atque distinguerem quid interesset inter praesumptionem et confessionem, inter videntes quo eundum sit nec videntes qua, et viam ducentem ad beatificam patriam non tantum cernendam sed et habitandam. nam si primo sanctis tuis litteris informatus essem et in earum familiaritate obdulcuisses mihi, et post in illa volumina incidissem, fortasse aut abripuissent me a solidamento pietatis, aut si in affectu quem salubrem inbiberam perstitissem, putarem etiam ex illis libris eum posse concipi, si eos solos quisque didicisset.

21 (27) Itaque avidissime arripui venerabilem stilum spiritus tui, et prae ceteris apostolum Paulum, et perierunt illae quaestiones in quibus mihi aliquando visus est adversari sibi et non congruere testimoniis legis et prophetarum textus sermonis eius, et apparuit mihi una facies

eloquiorum castorum, et exultare cum tremore didici. et coepi et inveni, quidquid illac verum legeram, hac cum commendatione gratiae tuae dici, ut qui videt non sic glorietur, quasi non acceperit non solum id quod videt, sed etiam ut videat (quid enim habet quod non accepit?) et ut te, qui es semper idem, non solum admoneatur ut videat, sed etiam sanetur ut teneat, et qui de longinquo videre non potest, viam tamen ambulet qua veniat et videat et teneat, quia, etsi condelectetur homo legi dei secundum interiorem hominem, quid faciet de alia lege in membris suis repugnante legi mentis suae et se captivum ducente in lege peccati, quae est in membris eius? quoniam iustus es, domine, nos autem peccavimus, inique fecimus, impie gessimus, et gravata est super nos manus tua, et iuste traditi sumus antiquo peccatori, praeposito mortis, quia persuasit voluntati nostrae similitudinem voluntatis suae, qua in veritate tua non stetit. quid faciet miser homo? quis eum liberabit de corpore mortis huius, nisi gratia tua per Iesum Christum dominum nostrum, quem genuisti coaeternum et creasti in principio viarum tuarum, in quo princeps huius mundi non invenit quicquam morte dignum, et occidit eum? et evacuatum est chirographum quod erat contrarium nobis. hoc illae litterae non habent: non habent illae paginae vultum pietatis huius, lacrimas confessionis, sacrificium tuum, spiritum contribulatum, cor contritum et humilatum, populi salutem, sponsam civitatem, arram spiritus sancti, poculum pretii nostri. nemo ibi cantat, 'nonne deo subdita erit anima mea? ab ipso enim salutare meum: etenim ipse deus meus et salutaris meus, susceptor meus: non movebor amplius.' nemo ibi audit vocantem, 'venite ad me, qui laboratis.' dedignantur ab eo discere quoniam mitis est et humilis corde. abscondisti enim haec a sapientibus et prudentibus et revelasti ea parvulis. et aliud est de silvestri cacumine videre patriam pacis et iter ad eam non invenire et frustra conari per invia circum obsidentibus et insidiantibus fugitivis desertoribus cum principe suo leone et dracone, et aliud tenere viam illuc ducentem cura caelestis imperatoris munitam, ubi non latrocinantur qui caelestem militiam deseruerunt; vitant enim eam sicut supplicium. haec mihi inviscerabantur miris modis, cum minimum apostolorum tuorum legerem, et consideraveram opera tua et expaveram.

1   (1) Deus meus, recorder in gratiarum actione tibi et confitear misericordias tuas super me. perfundantur ossa mea dilectione tua et dicant: 'domine, quis similis tibi?' dirupisti vincula mea: sacrificem tibi sacrificium laudis. quomodo dirupisti ea narrabo, et dicent omnes qui adorant te, cum audiunt haec, 'benedictus dominus in caelo et in terra; magnum et mirabile nomen eius.' inhaeserant praecordiis meis verba tua, et undique circumvallabar abs te. de vita tua aeterna certus eram, quamvis eam in aenigmate et quasi per speculum videram; dubitatio tamen omnis de incorruptibili substantia, quod ab illa esset omnis substantia, ablata mihi erat, nec certior de te sed stabilior in te esse cupiebam. de mea vero temporali vita nutabant omnia et mundandum erat cor a fermento veteri. et placebat via ipse salvator, et ire per eius angustias adhuc pigebat. et immisisti in mentem meam visumque est bonum in conspectu meo pergere ad Simplicianum, qui mihi bonus apparebat servus tuus et lucebat in eo gratia tua. audieram etiam quod a iuventute sua devotissime tibi viveret; iam vero tunc senuerat et longa aetate in tam bono studio sectandae vitae tuae multa expertus, multa edoctus mihi videbatur: et vere sic erat. unde mihi ut proferret volebam conferenti secum aestus meos quis esset aptus modus sic affecto ut ego eram ad ambulandum in via tua.

(2) Videbam enim plenam ecclesiam, et alius sic ibat, alius autem sic, mihi autem displicebat quod agebam in saeculo et oneri mihi erat valde, non iam inflammantibus cupiditatibus, ut solebant, spe honoris et pecuniae ad tolerandam illam servitutem tam gravem. iam enim me illa non delectabant prae dulcedine tua et decore domus tuae, quam dilexi, sed adhuc tenaciter conligabar ex femina, nec me prohibebat apostolus coniugari, quamvis exhortaretur ad melius, maxime volens omnes homines sic esse ut ipse erat. sed ego infirmior eligebam molliorem locum et propter hoc unum volvebar, in ceteris languidus et tabescens curis marcidis, quod et in aliis rebus quas nolebam pati congruere cogebar vitae coniugali, cui deditus obstringebar. audieram ex ore veritatis esse spadones qui se ipsos absciderunt propter regnum caelorum, sed 'qui potest', inquit, 'capere, capiat.' vani sunt certe omnes homines quibus non inest dei scientia, nec de his quae videntur bona potuerunt invenire eum qui est. at ego iam non eram in illa vanitate. transcenderam eam et contestante universa creatura inveneram te creatorem nostrum et verbum tuum apud te deum

tecumque unum deum, per quod creasti omnia. et est aliud genus
impiorum, qui cognoscentes deum non sicut deum glorificaverunt aut
gratias egerunt. in hoc quoque incideram, et dextera tua suscepit me et
inde ablatum posuisti ubi convalescerem, quia dixisti homini, 'ecce
pietas est sapientia', et 'noli velle videri sapiens, quoniam dicentes se
esse sapientes stulti facti sunt.' et inveneram iam bonam margaritam, et
venditis omnibus quae haberem emenda erat, et dubitabam.

2   (3) Perrexi ergo ad Simplicianum, patrem in accipienda gratia tunc
episcopi Ambrosii et quem vere ut patrem diligebat. narravi ei circuitus
erroris mei. ubi autem commemoravi legisse me quosdam libros
platonicorum, quos Victorinus, quondam rhetor urbis Romae, quem
christianum defunctum esse audieram, in latinam linguam transtulis-
set, gratulatus est mihi quod non in aliorum philosophorum scripta
incidissem plena fallaciarum et deceptionum secundum elementa
huius mundi, in istis autem omnibus modis insinuari deum et eius
verbum. deinde, ut me exhortaretur ad humilitatem Christi sapientibus
absconditam et revelatam parvulis, Victorinum ipsum recordatus est,
quem Romae cum esset familiarissime noverat, deque illo mihi narravit
quod non silebo. habet enim magnam laudem gratiae tuae confitendam
tibi, quemadmodum ille doctissimus senex et omnium liberalium
doctrinarum peritissimus quique philosophorum tam multa legerat et
diiudicaverat, doctor tot nobilium senatorum, qui etiam ob insigne
praeclari magisterii, quod cives huius mundi eximium putant, statuam
Romano foro meruerat et acceperat, usque ad illam aetatem venerator
idolorum sacrorumque sacrilegorum particeps, quibus tunc tota fere
Romana nobilitas inflata spirabat, †popiliosiam† et omnigenum deum
monstra et Anubem latratorem, quae aliquando contra Neptunum et
Venerem contraque Minervam tela tenuerant et a se victis iam Roma
supplicabat, quae iste senex Victorinus tot annos ore terricrepo
defensitaverat, non erubuerit esse puer Christi tui et infans fontis tui,
subiecto collo ad humilitatis iugum et edomita fronte ad crucis
opprobrium.

     (4) O domine, domine, qui inclinasti caelos et descendisti, tetigisti
montes et fumigaverunt, quibus modis te insinuasti illi pectori? legebat,
sicut ait Simplicianus, sanctam scripturam omnesque christianas
litteras investigabat studiosissime et perscrutabatur, et dicebat
Simpliciano, non palam sed secretius et familiarius, 'noveris me iam
esse christianum.' et respondebat ille, 'non credam nec deputabo te
inter christianos, nisi in ecclesia Christi videro.' ille autem inridebat
dicens, 'ergo parietes faciunt christianos?' et hoc saepe dicebat, iam se

esse christianum, et Simplicianus illud saepe respondebat, et saepe ab illo parietum inrisio repetebatur. amicos enim suos reverebatur offendere, superbos daemonicolas, quorum ex culmine Babylonicae dignitatis quasi ex cedris Libani, quas nondum contriverat dominus, graviter ruituras in se inimicitias arbitrabatur. sed posteaquam legendo et inhiando hausit firmitatem timuitque negari a Christo coram angelis sanctis, si eum timeret coram hominibus confiteri, reusque sibi magni criminis apparuit erubescendo de sacramentis humilitatis verbi tui et non erubescendo de sacris sacrilegis superborum daemoniorum, quae imitator superbus acceperat, depuduit vanitati et erubuit veritati subitoque et inopinatus ait Simpliciano, ut ipse narrabat, 'eamus in ecclesiam: christianus volo fieri.' at ille non se capiens laetitia perrexit cum eo. ubi autem imbutus est primis instructionis sacramentis, non multo post etiam nomen dedit ut per baptismum regeneraretur, mirante Roma, gaudente ecclesia. superbi videbant et irascebantur, dentibus suis stridebant et tabescebant. servo autem tuo dominus deus erat spes eius, et non respiciebat in vanitates et insanias mendaces.

(5) Denique ut ventum est ad horam profitendae fidei, quae verbis certis conceptis retentisque memoriter de loco eminentiore in conspectu populi fidelis Romae reddi solet ab eis qui accessuri sunt ad gratiam tuam, oblatum esse dicebat Victorino a presbyteris ut secretius redderet, sicut nonnullis qui verecundia trepidaturi videbantur offerri mos erat; illum autem maluisse salutem suam in conspectu sanctae multitudinis profiteri. non enim erat salus quam docebat in rhetorica, et tamen eam publice professus erat. quanto minus ergo vereri debuit mansuetum gregem tuum pronuntians verbum tuum, qui non verebatur in verbis suis turbas insanorum? itaque ubi ascendit ut redderet, omnes sibimet invicem, quisque ut eum noverat, instrepuerunt nomen eius strepitu gratulationis (quis autem ibi non eum noverat?) et sonuit presso sonitu per ora cunctorum conlaetantium, 'Victorinus, Victorinus'. cito sonuerunt exultatione, quia videbant eum, et cito siluerunt intentione, ut audirent eum. pronuntiavit ille fidem veracem praeclara fiducia, et volebant eum omnes rapere intro in cor suum. et rapiebant amando et gaudendo: hae rapientium manus erant.

3 (6) Deus bone, quid agitur in homine, ut plus gaudeat de salute desperatae animae et de maiore periculo liberatae quam si spes ei semper adfuisset aut periculum minus fuisset? etenim tu quoque, misericors pater, plus gaudes de uno paenitente quam de nonaginta novem iustis quibus non opus est paenitentia. et nos cum magna iucunditate audimus, cum audimus quam exultantibus pastoris umeris reportetur

ovis quae erraverat, et drachma referatur in thesauros tuos conlaetanti-
bus vicinis mulieri quae invenit, et lacrimas excutit gaudium sollemni-
tatis domus tuae, cum legitur in domo tua de minore filio tuo quoniam
'mortuus erat et revixit, perierat et inventus est'. gaudes quippe in
nobis et in angelis tuis sancta caritate sanctis. nam tu semper idem, qui
ea quae non semper nec eodem modo sunt eodem modo semper nosti
omnia.

(7) Quid ergo agitur in anima, cum amplius delectatur inventis aut
redditis rebus quas diligit quam si eas semper habuisset? contestantur
enim et cetera et plena sunt omnia testimoniis clamantibus, 'ita est'.
triumphat victor imperator, et non vicisset nisi pugnavisset, et quanto
maius periculum fuit in proelio, tanto est gaudium maius in triumpho.
iactat tempestas navigantes minaturque naufragium: omnes futura
morte pallescunt: tranquillatur caelum et mare, et exultant nimis,
quoniam timuerunt nimis. aeger est carus et vena eius malum
renuntiat: omnes qui eum salvum cupiunt aegrotant simul animo: fit ei
recte et nondum ambulat pristinis viribus, et fit iam tale gaudium quale
non fuit cum antea salvus et fortis ambularet. easque ipsas voluptates
humanae vitae etiam non inopinatis et praeter voluntatem inruentibus,
sed institutis et voluntariis molestiis homines adquirunt. edendi et
bibendi voluptas nulla est, nisi praecedat esuriendi et sitiendi molestia.
et ebriosi quaedam salsiuscula comedunt, quo fiat molestus ardor,
quem dum exstinguit potatio, fit delectatio. et institutum est ut iam
pactae sponsae non tradantur statim, ne vile habeat maritus datam
quam non suspiraverit sponsus dilatam.

(8) Hoc in turpi et exsecranda laetitia, hoc in ea quae concessa et
licita est, hoc in ipsa sincerissima honestate amicitiae, hoc in eo qui
mortuus erat et revixit, perierat et inventus est: ubique maius gaudium
molestia maiore praeceditur. quid est hoc, domine deus meus, cum tu
aeternum tibi, tu ipse, sis gaudium, et quaedam de te circa te semper
gaudeant? quid est quod haec rerum pars alternat defectu et profectu,
offensionibus et conciliationibus? an is est modus earum et tantum
dedisti eis, cum a summis caelorum usque ad ima terrarum, ab initio
usque in finem saeculorum, ab angelo usque ad vermiculum, a motu
primo usque ad extremum, omnia genera bonorum et omnia iusta
opera tua suis quaeque sedibus locares et suis quaeque temporibus
ageres? ei mihi, quam excelsus es in excelsis et quam profundus in
profundis! et nusquam recedis, et vix redimus ad te.

(9) Age, domine, fac, excita et revoca nos, accende et rape, flagra,
dulcesce: amemus, curramus. nonne multi ex profundiore tartaro

caecitatis quam Victorinus redeunt ad te et accedunt et inluminantur recipientes lumen? quod si qui recipiunt, accipiunt a te potestatem ut filii tui fiant. sed si minus noti sunt populis, minus de illis gaudent etiam qui noverunt eos. quando enim cum multis gaudetur, et in singulis uberius est gaudium, quia fervefaciunt se et inflammantur ex alterutro. deinde quod multis noti, multis sunt auctoritati ad salutem et multis praeeunt secuturis, ideoque multum de illis et qui eos praecesserunt laetantur, quia non de solis laetantur. absit enim ut in tabernaculo tuo prae pauperibus accipiantur personae divitum aut prae ignobilibus nobiles, quando potius infirma mundi elegisti ut confunderes fortia, et ignobilia huius mundi elegisti et contemptibilia, et ea quae non sunt tamquam sint, ut ea quae sunt evacuares. et tamen idem ipse minimus apostolorum tuorum, per cuius linguam tua ista verba sonuisti, cum Paulus proconsul per eius militiam debellata superbia sub lene iugum Christi tui missus esset, regis magni provincialis effectus, ipse quoque ex priore Saulo Paulus vocari amavit ob tam magnae insigne victoriae. plus enim hostis vincitur in eo quem plus tenet et de quo plures tenet. plus autem superbos tenet nomine nobilitatis et de his plures nomine auctoritatis. quanto igitur gratius cogitabatur Victorini pectus, quod tamquam inexpugnabile receptaculum diabolus obtinuerat, Victorini lingua, quo telo grandi et acuto multos peremerat, abundantius exultare oportuit filios tuos, quia rex noster alligavit fortem, et videbant vasa eius erepta mundari et aptari in honorem tuum et fieri utilia domino ad omne opus bonum.

5   (10) Sed ubi mihi homo tuus Simplicianus de Victorino ista narravit, exarsi ad imitandum: ad hoc enim et ille narraverat. posteaquam vero et illud addidit, quod imperatoris Iuliani temporibus lege data prohibiti sunt christiani docere litteraturam et oratoriam. quam legem ille amplexus, loquacem scholam deserere maluit quam verbum tuum, quo linguas infantium facis disertas. non mihi fortior quam felicior visus est, quia invenit occasionem vacandi tibi, cui rei ego suspirabam, ligatus non ferro alieno sed mea ferrea voluntate. velle meum tenebat inimicus et inde mihi catenam fecerat et constrinxerat me. quippe ex voluntate perversa facta est libido, et dum servitur libidini, facta est consuetudo, et dum consuetudini non resistitur, facta est necessitas. quibus quasi ansulis sibimet innexis (unde catenam appellavi) tenebat me obstrictum dura servitus. voluntas autem nova quae mihi esse coeperat, ut te gratis colerem fruique te vellem, deus, sola certa iucunditas, nondum erat idonea ad superandam priorem vetustate roboratam. ita duae voluntates meae, una vetus, alia nova, illa carnalis,

illa spiritalis, confligebant inter se atque discordando dissipabant animam meam.

(11) Sic intellegebam me ipso experimento id quod legeram, quomodo caro concupisceret adversus spiritum et spiritus adversus carnem, ego quidem in utroque, sed magis ego in eo quod in me approbabam quam in eo quod in me improbabam. ibi enim magis iam non ego, quia ex magna parte id patiebar invitus quam faciebam volens, sed tamen consuetudo adversus me pugnacior ex me facta erat, quoniam volens quo nollem perveneram. et quis iure contradiceret, cum peccantem iusta poena sequeretur? et non erat iam illa excusatio qua videri mihi solebam propterea me nondum contempto saeculo servire tibi, quia incerta mihi esset perceptio veritatis: iam enim et ipsa certa erat. ego autem adhuc terra obligatus militare tibi recusabam et impedimentis omnibus sic timebam expediri, quemadmodum impediri timendum est.

(12) Ita sarcina saeculi, velut somno adsolet, dulciter premebar, et cogitationes quibus meditabar in te similes erant conatibus expergisci volentium, qui tamen superati soporis altitudine remerguntur. et sicut nemo est qui dormire semper velit omniumque sano iudicio vigilare praestat, differt tamen plerumque homo somnum excutere cum gravis torpor in membris est, eumque iam displicentem carpit libentius quamvis surgendi tempus advenerit: ita certum habebam esse melius tuae caritati me dedere quam meae cupiditati cedere, sed illud placebat et vincebat, hoc libebat et vinciebat. non enim erat quod tibi responderem dicenti mihi, 'surge qui dormis et exsurge a mortuis, et inluminabit te Christus', et undique ostendenti vera te dicere, non erat omnino quid responderem veritate convictus, nisi tantum verba lenta et somnolenta: 'modo', 'ecce modo', 'sine paululum.' sed 'modo et modo' non habebat modum et 'sine paululum' in longum ibat. frustra condelectabar legi tuae secundum interiorem hominem, cum alia lex in membris meis repugnaret legi mentis meae et captivum me duceret in lege peccati quae in membris meis erat. lex enim peccati est violentia consuetudinis, qua trahitur et tenetur etiam invitus animus eo merito quo in eam volens inlabitur. miserum ergo me quis liberaret de corpore mortis huius nisi gratia tua per Iesum Christum, dominum nostrum?

(13) Et de vinculo quidem desiderii concubitus, quo artissimo tenebar, et saecularium negotiorum servitute quemadmodum me exemeris, narrabo et confitebor nomini tuo, domine, adiutor meus et redemptor meus. agebam solita, crescente anxitudine, et cotidie suspirabam tibi. frequentabam ecclesiam tuam, quantum vacabat ab eis

negotiis sub quorum pondere gemebam. mecum erat Alypius otiosus ab opere iuris peritorum post adsessionem tertiam, expectans quibus iterum consilia venderet, sicut ego vendebam dicendi facultatem, si qua docendo praestari potest. Nebridius autem amicitiae nostrae cesserat, ut omnium nostrum familiarissimo Verecundo, Mediolanensi et civi et grammatico, subdoceret, vehementer desideranti et familiaritatis iure flagitanti de numero nostro fidele adiutorium, quo indigebat nimis. non itaque Nebridium cupiditas commodorum eo traxit (maiora enim posset, si vellet, de litteris agere) sed officio benivolentiae petitionem nostram contemnere noluit, amicus dulcissimus et mitissimus. agebat autem illud prudentissime cavens innotescere personis secundum hoc saeculum maioribus, devitans in eis omnem inquietudinem animi, quem volebat habere liberum et quam multis posset horis feriatum ad quaerendum aliquid vel legendum vel audiendum de sapientia.

(14) Quodam igitur die (non recolo causam qua erat absens Nebridius) cum ecce ad nos domum venit ad me et Alypium Ponticianus quidam, civis noster in quantum Afer, praeclare in palatio militans: nescio quid a nobis volebat. et consedimus ut conloqueremur. et forte supra mensam lusoriam quae ante nos erat attendit codicem. tulit, aperuit, invenit apostolum Paulum, inopinate sane: putaverat enim aliquid de libris quorum professio me conterebat. tum vero arridens meque intuens gratulatorie miratus est, quod eas et solas prae oculis meis litteras repente comperisset. christianus quippe et fidelis erat, et saepe tibi, deo nostro, prosternebatur in ecclesia crebris et diuturnis orationibus. cui ego cum indicassem illis me scripturis curam maximam impendere, ortus est sermo ipso narrante de Antonio Aegyptio monacho, cuius nomen excellenter clarebat apud servos tuos, nos autem usque in illam horam latebat. quod ille ubi comperit, immoratus est in eo sermone, insinuans tantum virum ignorantibus et admirans eandem nostram ignorantiam. stupebamus autem audientes tam recenti memoria et prope nostris temporibus testatissima mirabilia tua in fide recta et catholica ecclesia. omnes mirabamur, et nos, quia tam magna erant, et ille, quia inaudita nobis erant.

(15) Inde sermo eius devolutus est ad monasteriorum greges et mores suaveolentiae tuae et ubera deserta heremi, quorum nos nihil sciebamus. et erat monasterium Mediolanii plenum bonis fratribus extra urbis moenia sub Ambrosio nutritore, et non noveramus. pertendebat ille et loquebatur adhuc, et nos intenti tacebamus. unde incidit ut diceret nescio quando se et tres alios contubernales suos,

nimirum apud Treveros, cum imperator promeridiano circensium spectaculo teneretur, exisse deambulatum in hortos muris contiguos atque illic, ut forte combinati spatiabantur, unum secum seorsum et alios duos itidem seorsum pariterque digressos; sed illos vagabundos inruisse in quandam casam ubi habitabant quidam servi tui spiritu pauperes, qualium est regnum caelorum, et invenisse ibi codicem in quo scripta erat vita Antonii. quam legere coepit unus eorum et mirari et accendi, et inter legendum meditari arripere talem vitam et relicta militia saeculari servire tibi. erant autem ex eis quos dicunt agentes in rebus. tum subito repletus amore sancto et sobrio pudore, iratus sibi, coniecit oculos in amicum et ait illi, 'dic, quaeso te, omnibus istis laboribus nostris quo ambimus pervenire? quid quaerimus? cuius rei causa militamus? maiorne esse poterit spes nostra in palatio quam ut amici imperatoris simus? et ibi quid non fragile plenumque periculis? et per quot pericula pervenitur ad grandius periculum? et quando istuc erit? amicus autem dei, si voluero, ecce nunc fio.' dixit hoc et turbidus parturitione novae vitae reddidit oculos paginis. et legebat et mutabatur intus, ubi tu videbas, et exuebatur mundo mens eius, ut mox apparuit. namque dum legit et volvit fluctus cordis sui, infremuit aliquando et discrevit decrevitque meliora, iamque tuus ait amico suo, 'ego iam abrupi me ab illa spe nostra et deo servire statui, et hoc ex hac hora, in hoc loco aggredior. te si piget imitari, noli adversari.' respondit ille adhaerere se socium tantae mercedis tantaeque militiae. et ambo iam tui aedificabant turrem sumptu idoneo relinquendi omnia sua et sequendi te. tunc Ponticianus et qui cum eo per alias horti partes deambulabat, quaerentes eos, devenerunt in eundem locum et invenientes admonuerunt ut redirent, quod iam declinasset dies. at illi, narrato placito et proposito suo quoque modo in eis talis voluntas orta esset atque firmata, petiverunt ne sibi molesti essent si adiungi recusarent. isti autem nihilo mutati a pristinis fleverunt se tamen, ut dicebat, atque illis pie congratulati sunt, et commendaverunt se orationibus eorum et trahentes cor in terra abierunt in palatium, illi autem affigentes cor caelo manserunt in casa. et habebant ambo sponsas quae, posteaquam hoc audierunt, dicaverunt etiam ipsae virginitatem tibi.

7   (16) Narrabat haec Ponticianus. tu autem, domine, inter verba eius retorquebas me ad me ipsum, auferens me a dorso meo, ubi me posueram dum nollem me attendere, et constituebas me ante faciem meam, ut viderem quam turpis essem, quam distortus et sordidus, maculosus et ulcerosus. et videbam et horrebam, et quo a me fugerem

non erat. sed si conabar avertere a me aspectum, narrabat ille quod narrabat, et tu me rursus opponebas mihi et impingebas me in oculos meos, ut invenirem iniquitatem meam et odissem. noveram eam, sed dissimulabam et cohibebam et obliviscebar.

(17) Tunc vero quanto ardentius amabam illos de quibus audiebam salubres affectus, quod se totos tibi sanandos dederunt, tanto exsecrabilius me comparatum eis oderam, quoniam multi mei anni mecum effluxerant (forte duodecim anni) ex quo ab undevicensimo anno aetatis meae, lecto Ciceronis Hortensio, excitatus eram studio sapientiae et differebam contempta felicitate terrena ad eam investigandam vacare, cuius non inventio sed vel sola inquisitio iam praeponenda erat etiam inventis thesauris regnisque gentium et ad nutum circumfluentibus corporis voluptatibus. at ego adulescens miser valde, miser in exordio ipsius adulescentiae, etiam petieram a te castitatem et dixeram, 'da mihi castitatem et continentiam, sed noli modo.' timebam enim ne me cito exaudires et cito sanares a morbo concupiscentiae, quem malebam expleri quam exstingui. et ieram per vias pravas superstitione sacrilega, non quidem certus in ea sed quasi praeponens eam ceteris, quae non pie quaerebam sed inimice oppugnabam.

(18) Et putaveram me propterea differre de die in diem contempta spe saeculi te solum sequi, quia non mihi apparebat certum aliquid quo dirigerem cursum meum. et venerat dies quo nudarer mihi et increparet in me conscientia mea, 'ubi est lingua? nempe tu dicebas propter incertum verum nolle te abicere sarcinam vanitatis. ecce iam certum est, et illa te adhuc premit, umerisque liberioribus pinnas recipiunt qui neque ita in quaerendo attriti sunt nec decennio et amplius ista meditati.' ita rodebar intus et confundebar pudore horribili vehementer, cum Ponticianus talia loqueretur. terminato autem sermone et causa qua venerat, abiit ille, et ego ad me. quae non in me dixi? quibus sententiarum verberibus non flagellavi animam meam, ut sequeretur me conantem post te ire? et renitebatur, recusabat, et non se excusabat. consumpta erant et convicta argumenta omnia. remanserat muta trepidatio et quasi mortem reformidabat restringi a fluxu consuetudinis, quo tabescebat in mortem.

8　(19) Tum in illa grandi rixa interioris domus meae, quam fortiter excitaveram cum anima mea in cubiculo nostro, corde meo, tam vultu quam mente turbatus invado Alypium: exclamo, 'quid patimur? quid est hoc? quid audisti? surgunt indocti et caelum rapiunt, et nos cum doctrinis nostris sine corde, ecce ubi volutamur in carne et sanguine!

an quia praecesserunt, pudet sequi et non pudet nec saltem sequi?' dixi
nescio qua talia, et abripuit me ab illo aestus meus, cum taceret
attonitus me intuens. neque enim solita sonabam. plus loquebantur
animum meum frons, genae, oculi, color, modus vocis quam verba quae
promebam. hortulus quidam erat hospitii nostri, quo nos utebamur
sicut tota domo: nam hospes ibi non habitabat, dominus domus. illuc
me abstulerat tumultus pectoris, ubi nemo impediret ardentem litem
quam mecum aggressus eram, donec exiret—qua tu sciebas, ego autem
non: sed tantum insaniebam salubriter et moriebar vitaliter, gnarus
quid mali essem et ignarus quid boni post paululum futurus essem.
abscessi ergo in hortum, et Alypius pedem post pedem. neque enim
secretum meum non erat, ubi ille aderat. aut quando me sic affectum
desereret? sedimus quantum potuimus remoti ab aedibus. ego
fremebam spiritu, indignans indignatione turbulentissima quod non
irem in placitum et pactum tecum, deus meus, in quod eundum esse
omnia ossa mea clamabant et in caelum tollebant laudibus. et non illuc
ibatur navibus aut quadrigis aut pedibus, quantum saltem de domo in
eum locum ieram ubi sedebamus. nam non solum ire verum etiam
pervenire illuc nihil erat aliud quam velle ire, sed velle fortiter et
integre, non semisauciam hac atque hac versare et iactare voluntatem
parte adsurgente cum alia parte cadente luctantem.

(20) Denique tam multa faciebam corpore in ipsis cunctationis
aestibus, quae aliquando volunt homines et non valent, si aut ipsa
membra non habeant aut ea vel conligata vinculis vel resoluta languore
vel quoquo modo impedita sint. si vulsi capillum, si percussi frontem,
si consertis digitis amplexatus sum genu, quia volui, feci. potui autem
velle et non facere, si mobilitas membrorum non obsequeretur. tam
multa ergo feci, ubi non hoc erat velle quod posse: et non faciebam
quod et incomparabili affectu amplius mihi placebat, et mox ut vellem
possem, quia mox ut vellem, utique vellem. ibi enim facultas ea, quae
voluntas, et ipsum velle iam facere erat; et tamen non fiebat, faciliusque
obtemperabat corpus tenuissimae voluntati animae, ut ad nutum
membra moverentur, quam ipsa sibi anima ad voluntatem suam
magnam in sola voluntate perficiendam.

9   (21) Unde hoc monstrum? et quare istuc? luceat misericordia tua, et
interrogem, si forte mihi respondere possint latebrae poenarum
hominum et tenebrosissimae contritiones filiorum Adam. unde hoc
monstrum? et quare istuc? imperat animus corpori, et paretur statim;
imperat animus sibi, et resistitur. imperat animus ut moveatur manus,
et tanta est facilitas ut vix a servitio discernatur imperium: et animus

animus est, manus autem corpus est. imperat animus ut velit animus, nec alter est nec facit tamen. unde hoc monstrum? et quare istuc, inquam, ut velit qui non imperaret nisi vellet, et non facit quod imperat? sed non ex toto vult: non ergo ex toto imperat. nam in tantum imperat, in quantum vult, et in tantum non fit quod imperat, in quantum non vult, quoniam voluntas imperat ut sit voluntas, nec alia, sed ipsa. non itaque plena imperat; ideo non est quod imperat. nam si plena esset, nec imperaret ut esset, quia iam esset. non igitur monstrum partim velle, partim nolle, sed aegritudo animi est, quia non totus adsurgit veritate consuetudine praegravatus. et ideo sunt duae voluntates, quia una earum tota non est et hoc adest alteri quod deest alteri.

10   (22) Pereant a facie tua, deus, sicuti pereunt, vaniloqui et mentis seductores qui, cum duas voluntates in deliberando animadverterint, duas naturas duarum mentium esse adseverant, unam bonam, alteram malam. ipsi vere mali sunt, cum ista mala sentiunt, et idem ipsi boni erunt, si vera senserint verisque consenserint, ut dicat eis apostolus tuus, 'fuistis aliquando tenebrae, nunc autem lux in domino.' illi enim dum volunt esse lux, non in domino sed in se ipsis, putando animae naturam hoc esse quod deus est, ita facti sunt densiores tenebrae, quoniam longius a te recesserunt horrenda arrogantia, a te vero lumine inluminante omnem hominem venientem in hunc mundum. attendite quid dicatis, et erubescite et accedite ad eum et inluminamini, et vultus vestri non erubescent. ego cum deliberabam ut iam servirem domino deo meo, sicut diu disposueram, ego eram qui volebam, ego qui nolebam: ego eram. nec plene volebam nec plene nolebam. ideo mecum contendebam et dissipabar a me ipso, et ipsa dissipatio me invito quidem fiebat, nec tamen ostendebat naturam mentis alienae sed poenam meae. et ideo non iam ego operabar illam, sed quod habitabat in me peccatum de supplicio liberioris peccati, quia eram filius Adam.

(23) Nam si tot sunt contrariae naturae quot voluntates sibi resistunt, non iam duae sed plures erunt. si deliberet quisquam utrum ad conventiculum eorum pergat an ad theatrum, clamant isti, 'ecce duae naturae, una bona hac ducit, altera mala illac reducit, nam unde ista cunctatio sibimet adversantium voluntatum?' ego autem dico ambas malas, et quae ad illos ducit et quae ad theatrum reducit. sed non credunt nisi bonam esse qua itur ad eos. quid si ergo quisquam noster deliberet et secum altercantibus duabus voluntatibus fluctuet, utrum ad theatrum pergat an ad ecclesiam nostram, nonne et isti quid respondeant fluctuabunt? aut enim fatebuntur quod nolunt, bona

voluntate pergi in ecclesiam nostram, sicut in eam pergunt qui
sacramentis eius imbuti sunt atque detinentur, aut duas malas naturas
et duas malas mentes in uno homine confligere putabunt, et non erit
verum quod solent dicere, unam bonam, alteram malam, aut con-
vertentur ad verum et non negabunt, cum quisque deliberat, animam
unam diversis voluntatibus aestuare.

(24) Iam ergo non dicant, cum duas voluntates in homine uno
adversari sibi sentiunt, duas contrarias mentes de duabus contrariis
substantiis et de duobus contrariis principiis contendere, unam bonam,
alteram malam. nam tu, deus verax, improbas eos et redarguis atque
convincis eos, sicut in utraque mala voluntate, cum quisque deliberat
utrum hominem veneno interimat an ferro, utrum fundum alienum
illum an illum invadat, quando utrumque non potest, utrum emat
voluptatem luxuria an pecuniam servet avaritia, utrum ad circum
pergat an ad theatrum, si uno die utrumque exhibeatur; addo etiam
tertium, an ad furtum de domo aliena, si subest occasio; addo et quartum, an ad committendum adulterium, si et inde simul facultas aperi-
tur; si omnia concurrant in unum articulum temporis pariterque
cupiantur omnia quae simul agi nequeunt, discerpunt enim animum
sibimet adversantibus quattuor voluntatibus vel etiam pluribus in tanta
copia rerum quae appetuntur, nec tamen tantam multitudinem
diversarum substantiarum solent dicere. ita et in bonis voluntatibus.
nam quaero ab eis utrum bonum sit delectari lectione apostoli et utrum
bonum sit delectari psalmo sobrio et utrum bonum sit evangelium disserere. respondebunt ad singula, 'bonum.' quid si ergo pariter
delectent omnia simulque uno tempore, nonne diversae voluntates dis-
tendunt cor hominis, dum deliberatur quid potissimum arripiamus? et
omnes bonae sunt et certant secum, donec eligatur unum quo feratur
tota voluntas una, quae in plures dividebatur. ita etiam cum aeternitas
delectat superius et temporalis boni voluptas retentat inferius, eadem
anima est non tota voluntate illud aut hoc volens et ideo discerpitur
gravi molestia, dum illud veritate praeponit, hoc familiaritate non
ponit.

11   (25) Sic aegrotabam et excruciabar, accusans memet ipsum solito
acerbius nimis ac volvens et versans me in vinculo meo, donec
abrumperetur totum, quo iam exiguo tenebar, sed tenebar tamen. et
instabas tu in occultis meis, domine, severa misericordia, flagella
ingeminans timoris et pudoris, ne rursus cessarem et non abrumperetur idipsum exiguum et tenue quod remanserat, et revalesceret
iterum et me robustius alligaret. dicebam enim apud me intus, 'ecce

modo fiat, modo fiat', et cum verbo iam ibam in placitum. iam paene
faciebam et non faciebam, nec relabebar tamen in pristina sed de
proximo stabam et respirabam. et item conabar, et paulo minus ibi
eram et paulo minus, iam iamque attingebam et tenebam. et non ibi
eram nec attingebam nec tenebam, haesitans mori morti et vitae vivere,
plusque in me valebat deterius inolitum quam melius insolitum,
punctumque ipsum temporis quo aliud futurus eram, quanto propius
admovebatur, tanto ampliorem incutiebat horrorem. sed non
recutiebat retro nec avertebat, sed suspendebat.

(26) Retinebant nugae nugarum et vanitates vanitantium, antiquae
amicae meae, et succutiebant vestem meam carneam et submur-
murabant, 'dimittisne nos?', et 'a momento isto non erimus tecum ultra
in aeternum', et 'a momento isto non tibi licebit hoc et illud ultra in
aeternum.' et quae suggerebant in eo quod dixi, 'hoc et illud', quae
suggerebant, deus meus, avertat ab anima servi tui misericordia tua!
quas sordes suggerebant, quae dedecora! et audiebam eas iam longe
minus quam dimidius, non tamquam libere contradicentes eundo in
obviam, sed velut a dorso mussitantes et discedentem quasi furtim
vellicantes, ut respicerem. tardabant tamen cunctantem me abripere
atque excutere ab eis et transilire quo vocabar, cum diceret mihi consuetudo violenta, 'putasne sine istis poteris?'

(27) Sed iam tepidissime hoc dicebat. aperiebatur enim ab ea parte
qua intenderam faciem et quo transire trepidabam casta dignitas continentiae, serena et non dissolute hilaris, honeste blandiens ut venirem
neque dubitarem, et extendens ad me suscipiendum et amplectendum
pias manus plenas gregibus bonorum exemplorum. ibi tot pueri et
puellae, ibi iuventus multa et omnis aetas, et graves viduae et virgines
anus, et in omnibus ipsa continentia nequaquam sterilis, sed fecunda
mater filiorum gaudiorum de marito te, domine. et inridebat me
inrisione hortatoria, quasi diceret, 'tu non poteris quod isti, quod istae?
an vero isti et istae in se ipsis possunt ac non in domino deo suo?
dominus deus eorum me dedit eis. quid in te stas et non stas? proice te
in eum! noli metuere. non se subtrahet ut cadas: proice te securus!
excipiet et sanabit te.' et erubescebam nimis, quia illarum nugarum
murmura adhuc audiebam, et cunctabundus pendebam. et rursus illa,
quasi diceret, 'obsurdesce adversus immunda illa membra tua super
terram, ut mortificentur. narrant tibi delectationes, sed non sicut lex
domini dei tui.' ista controversia in corde meo non nisi de me ipso
adversus me ipsum. at Alypius affixus lateri meo inusitati motus mei
exitum tacitus opperiebatur.

12   (28) Ubi vero a fundo arcano alta consideratio traxit et congessit
totam miseriam meam in conspectu cordis mei, oborta est procella
ingens ferens ingentem imbrem lacrimarum. et ut totum effunderem
cum vocibus suis, surrexi ab Alypio (solitudo mihi ad negotium flendi
aptior suggerebatur) et secessi remotius quam ut posset mihi onerosa
esse etiam eius praesentia. sic tunc eram, et ille sensit: nescio quid
enim, puto, dixeram in quo apparebat sonus vocis meae iam fletu
gravidus, et sic surrexeram. mansit ergo ille ubi sedebamus nimie
stupens. ego sub quadam fici arbore stravi me nescio quomodo, et
dimisi habenas lacrimis, et proruperunt flumina oculorum meorum,
acceptabile sacrificium tuum, et non quidem his verbis, sed in hac
sententia multa dixi tibi: 'et tu, domine, usquequo? usquequo, domine,
irasceris in finem? ne memor fueris iniquitatum nostrarum anti-
quarum.' sentiebam enim eis me teneri. iactabam voces miserabiles:
'quamdiu, quamdiu "cras et cras"? quare non modo? quare non hac
hora finis turpitudinis meae?'

    (29) Dicebam haec et flebam amarissima contritione cordis mei. et
ecce audio vocem de vicina domo cum cantu dicentis et crebro
repetentis, quasi pueri an puellae, nescio: 'tolle lege, tolle lege.'
statimque mutato vultu intentissimus cogitare coepi utrumnam solerent
pueri in aliquo genere ludendi cantitare tale aliquid. nec occurrebat
omnino audisse me uspiam, repressoque impetu lacrimarum surrexi,
nihil aliud interpretans divinitus mihi iuberi nisi ut aperirem codicem
et legerem quod primum caput invenissem. audieram enim de Antonio
quod ex evangelica lectione cui forte supervenerat admonitus fuerit,
tamquam sibi diceretur quod legebatur: 'vade, vende omnia quae
habes, et da pauperibus et habebis thesaurum in caelis; et veni, sequere
me', et tali oraculo confestim ad te esse conversum. itaque concitus
redii in eum locum ubi sedebat Alypius: ibi enim posueram codicem
apostoli cum inde surrexeram. arripui, aperui, et legi in silentio capitu-
lum quo primum coniecti sunt oculi mei: 'non in comessationibus et
ebrietatibus, non in cubilibus et impudicitiis, non in contentione et
aemulatione, sed induite dominum Iesum Christum et carnis providentiam ne feceritis in concupiscentiis.' nec ultra volui legere nec opus
erat. statim quippe cum fine huiusce sententiae quasi luce securitatis
infusa cordi meo omnes dubitationis tenebrae diffugerunt.

    (30) Tum interiecto aut digito aut nescio quo alio signo codicem
clausi et tranquillo iam vultu indicavi Alypio. at ille quid in se ageretur
(quod ego nesciebam) sic indicavit. petit videre quid legissem. ostendi,
et attendit etiam ultra quam ego legeram. et ignorabam quid

sequeretur. sequebatur vero 'infirmum autem in fide recipite.' quod
ille ad se rettulit mihique aperuit. sed tali admonitione firmatus est
placitoque ac proposito bono et congruentissimo suis moribus, quibus
a me in melius iam olim valde longeque distabat, sine ulla turbulenta
cunctatione coniunctus est. inde ad matrem ingredimur, indicamus:
gaudet. narramus quemadmodum gestum sit: exultat et triumphat et
benedicebat tibi, qui potens es ultra quam petimus et intellegimus
facere, quia tanto amplius sibi a te concessum de me videbat quam
petere solebat miserabilibus flebilibusque gemitibus. convertisti enim
me ad te, ut nec uxorem quaererem nec aliquam spem saeculi huius,
stans in ea regula fidei in qua me ante tot annos ei revelaveras, et
convertisti luctum eius in gaudium multo uberius quam voluerat, et
multo carius atque castius quam de nepotibus carnis meae requirebat.

LIBER NONUS

1   (1) O domine, ego servus tuus, ego servus tuus et filius ancillae tuae:
dirupisti vincula mea, tibi sacrificabo hostiam laudis. laudet te cor
meum et lingua mea, et omnia ossa mea dicant, 'domine, quis similis
tibi?' dicant, et responde mihi et dic animae meae, 'salus tua ego sum.'
quis ego et qualis ego? quid non mali aut facta mea aut, si non facta,
dicta mea aut, si non dicta, voluntas mea fuit? tu autem, domine, bonus
et misericors, et dextera tua respiciens profunditatem mortis meae et a
fundo cordis mei exhauriens abyssum corruptionis. et hoc erat totum,
nolle quod volebam et velle quod volebas. sed ubi erat tam annoso
tempore et de quo imo altoque secreto evocatum est in momento
liberum arbitrium meum, quo subderem cervicem leni iugo tuo et
umeros levi sarcinae tuae, Christe Iesu, adiutor meus et redemptor
meus? quam suave mihi subito factum est carere suavitatibus nugarum,
et quas amittere metus fuerat iam dimittere gaudium erat. eiciebas
enim eas a me, vera tu et summa suavitas, eiciebas et intrabas pro eis
omni voluptate dulcior, sed non carni et sanguini, omni luce clarior,
sed omni secreto interior, omni honore sublimior, sed non sublimibus
in se. iam liber erat animus meus a curis mordacibus ambiendi et
adquirendi et volutandi atque scalpendi scabiem libidinum, et
garriebam tibi, claritati meae et divitiis meis et saluti meae, domino deo
meo.

2   (2) Et placuit mihi in conspectu tuo non tumultuose abripere sed
leniter subtrahere ministerium linguae meae nundinis loquacitatis, ne
ulterius pueri meditantes non legem tuam, non pacem tuam, sed
insanias mendaces et bella forensia, mercarentur ex ore meo arma
furori suo. et opportune iam paucissimi dies supererant ad vindemiales
ferias, et statui tolerare illos, ut sollemniter abscederem et redemptus a
te iam non redirem venalis. consilium ergo nostrum erat coram te,
coram hominibus autem nisi nostris non erat. et convenerat inter nos
ne passim cuiquam effunderetur, quamquam tu nobis a convalle plorationis ascendentibus et cantantibus canticum graduum dederas sagittas
acutas et carbones vastatores adversus linguam subdolam, velut
consulendo contradicentem et, sicut cibum adsolet, amando con-
sumentem.

(3) Sagittaveras tu cor nostrum caritate tua et gestabamus verba tua
transfixa visceribus. et exempla servorum tuorum, quos de nigris
lucidos et de mortuis vivos feceras, congesta in sinum cogitationis

nostrae urebant et absumebant gravem torporem, ne in ima vergeremus, et accendebant nos valide, ut omnis ex lingua subdola contradictionis flatus inflammare nos acrius posset, non extinguere. verum tamen quia propter nomen tuum, quod sanctificasti per terras, etiam laudatores utique haberet votum et propositum nostrum, iactantiae simile videbatur non opperiri tam proximum feriarum tempus, sed de publica professione atque ante oculos omnium sita ante discedere, ut conversa in factum meum ora cunctorum, intuentium quam vicinum vindemialium diem praevenire voluerim, multa dicerent, quod quasi appetissem magnus videri. et quo mihi erat istuc, ut putaretur et disputaretur de animo meo et blasphemaretur bonum nostrum?

(4) Quin etiam quod ipsa aestate litterario labori nimio pulmo meus cedere coeperat et difficulter trahere suspiria doloribusque pectoris testari se saucium vocemque clariorem productioremve recusare, primo perturbaverat me quia magisterii illius sarcinam paene iam necessitate deponere cogebat aut, si curari et convalescere potuissem, certe intermittere. sed ubi plena voluntas vacandi et videndi quoniam tu es dominus oborta mihi est atque firmata (nosti, deus meus), etiam gaudere coepi quod haec quoque suberat non mendax excusatio, quae offensionem hominum temperaret, qui propter liberos suos me liberum esse numquam volebant. plenus igitur tali gaudio tolerabam illud intervallum temporis donec decurreret (nescio utrum vel viginti dies erant), sed tamen fortiter tolerabantur quia recesserat cupiditas, quae mecum solebat ferre grave negotium, et ego premendus remanseram nisi patientia succederet. peccasse me in hoc quisquam servorum tuorum, fratrum meorum, dixerit, quod iam pleno corde militia tua passus me fuerim vel una hora sedere in cathedra mendacii, at ego non contendo. sed tu, domine misericordissime, nonne et hoc peccatum cum ceteris horrendis et funereis in aqua sancta ignovisti et remisisti mihi?

3 (5) Macerabatur anxitudine Verecundus de isto nostro bono, quod propter vincula sua, quibus tenacissime tenebatur, deseri se nostro consortio videbat. nondum christianus, coniuge fideli, ea ipsa tamen artiore prae ceteris compede ab itinere quod aggressi eramus retardabatur, nec christianum esse alio modo se velle dicebat quam illo quo non poterat. benigne sane obtulit ut, quamdiu ibi essemus, in re eius essemus. retribues illi, domine, in resurrectione iustorum, quia iam ipsam sortem retribuisti ei. quamvis enim absentibus nobis, cum Romae iam essemus, corporali aegritudine correptus et in ea christianus et fidelis factus ex hac vita emigravit. ita misertus es non solum eius sed etiam nostri, ne cogitantes egregiam erga nos amici

humanitatem nec eum in grege tuo numerantes dolore intolerabili cruciaremur. gratias tibi, deus noster! tui sumus. indicant hortationes et consolationes tuae: fidelis promissor reddis Verecundo pro rure illo eius Cassiciaco, ubi ab aestu saeculi requievimus in te, amoenitatem sempiterne virentis paradisi tui, quoniam dimisisti ei peccata super terram in monte incaseato, monte tuo, monte uberi.

(6) Angebatur ergo tunc ipse, Nebridius autem conlaetabatur. quamvis enim et ipse nondum christianus in illam foveam perniciosissimi erroris inciderat ut veritatis filii tui carnem phantasma crederet, tamen inde emergens sic sibi erat, nondum imbutus ullis ecclesiae tuae sacramentis, sed inquisitor ardentissimus veritatis. quem non multo post conversionem nostram et regenerationem per baptismum tuum ipsum etiam fidelem catholicum, castitate perfecta atque continentia tibi servientem in Africa apud suos, cum tota domus eius per eum christiana facta esset, carne solvisti. et nunc ille vivit in sinu Abraham. quidquid illud est quod illo significatur sinu, ibi Nebridius meus vivit, dulcis amicus meus, tuus autem, domine, adoptivus ex liberto filius: ibi vivit. nam quis alius tali animae locus? ibi vivit unde me multa interrogabat homuncionem inexpertum. iam non ponit aurem ad os meum sed spiritale os ad fontem tuum, et bibit quantum potest sapientiam pro aviditate sua sine fine felix. nec eum sic arbitror inebriari ex ea ut obliviscatur mei, cum tu, domine, quem potat ille, nostri sis memor. sic ergo eramus, Verecundum consolantes tristem salva amicitia de tali conversione nostra et exhortantes ad fidem gradus sui, vitae scilicet coniugalis, Nebridium autem opperientes, quando sequeretur, quod de tam proximo poterat. et erat iam iamque facturus, cum ecce evoluti sunt dies illi tandem. nam longi et multi videbantur prae amore libertatis otiosae ad cantandum de medullis omnibus. tibi dixit cor meum, 'quaesivi vultum tuum; vultum tuum, domine, requiram.'

4   (7) Et venit dies quo etiam actu solverer a professione rhetorica, unde iam cogitatu solutus eram, et factum est. eruisti linguam meam unde iam erueras cor meum, et benedicebam tibi gaudens, profectus in villam cum meis omnibus. ibi quid egerim in litteris iam quidem servientibus tibi, sed adhuc superbiae scholam tamquam in pausatione anhelantibus, testantur libri disputati cum praesentibus et cum ipso me solo coram te; quae autem cum absente Nebridio, testantur epistulae. et quando mihi sufficiat tempus commemorandi omnia magna erga nos beneficia tua in illo tempore, praesertim ad alia maiora properanti? revocat enim me recordatio mea, et dulce mihi fit, domine, confiteri tibi

quibus internis me stimulis perdomueris, et quemadmodum me com-
planaveris humilitatis montibus et collibus cogitationum mearum et
tortuosa mea direxeris et aspera lenieris, quoque modo ipsum etiam
Alypium, fratrem cordis mei, subegeris nomini unigeniti tui, domini et
salvatoris nostri Iesu Christi, quod primo dedignabatur inseri litteris
nostris. magis enim eas volebat redolere gymnasiorum cedros, quas
iam contrivit dominus, quam salubres herbas ecclesiasticas adversas
serpentibus.

(8) Quas tibi, deus meus, voces dedi, cum legerem psalmos David,
cantica fidelia, sonos pietatis excludentes turgidum spiritum, rudis in
germano amore tuo, catechumenus in villa cum catechumeno Alypio
feriatus, matre adhaerente nobis muliebri habitu, virili fide, anili
securitate, materna caritate, christiana pietate! quas tibi voces dabam in
psalmis illis, et quomodo in te inflammabar ex eis et accendebar eos
recitare, si possem, toto orbi terrarum adversus typhum generis
humani! et tamen toto orbe cantantur, et non est qui se abscondat a
calore tuo. quam vehementi et acri dolore indignabar manichaeis et
miserabar eos rursus, quod illa sacramenta, illa medicamenta nescirent
et insani essent adversus antidotum quo sani esse potuissent! vellem ut
alicubi iuxta essent tunc et, me nesciente quod ibi essent, intuerentur
faciem meam et audirent voces meas quando legi quartum psalmum in
illo tunc otio. quid de me fecerit ille psalmus ('cum invocarem,
exaudivit me deus iustitiae meae; in tribulatione dilatasti mihi.
miserere mei, domine, et exaudi orationem meam') audirent ignorante
me utrum audirent, ne me propter se illa dicere putarent quae inter
haec verba dixerim, quia et re vera nec ea dicerem nec sic ea dicerem, si
me ab eis audiri viderique sentirem, nec, si dicerem, sic acciperent
quomodo mecum et mihi coram te de familiari affectu animi mei.

(9) Inhorrui timendo ibidemque inferbui sperando et exultando in
tua misericordia, pater. et haec omnia exibant per oculos et vocem
meam, cum conversus ad nos spiritus tuus bonus ait nobis, 'filii
hominum, quousque graves corde? ut quid diligitis vanitatem et
quaeritis mendacium?' dilexeram enim vanitatem et quaesieram mendacium, et tu, domine, iam magnificaveras sanctum tuum, suscitans
eum a mortuis et conlocans ad dexteram tuam, unde mitteret ex alto
promissionem suam, paracletum, spiritum veritatis. et miserat eum
iam, sed ego nesciebam. miserat eum, quia iam magnificatus erat
resurgens a mortuis et ascendens in caelum. ante autem spiritus
nondum erat datus, quia Iesus nondum erat clarificatus. et clamat
prophetia, 'quousque graves corde? ut quid diligitis vanitatem et

quaeritis mendacium? et scitote quoniam dominus magnificavit sanctum suum.' clamat 'quousque', clamat 'scitote', et ego tamdiu nesciens vanitatem dilexi et mendacium quaesivi, et ideo audivi et contremui, quoniam talibus dicitur qualem me fuisse reminiscebar. in phantasmatis enim quae pro veritate tenueram vanitas erat et mendacium. et insonui multa graviter ac fortiter in dolore recordationis meae. quae utinam audissent qui adhuc usque diligunt vanitatem et quaerunt mendacium: forte conturbarentur et evomuissent illud, et exaudires eos cum clamarent ad te, quoniam vera morte carnis mortuus est pro nobis qui te interpellat pro nobis.

(10) Legebam, 'irascimini et nolite peccare,' et quomodo movebar, deus meus, qui iam didiceram irasci mihi de praeteritis, ut de cetero non peccarem, et merito irasci, quia non alia natura gentis tenebrarum de me peccabat, sicut dicunt qui sibi non irascuntur et thesaurizant sibi iram in die irae et revelationis iusti iudicii tui! nec iam bona mea foris erant nec oculis carneis in isto sole quaerebantur. volentes enim gaudere forinsecus facile vanescunt et effunduntur in ea quae videntur et temporalia sunt, et imagines eorum famelica cogitatione lambiunt. et o si fatigentur inedia et dicant, 'quis ostendet nobis bona?' et dicamus, et audiant, 'signatum est in nobis lumen vultus tui, domine.' non enim lumen nos sumus quod inluminat omnem hominem, sed inluminamur a te ut, qui fuimus aliquando tenebrae, simus lux in te. o si viderent internum aeternum, quod ego quia gustaveram, frendebam, quoniam non eis poteram ostendere, si afferent ad me cor in oculis suis foris a te et dicerent, 'quis ostendet nobis bona?' ibi enim ubi mihi iratus eram, intus in cubili ubi compunctus eram, ubi sacrificaveram mactans vetustatem meam et inchoata meditatione renovationis meae sperans in te, ibi mihi dulcescere coeperas et dederas laetitiam in corde meo. et exclamabam legens haec foris et agnoscens intus, nec volebam multiplicari terrenis bonis, devorans tempora et devoratus temporibus, cum haberem in aeterna simplicitate aliud frumentum et vinum et oleum.

(11) Et clamabam in consequenti versu clamore alto cordis mei, 'o in pace! o in idipsum!' o quid dixit? 'obdormiam et somnum capiam!' quoniam quis resistet nobis, cum fiet sermo qui scriptus est, 'absorpta est mors in victoriam'? et tu es idipsum valde, qui non mutaris, et in te requies obliviscens laborum omnium, quoniam nullus alius tecum nec ad alia multa adipiscenda quae non sunt quod tu, sed tu, domine, singulariter in spe constituisti me. legebam et ardebam, nec inveniebam quid facerem surdis mortuis ex quibus fueram, pestis,

latrator amarus et caecus adversus litteras de melle caeli melleas et de
lumine tuo luminosas, et super inimicis scripturae huius tabescebam.

(12) Quando recordabor omnia dierum illorum feriatorum? sed nec
oblitus sum nec silebo flagelli tui asperitatem et misericordiae tuae
mirabilem celeritatem. dolore dentium tunc excruciabas me, et cum in
tantum ingravesceret ut non valerem loqui, ascendit in cor meum
admonere omnes meos qui aderant ut deprecarentur te pro me, deum
salutis omnimodae. et scripsi hoc in cera et dedi ut eis legeretur. mox ut
genua supplici affectu fiximus, fugit dolor ille. sed quis dolor? aut
quomodo fugit? expavi, fateor, domine meus deus meus. nihil enim tale
ab ineunte aetate expertus fueram, et insinuati sunt mihi in profundo
nutus tui. et gaudens in fide laudavi nomen tuum, et ea fides me
securum esse non sinebat de praeteritis peccatis meis, quae mihi per
baptismum tuum remissa nondum erant.

5   (13) Renuntiavi peractis vindemialibus ut scholasticis suis Medi-
olanenses venditorem verborum alium providerent, quod et tibi ego
servire delegissem et illi professioni prae difficultate spirandi ac dolore
pectoris non sufficerem. et insinuavi per litteras antistiti tuo, viro
sancto Ambrosio, pristinos errores meos et praesens votum meum, ut
moneret quid mihi potissimum de libris tuis legendum esset, quo
percipiendae tantae gratiae paratior aptiorque fierem. at ille iussit
Esaiam prophetam, credo, quod prae ceteris evangelii vocationisque
gentium sit praenuntiator apertior. verum tamen ego primam huius
lectionem non intellegens totumque talem arbitrans distuli
repetendum exercitatior in dominico eloquio.

6   (14) Inde ubi tempus advenit quo me nomen dare oporteret, relicto
rure Mediolanium remeavimus. placuit et Alypio renasci in te mecum
iam induto humilitate sacramentis tuis congrua et fortissimo domitori
corporis, usque ad Italicum solum glaciale nudo pede obterendum
insolito ausu. adiunximus etiam nobis puerum Adeodatum ex me
natum carnaliter de peccato meo. tu bene feceras eum. annorum erat
ferme quindecim et ingenio praeveniebat multos graves et doctos viros.
munera tua tibi confiteor, domine deus meus, creator omnium et
multum potens formare nostra deformia, nam ego in illo puero praeter
delictum non habebam. quod enim et nutriebatur a nobis in disciplina
tua, tu inspiraveras nobis, nullus alius. munera tua tibi confiteor. est
liber noster qui inscribitur 'de magistro': ipse ibi mecum loquitur. tu
scis illius esse sensa omnia quae inseruntur ibi ex persona conlocutoris
mei, cum esset in annis sedecim. multa eius alias mirabiliora expertus
sum: horrori mihi erat illud ingenium. et quis praeter te talium

miraculorum opifex? cito de terra abstulisti vitam eius, et securior eum recordor non timens quicquam pueritiae nec adulescentiae nec omnino homini illi. sociavimus eum coaevum nobis in gratia tua, educandum in disciplina tua.

et baptizati sumus et fugit a nobis sollicitudo vitae praeteritae. nec satiabar illis diebus dulcedine mirabili considerare altitudinem consilii tui super salutem generis humani. quantum flevi in hymnis et canticis tuis, suave sonantis ecclesiae tuae vocibus commotus acriter! voces illae influebant auribus meis, et eliquabatur veritas in cor meum, et exaestuabat inde affectus pietatis, et currebant lacrimae, et bene mihi erat cum eis.

7   (15) Non longe coeperat Mediolanensis ecclesia genus hoc con-solationis et exhortationis celebrare magno studio fratrum con-cinentium vocibus et cordibus. nimirum annus erat aut non multo amplius, cum Iustina, Valentiniani regis pueri mater, hominem tuum Ambrosium persequeretur haeresis suae causa, qua fuerat seducta ab arrianis. excubabat pia plebs in ecclesia, mori parata cum episcopo suo, servo tuo. ibi mea mater, ancilla tua, sollicitudinis et vigiliarum primas tenens, orationibus vivebat. nos adhuc frigidi a calore spiritus tui excitabamur tamen civitate attonita atque turbata. tunc hymni et psalmi ut canerentur secundum morem orientalium partium, ne populus maeroris taedio contabesceret, institutum est, ex illo in hodiernum retentum multis iam ac paene omnibus gregibus tuis et per cetera orbis imitantibus.

(16) Tunc memorato antistiti tuo per visum aperuisti quo loco laterent martyrum corpora Protasii et Gervasii, quae per tot annos incorrupta in thesauro secreti tui reconderas, unde opportune promeres ad cohercendam rabiem femineam sed regiam. cum enim propalata et effossa digno cum honore transferrentur ad ambrosianam basilicam, non solum quos immundi vexabant spiritus confessis eisdem daemonibus sanabantur, verum etiam quidam plures annos caecus civis civitatique notissimus, cum populi tumultuante laetitia causam quaesisset atque audisset, exilivit eoque se ut duceret suum ducem rogavit, quo perductus impetravit admitti ut sudario tangeret feretrum pretiosae in conspectu tuo mortis sanctorum tuorum; quod ubi fecit atque admovit oculis, confestim aperti sunt. inde fama discurrens, inde laudes tuae ferventes, lucentes, inde illius inimicae animus etsi ad credendi sanitatem non applicatus, a persequendi tamen furore compressus est. gratias tibi, deus meus! unde et quo duxisti recordationem meam, ut haec etiam confiterer tibi, quae magna oblitus

praeterieram? et tamen tunc, cum ita fragraret odor unguentorum tuorum, non currebamus post te. ideo plus flebam inter cantica hymnorum tuorum, olim suspirans tibi et tandem respirans, quantum patet aura in domo faenea.

8   (17) Qui habitare facis unanimes in domo, consociasti nobis et Evodium iuvenem ex nostro municipio. qui cum agens in rebus militaret, prior nobis ad te conversus est et baptizatus et relicta militia saeculari accinctus in tua. simul eramus, simul habitaturi placito sancto. quaerebamus quisnam locus nos utilius haberet servientes tibi; pariter remeabamus in Africam. et cum apud Ostia Tiberina essemus, mater defuncta est. multa praetereo, quia multum festino: accipe confessiones meas et gratiarum actiones, deus meus, de rebus innumerabilibus etiam in silentio. sed non praeteribo quidquid mihi anima parturit de illa famula tua, quae me parturivit et carne, ut in hanc temporalem, et corde, ut in aeternam lucem nascerer. non eius sed tua dicam dona in eam, neque enim se ipsa fecerat aut educaverat se ipsam. tu creasti eam (nec pater nec mater sciebat qualis ex eis fieret) et erudivit eam in timore tuo virga Christi tui, regimen unici tui, in domo fideli, bono membro ecclesiae tuae. nec tantam erga suam disciplinam diligentiam matris praedicabat quantam famulae cuiusdam decrepitae, quae patrem eius infantem portaverat, sicut dorso grandiuscularum puellarum parvuli portari solent. cuius rei gratia et propter senectam ac mores optimos in domo christiana satis a dominis honorabatur. unde etiam curam dominicarum filiarum commissam diligenter gerebat et erat in eis cohercendis, cum opus esset, sancta severitate vehemens atque in docendis sobria prudentia. nam eas, praeter illas horas quibus ad mensam parentum moderatissime alebantur, etiamsi exardescerent siti, nec aquam bibere sinebat, praecavens consuetudinem malam et addens verbum sanum: 'modo aquam bibitis, quia in potestate vinum non habetis; cum autem ad maritos veneritis factae dominae apo-thecarum et cellariorum, aqua sordebit, sed mos potandi praevalebit.' hac ratione praecipiendi et auctoritate imperandi frenabat aviditatem tenerioris aetatis et ipsam puellarum sitim formabat ad honestum modum, ut iam nec liberet quod non deceret.

    (18) Et subrepserat tamen, sicut mihi filio famula tua narrabat, subrepserat ei vinulentia. nam cum de more tamquam puella sobria iuberetur a parentibus de cupa vinum depromere, submisso poculo qua desuper patet, priusquam in lagunculam funderet merum, primoribus labris sorbebat exiguum, quia non poterat amplius sensu recusante. non enim ulla temulenta cupidine faciebat hoc, sed quibusdam super-

fluentibus aetatis excessibus, qui ludicris motibus ebulliunt et in
puerilibus animis maiorum pondere premi solent. itaque ad illud modicum cotidiana modica addendo (quoniam qui modica spernit, paulatim decidit) in eam consuetudinem lapsa erat ut prope iam plenos mero
caliculos inhianter hauriret. ubi tunc sagax anus et vehemens illa pro-
hibitio? numquid valebat aliquid adversus latentem morbum, nisi tua
medicina, domine, vigilaret super nos? absente patre et matre et nutri-
toribus tu praesens, qui creasti, qui vocas, qui etiam per praepositos
homines boni aliquid agis ad animarum salutem. quid tunc egisti, deus
meus? unde curasti? unde sanasti? nonne protulisti durum et acutum ex
altera anima convicium tamquam medicinale ferrum ex occultis provi-
sionibus tuis et uno ictu putredinem illam praecidisti? ancilla enim,
cum qua solebat accedere ad cupam, litigans cum domina minore, ut
fit, sola cum sola, obiecit hoc crimen amarissima insultatione vocans
'meribibulam'. quo illa stimulo percussa respexit foeditatem suam con-
festimque damnavit atque exuit. sicut amici adulantes pervertunt, sic
inimici litigantes plerumque corrigunt. nec tu quod per eos agis, sed
quod ipsi voluerunt, retribuis eis. illa enim irata exagitare appetivit
minorem dominam, non sanare, et ideo clanculo, aut quia ita eas
invenerat locus et tempus litis, aut ne forte et ipsa periclitaretur, quod
tam sero prodidisset. at tu, domine, rector caelitum et terrenorum, ad
usus tuos contorquens profunda torrentis, fluxum saeculorum ordinate
turbulentum, etiam de alterius animae insania sanasti alteram, ne quisquam cum hoc advertit, potentiae suae tribuat, si verbo eius alius corri-
gatur quem vult corrigi.

9   (19) Educata itaque pudice ac sobrie potiusque a te subdita
parentibus quam a parentibus tibi, ubi plenis annis nubilis facta est,
tradita viro servivit veluti domino et sategit eum lucrari tibi, loquens te
illi moribus suis, quibus eam pulchram faciebas et reverenter amabilem
atque mirabilem viro. ita autem toleravit cubilis iniurias ut nullam de
hac re cum marito haberet umquam simultatem. expectabat enim
misericordiam tuam super eum, ut in te credens castificaretur. erat vero
ille praeterea sicut benivolentia praecipuus, ita ira fervidus. sed noverat
haec non resistere irato viro, non tantum facto sed ne verbo quidem.
iam vero refractum et quietum cum opportunum viderat, rationem facti
sui reddebat, si forte ille inconsideratius commotus fuerat. denique
cum matronae multae, quarum viri mansuetiores erant, plagarum
vestigia etiam dehonestata facie fererent, inter amica conloquia illae
arguebant maritorum vitam, haec earum linguam, veluti per iocum
graviter admonens, ex quo illas tabulas quae matrimoniales vocantur

recitari audissent, tamquam instrumenta quibus ancillae factae essent deputare debuisse; proinde memores condicionis superbire adversus dominos non oportere. cumque mirarentur illae, scientes quam ferocem coniugem sustineret, numquam fuisse auditum aut aliquo indicio claruisse quod Patricius ceciderit uxorem aut quod a se invicem vel unum diem domestica lite dissenserint, et causam familiariter quaererent, docebat illa institutum suum, quod supra memoravi. quae observabant, expertae gratulabantur; quae non observabant, subiectae vexabantur.

(20) Socrum etiam suam primo susurris malarum ancillarum adversus se inritatam sic vicit obsequiis, perseverans tolerantia et mansuetudine, ut illa ultro filio suo medias linguas famularum proderet, quibus inter se et nurum pax domestica turbabatur, expeteretque vindictam. itaque posteaquam ille et matri obtemperans et curans familiae disciplinam et concordiae suorum consulens proditas ad prodentis arbitrium verberibus coercuit, promisit illa talia de se praemia sperare debere, quaecumque de sua nuru sibi, quo placeret, mali aliquid loqueretur, nullaque iam audente memorabili inter se benivolentiae suavitate vixerunt.

(21) Hoc quoque illi bono mancipio tuo, in cuius utero me creasti, deus meus, misericordia mea, munus grande donaveras, quod inter dissidentesque atque discordes quaslibet animas, ubi poterat, tam se praebebat pacificam ut cum ab utraque multa de invicem audiret amarissima, qualia solet eructare turgens atque indigesta discordia, quando praesenti amicae de absente inimica per acida conloquia cruditas exhalatur odiorum, nihil tamen alteri de altera proderet nisi quod ad eas reconciliandas valeret. parvum hoc bonum mihi videretur, nisi turbas innumerabiles tristis experirer (nescio qua horrenda pestilentia peccatorum latissime pervagante) non solum iratorum inimicorum iratis inimicis dicta prodere, sed etiam quae non dicta sunt addere, cum contra homini humano parum esse debeat inimicitias hominum nec excitare nec augere male loquendo, nisi eas etiam extinguere bene loquendo studuerit: qualis illa erat docente te magistro intimo in schola pectoris.

(22) Denique etiam virum suum iam in extrema vita temporali eius lucrata est tibi, nec in eo iam fideli planxit quod in nondum fideli toleraverat: erat etiam serva servorum tuorum. quisquis eorum noverat eam, multum in ea laudabat et honorabat et diligebat te, quia sentiebat praesentiam tuam in corde eius sanctae conversationis fructibus testibus. fuerat enim unius viri uxor, mutuam vicem parentibus

reddiderat, domum suam pie tractaverat, in operibus bonis testimonium habebat. nutrierat filios, totiens eos parturiens quotiens abs te
deviare cernebat. postremo nobis, domine, omnibus, quia ex munere
tuo sinis loqui, servis tuis, qui ante dormitionem eius in te iam conso-
ciati vivebamus percepta gratia baptismi tui, ita curam gessit quasi
omnes genuisset, ita servivit quasi ab omnibus genita fuisset.

10   (23) Impendente autem die quo ex hac vita erat exitura (quem diem
tu noveras ignorantibus nobis), provenerat, ut credo, procurante te
occultis tuis modis, ut ego et ipsa soli staremus, incumbentes ad
quandam fenestram unde hortus intra domum quae nos habebat
prospectabatur, illic apud Ostia Tiberina, ubi remoti a turbis post longi
itineris laborem instaurabamus nos navigationi. conloquebamur ergo
soli valde dulciter et, praeterita obliviscentes in ea quae ante sunt
extenti, quaerebamus inter nos apud praesentem veritatem, quod tu es,
qualis futura esset vita aeterna sanctorum, quam nec oculus vidit nec
auris audivit nec in cor hominis ascendit. sed inhiabamus ore cordis in
superna fluenta fontis tui, fontis vitae, qui est apud te, ut inde pro captu
nostro aspersi quoquo modo rem tantam cogitaremus.

     (24) Cumque ad eum finem sermo perduceretur, ut carnalium
sensuum delectatio quantalibet, in quantalibet luce corporea, prae
illius vitae iucunditate non comparatione sed ne commemoratione
quidem digna videretur, erigentes nos ardentiore affectu in idipsum,
perambulavimus gradatim cuncta corporalia et ipsum caelum, unde sol
et luna et stellae lucent super terram. et adhuc ascendebamus interius
cogitando et loquendo et mirando opera tua. et venimus in mentes
nostras et transcendimus eas, ut attingeremus regionem ubertatis inde-
ficientis, ubi pascis Israhel in aeternum veritate pabulo, et ibi vita
sapientia est, per quam fiunt omnia ista, et quae fuerunt et quae futura
sunt, et ipsa non fit, sed sic est ut fuit, et sic erit semper. quin potius
fuisse et futurum esse non est in ea, sed esse solum, quoniam aeterna
est: nam fuisse et futurum esse non est aeternum. et dum loquimur et
inhiamus illi, attingimus eam modice toto ictu cordis. et suspiravimus
et reliquimus ibi religatas primitias spiritus et remeavimus ad
strepitum oris nostri, ubi verbum et incipitur et finitur. et quid simile
verbo tuo, domino nostro, in se permanenti sine vetustate atque
innovanti omnia?

     (25) Dicebamus ergo, 'si cui sileat tumultus carnis, sileant
phantasiae terrae et aquarum et aeris, sileant et poli, et ipsa sibi anima
sileat et transeat se non se cogitando, sileant somnia et imaginariae
revelationes, omnis lingua et omne signum, et quidquid transeundo fit

si cui sileat omnino (quoniam si quis audiat, dicunt haec omnia, "non ipsa nos fecimus, sed fecit nos qui manet in aeternum"), his dictis si iam taceant, quoniam erexerunt aurem in eum qui fecit ea, et loquatur ipse solus non per ea sed per se ipsum, ut audiamus verbum eius, non per linguam carnis neque per vocem angeli nec per sonitum nubis nec per aenigma similitudinis, sed ipsum quem in his amamus, ipsum sine his audiamus (sicut nunc extendimus nos et rapida cogitatione attingimus aeternam sapientiam super omnia manentem), si continuetur hoc et subtrahantur aliae visiones longe imparis generis et haec una rapiat et absorbeat et recondat in interiora gaudia spectatorem suum, ut talis sit sempiterna vita quale fuit hoc momentum intellegentiae cui suspiravimus, nonne hoc est: "intra in gaudium domini tui"? et istud quando? an cum omnes resurgimus, sed non omnes immutabimur?'

(26) Dicebam talia, etsi non isto modo et his verbis, tamen, domine, tu scis, quod illo die, cum talia loqueremur et mundus iste nobis inter verba vilesceret cum omnibus delectationibus suis, tunc ait illa, 'fili, quantum ad me attinet, nulla re iam delector in hac vita. quid hic faciam adhuc et cur hic sim, nescio, iam consumpta spe huius saeculi. unum erat propter quod in hac vita aliquantum immorari cupiebam, ut te christianum catholicum viderem priusquam morerer. cumulatius hoc mihi deus meus praestitit, ut te etiam contempta felicitate terrena servum eius videam. quid hic facio?'

11   (27) Ad haec ei quid responderim non satis recolo, cum interea vix intra quinque dies aut non multo amplius decubuit febribus. et cum aegrotaret, quodam die defectum animae passa est et paululum subtracta a praesentibus. nos concurrimus, sed cito reddita est sensui et aspexit astantes me et fratrem meum, et ait nobis quasi quaerenti similis, 'ubi eram?' deinde nos intuens maerore attonitos: 'ponitis hic', inquit, 'matrem vestram.' ego silebam et fletum frenabam, frater autem meus quiddam locutus est, quo eam non in peregre, sed in patria defungi tamquam felicius optaret. quo audito illa vultu anxio reverberans eum oculis, quod talia saperet, atque inde me intuens: 'vide', ait, 'quid dicit.' et mox ambobus: 'ponite', inquit, 'hoc corpus ubicumque. nihil vos eius cura conturbet. tantum illud vos rogo, ut ad domini altare memineritis mei, ubiubi fueritis.' cumque hanc sententiam verbis quibus poterat explicasset, conticuit et ingravescente morbo exercebatur.

(28) Ego vero cogitans dona tua, deus invisibilis, quae immittis in corda fidelium tuorum, et proveniunt inde fruges admirabiles,

gaudebam et gratias tibi agebam, recolens quod noveram, quanta cura
semper aestuasset de sepulchro quod sibi providerat et praeparaverat
iuxta corpus viri sui. quia enim valde concorditer vixerant, id etiam
volebat, ut est animus humanus minus capax divinorum, adiungi ad
illam felicitatem et commemorari ab hominibus, concessum sibi esse
post transmarinam peregrinationem ut coniuncta terra amborum
coniugum terra tegeretur. quando autem ista inanitas plenitudine
bonitatis tuae coeperat in eius corde non esse, nesciebam et laetabar,
admirans quod sic mihi apparuisset (quamquam et in illo sermone
nostro ad fenestram, cum dixit, 'iam quid hic facio?', non apparuit
desiderare in patria mori). audivi etiam postea quod iam cum Ostiis
essemus cum quibusdam amicis meis materna fiducia conloquebatur
quodam die de contemptu vitae huius et bono mortis, ubi ipse non
aderam, illisque stupentibus virtutem feminae (quoniam tu dederas
ei) quaerentibusque utrum non formidaret tam longe a sua civitate
corpus relinquere, 'nihil', inquit, 'longe est deo, neque timendum
est, ne ille non agnoscat in fine saeculi unde me resuscitet.' ergo die
nono aegritudinis suae, quinquagesimo et sexto anno aetatis suae,
tricesimo et tertio aetatis meae, anima illa religiosa et pia corpore
soluta est.

2   (29) Premebam oculos eius, et confluebat in praecordia mea
maestitudo ingens et transfluebat in lacrimas, ibidemque oculi mei
violento animi imperio resorbebant fontem suum usque ad siccitatem,
et in tali luctamine valde male mihi erat. tum vero ubi efflavit
extremum, puer Adeodatus exclamavit in planctu atque ab omnibus
nobis cohercitus tacuit. hoc modo etiam meum quiddam puerile, quod
labebatur in fletus, iuvenali voce cordis cohercebatur et tacebat. neque
enim decere arbitrabamur funus illud questibus lacrimosis gemi-
tibusque celebrare, quia his plerumque solet deplorari quaedam
miseria morientium aut quasi omnimoda extinctio. at illa nec misere
moriebatur nec omnino moriebatur. hoc et documentis morum eius et
fide non ficta rationibusque certis tenebamus.

    (30) Quid erat ergo quod intus mihi graviter dolebat, nisi ex con-
suetudine simul vivendi, dulcissima et carissima, repente dirupta
vulnus recens? gratulabar quidem testimonio eius, quod in ea ipsa
ultima aegritudine obsequiis meis interblandiens appellabat me pium
et commemorabat grandi dilectionis affectu numquam se audisse ex
ore meo iaculatum in se durum aut contumeliosum sonum. sed tamen
quid tale, deus meus, qui fecisti nos, quid comparabile habebat honor a
me delatus illi et servitus ab illa mihi? quoniam itaque deserebar tam

magno eius solacio, sauciabatur anima et quasi dilaniabatur vita, quae una facta erat ex mea et illius.

(31) Cohibito ergo a fletu illo puero, psalterium arripuit Evodius et cantare coepit psalmum. cui respondebamus omnis domus, 'misericordiam et iudicium cantabo tibi, domine.' audito autem quid ageretur, convenerunt multi fratres ac religiosae feminae et, de more illis quorum officium erat funus curantibus, ego in parte, ubi decenter poteram, cum eis qui me non deserendum esse censebant, quod erat tempori congruum disputabam eoque fomento veritatis mitigabam cruciatum tibi notum, illis ignorantibus et intente audientibus et sine sensu doloris me esse arbitrantibus. at ego in auribus tuis, ubi eorum nullus audiebat, increpabam mollitiam affectus mei et constringebam fluxum maeroris, cedebatque mihi paululum. rursusque impetu suo ferebatur non usque ad eruptionem lacrimarum nec usque ad vultus mutationem, sed ego sciebam quid corde premerem. et quia mihi vehementer displicebat tantum in me posse haec humana, quae ordine debito et sorte conditionis nostrae accidere necesse est, alio dolore dolebam dolorem et duplici tristitia macerabar.

(32) Cum ecce corpus elatum est, imus, redimus sine lacrimis. nam neque in eis precibus quas tibi fudimus, cum offerretur pro ea sacrificium pretii nostri iam iuxta sepulchrum, posito cadavere priusquam deponeretur, sicut illic fieri solet, nec in eis ergo precibus flevi, sed toto die graviter in occulto maestus eram et mente turbata rogabam te, ut poteram, quo sanares dolorem meum, nec faciebas, credo commendans memoriae meae vel hoc uno documento omnis consuetudinis vinculum etiam adversus mentem, quae iam non fallaci verbo pascitur. visum etiam mihi est ut irem lavatum, quod audieram inde balneis nomen inditum quia graeci balanion dixerint, quod anxietatem pellat ex animo. ecce et hoc confiteor misericordiae tuae, pater orphanorum, quoniam lavi et talis eram qualis priusquam lavissem, neque enim exudavit de corde meo maeroris amaritudo. deinde dormivi et evigilavi, et non parva ex parte mitigatum inveni dolorem meum atque, ut eram in lecto meo solus, recordatus sum veridicos versus Ambrosii tui. tu es enim

> deus, creator omnium
> polique rector vestiens
> diem decoro lumine,
> noctem sopora gratia,
> artus solutos ut quies
> reddat laboris usui

mentesque fessas allevet
luctuque solvat anxios.

(33) Atque inde paulatim reducebam in pristinum sensum ancillam
tuam conversationemque eius piam in te et sancte in nos blandam
atque morigeram, qua subito destitutus sum, et libuit flere in conspectu
tuo de illa et pro illa, de me et pro me. et dimisi lacrimas quas
continebam, ut effluerent quantum vellent, substernens eas cordi meo.
et requievit in eis, quoniam ibi erant aures tuae, non cuiusquam
hominis superbe interpretantis ploratum meum. et nunc, domine,
confiteor tibi in litteris: legat qui volet, et interpretetur ut volet, et si
peccatum invenerit, flevisse me matrem exigua parte horae, matrem
oculis meis interim mortuam quae me multos annos fleverat ut oculis
tuis viverem, non inrideat sed potius, si est grandi caritate, pro peccatis
meis fleat ipse ad te, patrem omnium fratrum Christi tui.

3 (34) Ego autem, iam sanato corde ab illo vulnere in quo poterat
redargui carnalis affectus, fundo tibi, deus noster, pro illa famula tua
longe aliud lacrimarum genus, quod manat de concusso spiritu
consideratione periculorum omnis animae quae in Adam moritur.
quamquam illa in Christo vivificata etiam nondum a carne resoluta sic
vixerit, ut laudetur nomen tuum in fide moribusque eius, non tamen
audeo dicere, ex quo eam per baptismum regenerasti, nullum verbum
exisse ab ore eius contra praeceptum tuum. et dictum est a veritate filio
tuo, 'si quis dixerit fratri suo, "fatue", reus erit gehennae ignis'; et vae
etiam laudabili vitae hominum, si remota misericordia discutias eam!
quia vero non exquiris delicta vehementer, fiducialiter speramus
aliquem apud te locum. quisquis autem tibi enumerat vera merita sua,
quid tibi enumerat nisi munera tua? o si cognoscant se homines
homines, et qui gloriatur, in domino glorietur!

(35) Ego itaque, laus mea et vita mea, deus cordis mei, sepositis
paulisper bonis eius actibus, pro quibus tibi gaudens gratias ago, nunc
pro peccatis matris meae deprecor te. exaudi me per medicinam
vulnerum nostrorum, quae pependit in ligno et sedens ad dexteram
tuam te interpellat pro nobis. scio misericorditer operatam et ex corde
dimisisse debita debitoribus suis. dimitte illi et tu debita sua, si qua
etiam contraxit per tot annos post aquam salutis. dimitte, domine,
dimitte, obsecro, ne intres cum ea in iudicium. superexultet misericordia iudicio, quoniam eloquia tua vera sunt et promisisti misericordiam misericordibus. quod ut essent tu dedisti eis, qui misereberis
cui misertus eris, et misericordiam praestabis cui misericors fueris.

(36) Et credo, iam feceris quod te rogo, sed voluntaria oris mei
approba, domine. namque illa imminente die resolutionis suae non
cogitavit suum corpus sumptuose contegi aut condiri aromatis aut
monumentum electum concupivit aut curavit sepulchrum patrium. non
ista mandavit nobis, sed tantummodo memoriam sui ad altare tuum
fieri desideravit, cui nullius diei praetermissione servierat, unde sciret
dispensari victimam sanctam qua deletum est chirographum quod erat
contrarium nobis, qua triumphatus est hostis computans delicta nostra
et quaerens quid obiciat, et nihil inveniens in illo, in quo vincimus. quis
ei refundet innocentem sanguinem? quis ei restituet pretium quo nos
emit, ut nos auferat ei? ad cuius pretii nostri sacramentum ligavit
ancilla tua animam suam vinculo fidei. nemo a protectione tua
dirumpat eam; non se interponat nec vi nec insidiis leo et draco. neque
enim respondebit illa nihil se debere, ne convincatur et obtineatur ab
accusatore callido, sed respondebit dimissa debita sua ab eo cui nemo
reddet, quod pro nobis non debens reddidit.

(37) Sit ergo in pace cum viro, ante quem nulli et post quem nulli
nupta est, cui servivit fructum tibi afferens cum tolerantia, ut eum
quoque lucraretur tibi. et inspira, domine meus, deus meus, inspira
servis tuis, fratribus meis, filiis tuis, dominis meis, quibus et corde et
voce et litteris servio, ut quotquot haec legerint, meminerint ad altare
tuum Monnicae, famulae tuae, cum Patricio, quondam eius coniuge,
per quorum carnem introduxisti me in hanc vitam, quemadmodum
nescio. meminerint cum affectu pio parentum meorum in hac luce
transitoria, et fratrum meorum sub te patre in matre catholica, et
civium meorum in aeterna Hierusalem, cui suspirat peregrinatio
populi tui ab exitu usque ad reditum, ut quod a me illa poposcit
extremum uberius ei praestetur in multorum orationibus per confessiones quam per orationes meas.

LIBER DECIMUS

1 (1) Cognoscam te, cognitor meus, cognoscam sicut et cognitus sum. virtus animae meae, intra in eam et coapta tibi, ut habeas et possideas sine macula et ruga. haec est mea spes: ideo loquor et in ea spe gaudeo, quando sanum gaudeo. cetera vero vitae huius tanto minus flenda quanto magis fletur, et tanto magis flenda quanto minus fletur in eis. ecce enim veritatem dilexisti, quoniam qui facit eam venit ad lucem. volo eam facere in corde meo coram te in confessione, in stilo autem meo coram multis testibus.

2 (2) Et tibi quidem, domine, cuius oculis nuda est abyssus humanae conscientiae, quid occultum esset in me, etiamsi nollem confiteri tibi? te enim mihi absconderem, non me tibi. nunc autem quod gemitus meus testis est displicere me mihi, tu refulges et places et amaris et desideraris, ut erubescam de me et abiciam me atque eligam te et nec tibi nec mihi placeam nisi de te. tibi ergo, domine, manifestus sum, quicumque sim. et quo fructu tibi confitear, dixi, neque id ago verbis carnis et vocibus, sed verbis animae et clamore cogitationis, quem novit auris tua. cum enim malus sum, nihil est aliud confiteri tibi quam displicere mihi; cum vero pius, nihil est aliud confiteri tibi quam hoc non tribuere mihi, quoniam tu, domine, benedicis iustum, sed prius eum iustificas impium. confessio itaque mea, deus meus, in conspectu tuo tibi tacite fit et non tacite: tacet enim strepitu, clamat affectu. neque enim dico recti aliquid hominibus quod non a me tu prius audieris, aut etiam tu aliquid tale audis a me quod non mihi tu prius dixeris.

3 (3) Quid mihi ergo est cum hominibus, ut audiant confessiones meas, quasi ipsi sanaturi sint omnes languores meos? curiosum genus ad cognoscendam vitam alienam, desidiosum ad corrigendam suam. quid a me quaerunt audire qui sim, qui nolunt a te audire qui sint? et unde sciunt, cum a me ipso de me ipso audiunt, an verum dicam, quandoquidem nemo scit hominum quid agatur in homine, nisi spiritus hominis qui in ipso est? si autem a te audiant de se ipsis, non poterunt dicere, 'mentitur dominus.' quid est enim a te audire de se nisi cognoscere se? quis porro cognoscit et dicit, 'falsum est,' nisi ipse mentiatur? sed quia caritas omnia credit, inter eos utique quos conexos sibimet unum facit, ego quoque, domine, etiam sic tibi confiteor ut audiant homines, quibus demonstrare non possum an vera confitear. sed credunt mihi quorum mihi aures caritas aperit.

(4) Verum tamen tu, medice meus intime, quo fructu ista faciam,

eliqua mihi. nam confessiones praeteritorum malorum meorum, quae
remisisti et texisti ut beares me in te, mutans animam meam fide et
sacramento tuo, cum leguntur et audiuntur, excitant cor ne dormiat in
desperatione et dicat, 'non possum', sed evigilet in amore misericordiae tuae et dulcedine gratiae tuae, qua potens est omnis infirmus
qui sibi per ipsam fit conscius infirmitatis suae. et delectat bonos
audire praeterita mala eorum qui iam carent eis, nec ideo delectat quia
mala sunt, sed quia fuerunt et non sunt. quo itaque fructu, domine
meus, cui cotidie confitetur conscientia mea, spe misericordiae tuae
securior quam innocentia sua, quo fructu, quaeso, etiam hominibus
coram te confiteor per has litteras adhuc quis ego sim, non quis fuerim?
nam illum fructum vidi et commemoravi. sed quis adhuc sim, ecce in
ipso tempore confessionum mearum, et multi hoc nosse cupiunt qui
me noverunt et non me noverunt, qui ex me vel de me aliquid
audierunt, sed auris eorum non est ad cor meum, ubi ego sum
quicumque sum. volunt ergo audire confitente me quid ipse intus sim,
quo nec oculum nec aurem nec mentem possunt intendere; credituri
tamen volunt, numquid cognituri? dicit enim eis caritas, qua boni sunt,
non mentiri me de me confitentem, et ipsa in eis credit mihi.

4　　(5) Sed quo fructu id volunt? an congratulari mihi cupiunt, cum
audierint quantum ad te accedam munere tuo, et orare pro me, cum
audierint quantum retarder pondere meo? indicabo me talibus. non
enim parvus est fructus, domine deus meus, ut a multis tibi gratiae
agantur de nobis et a multis rogeris pro nobis. amet in me fraternus
animus quod amandum doces, et doleat in me quod dolendum doces.
animus ille hoc faciat fraternus, non extraneus, non filiorum alienorum
quorum os locutum est vanitatem et dextera eorum dextera iniquitatis,
sed fraternus ille, qui cum approbat me, gaudet de me, cum autem
improbat me, contristatur pro me, quia sive approbet sive improbet me,
diligit me. indicabo me talibus. respirent in bonis meis, suspirent in
malis meis. bona mea instituta tua sunt et dona tua, mala mea delicta
mea sunt et iudicia tua. respirent in illis et suspirent in his, et hymnus
et fletus ascendant in conspectum tuum de fraternis cordibus, turibulis
tuis. tu autem, domine, delectatus odore sancti templi tui, miserere mei
secundum magnam misericordiam tuam propter nomen tuum et
nequaquam deserens coepta tua consumma imperfecta mea.

(6) Hic est fructus confessionum mearum, non qualis fuerim sed
qualis sim, ut hoc confitear non tantum coram te, secreta exultatione
cum tremore et secreto maerore cum spe, sed etiam in auribus
credentium filiorum hominum, sociorum gaudii mei et consortium

mortalitatis meae, civium meorum et mecum peregrinorum, praecedentium et consequentium et comitum vitae meae. hi sunt servi tui, fratres mei, quos filios tuos esse voluisti dominos meos, quibus iussisti ut serviam, si volo tecum de te vivere. et hoc mihi verbum tuum parum erat si loquendo praeciperet, nisi et faciendo praeiret. et ego id ago factis et dictis, id ago sub alis tuis nimis cum ingenti periculo, nisi quia sub alis tuis tibi subdita est anima mea et infirmitas mea tibi nota est. parvulus sum, sed vivit semper pater meus et idoneus est mihi tutor meus. idem ipse est enim qui genuit me et tuetur me, et tu ipse es omnia bona mea, tu omnipotens, qui mecum es et priusquam tecum sim. indicabo ergo talibus qualibus iubes ut serviam, non quis fuerim, sed quis iam sim et quis adhuc sim; sed neque me ipsum diiudico. sic itaque audiar.

5 (7) Tu enim, domine, diiudicas me, quia etsi nemo scit hominum quae sunt hominis, nisi spiritus hominis qui in ipso est, tamen est aliquid hominis quod nec ipse scit spiritus hominis qui in ipso est. tu autem, domine, scis eius omnia, quia fecisti eum. ego vero quamvis prae tuo conspectu me despiciam et aestimem me terram et cinerem, tamen aliquid de te scio quod de me nescio. et certe videmus nunc per speculum in aenigmate, nondum facie ad faciem. et ideo, quamdiu peregrinor abs te, mihi sum praesentior quam tibi et tamen te novi nullo modo posse violari; ego vero quibus temptationibus resistere valem quibusve non valeam, nescio. et spes est, quia fidelis es, qui nos non sinis temptari supra quam possumus ferre, sed facis cum tempta- tione etiam exitum, ut possimus sustinere. confitear ergo quid de me sciam, confitear et quid de me nesciam, quoniam et quod de me scio, te mihi lucente scio, et quod de me nescio, tamdiu nescio, donec fiant tenebrae meae sicut meridies in vultu tuo.

6 (8) Non dubia sed certa conscientia, domine, amo te: percussisti cor meum verbo tuo, et amavi te. sed et caelum et terra et omnia quae in eis sunt, ecce undique mihi dicunt ut te amem, nec cessant dicere omnibus, ut sint inexcusabiles. altius autem tu misereberis cui misertus eris, et misericordiam praestabis cui misericors fueris: alioquin caelum et terra surdis loquuntur laudes tuas. quid autem amo, cum te amo? non speciem corporis nec decus temporis, non candorem lucis, ecce istis amicum oculis, non dulces melodias cantilenarum omnimodarum, non florum et unguentorum et aromatum suaviolentiam, non manna et mella, non membra acceptabilia carnis amplexibus: non haec amo, cum amo deum meum, et tamen amo quandam lucem et quandam vocem et quendam odorem et quendam cibum et quendam amplexum, cum amo

deum meum, lucem, vocem, odorem, cibum, amplexum interioris
hominis mei, ubi fulget animae meae quod non capit locus, et ubi sonat
quod non rapit tempus, et ubi olet quod non spargit flatus, et ubi sapit
quod non minuit edacitas, et ubi haeret quod non divellit satietas. hoc
est quod amo, cum deum meum amo.

(9) Et quid est hoc? interrogavi terram, et dixit, 'non sum.' et
quaecumque in eadem sunt, idem confessa sunt. interrogavi mare et
abyssos et reptilia animarum vivarum, et responderunt, 'non sumus
deus tuus; quaere super nos.' interrogavi auras flabiles, et inquit
universus aer cum incolis suis, 'fallitur Anaximenes; non sum deus.'
interrogavi caelum, solem, lunam, stellas: 'neque nos sumus deus,
quem quaeris', inquiunt. et dixi omnibus his quae circumstant fores
carnis meae, 'dicite mihi de deo meo, quod vos non estis, dicite mihi de
illo aliquid', et exclamaverunt voce magna, 'ipse fecit nos.' interrogatio
mea intentio mea et responsio eorum species eorum. et direxi me ad me
et dixi mihi, 'tu quis es?', et respondi, 'homo.' et ecce corpus et anima in
me mihi praesto sunt, unum exterius et alterum interius. quid horum
est unde quaerere debui deum meum, quem iam quaesiveram per
corpus a terra usque ad caelum, quousque potui mittere nuntios radios
oculorum meorum? sed melius quod interius. ei quippe renuntiabant
omnes nuntii corporales, praesidenti et iudicanti de responsionibus
caeli et terrae et omnium quae in eis sunt dicentium, 'non sumus deus',
et 'ipse fecit nos.' homo interior cognovit haec per exterioris
ministerium; ego interior cognovi haec, ego, ego animus per sensum
corporis mei, interrogavi mundi molem de deo meo, et respondit mihi,
'non ego sum, sed ipse me fecit.'

(10) Nonne omnibus quibus integer sensus est apparet haec species?
cur non omnibus eadem loquitur? animalia pusilla et magna vident
eam, sed interrogare nequeunt, non enim praeposita est in eis
nuntiantibus sensibus iudex ratio. homines autem possunt interrogare,
ut invisibilia dei per ea quae facta sunt intellecta conspiciant, sed
amore subduntur eis et subditi iudicare non possunt. nec respondent
ista interrogantibus nisi iudicantibus, nec vocem suam mutant, id est
speciem suam, si alius tantum videat, alius autem videns interroget, ut
aliter illi appareat, aliter huic, sed eodem modo utrique apparens illi
muta est, huic loquitur: immo vero omnibus loquitur, sed illi
intellegunt qui eius vocem acceptam foris intus cum veritate conferunt.
veritas enim dicit mihi, 'non est deus tuus terra et caelum neque omne
corpus.' hoc dicit eorum natura. viden? moles est, minor in parte quam
in toto. iam tu melior es, tibi dico, anima, quoniam tu vegetas molem

corporis tui praebens ei vitam, quod nullum corpus praestat corpori. deus autem tuus etiam tibi vitae vita est.

7   (11) Quid ergo amo, cum deum meum amo? quis est ille super caput animae meae? per ipsam animam meam ascendam ad illum. transibo vim meam qua haereo corpori et vitaliter compagem eius repleo. non ea vi reperio deum meum, nam reperiret et equus et mulus, quibus non est intellectus, et est eadem vis qua vivunt etiam eorum corpora. est alia vis, non solum qua vivifico sed etiam qua sensifico carnem meam, quam mihi fabricavit dominus, iubens oculo ut non audiat, et auri ut non videat, sed illi per quem videam, huic per quam audiam, et propria singillatim ceteris sensibus sedibus suis et officiis suis: quae diversa per eos ago unus ego animus. transibo et istam vim meam, nam et hanc habet equus et mulus: sentiunt enim etiam ipsi per corpus.

8   (12) Transibo ergo et istam naturae meae, gradibus ascendens ad eum qui fecit me, et venio in campos et lata praetoria memoriae, ubi sunt thesauri innumerabilium imaginum de cuiuscemodi rebus sensis invectarum. ibi reconditum est quidquid etiam cogitamus, vel augendo vel minuendo vel utcumque variando ea quae sensus attigerit, et si quid aliud commendatum et repositum est quod nondum absorbuit et sepelivit oblivio. ibi quando sum, posco ut proferatur quidquid volo, et quaedam statim prodeunt, quaedam requiruntur diutius et tamquam de abstrusioribus quibusdam receptaculis eruuntur, quaedam catervatim se proruunt et, dum aliud petitur et quaeritur, prosiliunt in medium quasi dicentia, 'ne forte nos sumus?' et abigo ea manu cordis a facie recordationis meae, donec enubiletur quod volo atque in conspectum prodeat ex abditis. alia faciliter atque imperturbata serie sicut poscuntur suggeruntur, et cedunt praecedentia consequentibus et cedendo conduntur, iterum cum voluero processura. quod totum fit cum aliquid narro memoriter.

(13) Ibi sunt omnia distincte generatimque servata, quae suo quaeque aditu ingesta sunt, sicut lux atque omnes colores formaeque corporum per oculos, per aures autem omnia genera sonorum omnesque odores per aditum narium, omnes sapores per oris aditum, a sensu autem totius corporis, quid durum, quid molle, quid calidum frigidumve, lene aut asperum, grave seu leve sive extrinsecus sive intrinsecus corpori. haec omnia recipit recolenda cum opus est et retractanda grandis memoriae recessus et nescio qui secreti atque ineffabiles sinus eius: quae omnia suis quaeque foribus intrant ad eam et reponuntur in ea. nec ipsa tamen intrant, sed rerum sensarum imagines illic praesto sunt cogitationi reminiscenti eas. quae quomodo

fabricatae sint, quis dicit, cum appareat quibus sensibus raptae sint interiusque reconditae? nam et in tenebris atque in silentio dum habito, in memoria mea profero, si volo, colores, et discerno inter album et nigrum et inter quos alios volo, nec incurrunt soni atque perturbant quod per oculos haustum considero, cum et ipsi ibi sint et quasi seorsum repositi lateant. nam et ipsos posco, si placet, atque adsunt illico, et quiescente lingua ac silente gutture canto quantum volo, imaginesque illae colorum, quae nihilo minus ibi sunt, non se interponunt neque interrumpunt, cum thesaurus alius retractatur qui influxit ab auribus. ita cetera quae per sensus ceteros ingesta atque congesta sunt recordor prout libet, et auram liliorum discerno a violis nihil olfaciens, et mel defrito, lene aspero, nihil tum gustando neque contrectando sed reminiscendo antepono.

(14) Intus haec ago, in aula ingenti memoriae meae. ibi enim mihi caelum et terra et mare praesto sunt cum omnibus quae in eis sentire potui, praeter illa quae oblitus sum. ibi mihi et ipse occurro meque recolo, quid, quando et ubi egerim quoque modo, cum agerem, affectus fuerim. ibi sunt omnia quae sive experta a me sive credita memini. ex eadem copia etiam similitudines rerum vel expertarum vel ex eis quas expertus sum creditarum alias atque alias, et ipse contexo praeteritis atque ex his etiam futuras actiones et eventa et spes, et haec omnia rursus quasi praesentia meditor. 'faciam hoc et illud', dico apud me in ipso ingenti sinu animi mei pleno tot et tantarum rerum imaginibus, et hoc aut illud sequitur. 'o si esset hoc aut illud!' 'avertat deus hoc aut illud!' dico apud me ista et, cum dico, praesto sunt imagines omnium quae dico ex eodem thesauro memoriae, nec omnino aliquid eorum dicerem, si defuissent.

(15) Magna ista vis est memoriae, magna nimis, deus meus, penetrale amplum et infinitum. quis ad fundum eius pervenit? et vis est haec animi mei atque ad meam naturam pertinet, nec ego ipse capio totum quod sum. ergo animus ad habendum se ipsum angustus est, ut ubi sit quod sui non capit? numquid extra ipsum ac non in ipso? quomodo ergo non capit? multa mihi super hoc oboritur admiratio, stupor apprehendit me. et eunt homines mirari alta montium et ingentes fluctus maris et latissimos lapsus fluminum et oceani ambitum et gyros siderum, et relinquunt se ipsos, nec mirantur quod haec omnia, cum dicerem, non ea videbam oculis, nec tamen dicerem, nisi montes et fluctus et flumina et sidera quae vidi et oceanum quem credidi intus in memoria mea viderem, spatiis tam ingentibus quasi foris viderem. nec ea tamen videndo absorbui quando vidi oculis, nec

ipsa sunt apud me sed imagines eorum, et novi quid ex quo sensu corporis impressum sit mihi.

9   (16) Sed non ea sola gestat immensa ista capacitas memoriae meae. hic sunt et illa omnia quae de doctrinis liberalibus percepta nondum exciderunt, quasi remota interiore loco non loco; nec eorum imagines, sed res ipsas gero. nam quid sit litteratura, quid peritia disputandi, quot genera quaestionum, quidquid horum scio, sic est in memoria mea ut non retenta imagine rem foris reliquerim, aut sonuerit et praeterierit sicut vox impressa per aures vestigio quo recoleretur, quasi sonaret cum iam non sonaret, aut sicut odor, dum transit et vanescit in ventos, olfactum afficit, unde traicit in memoriam imaginem sui quam reminiscendo repetamus, aut sicut cibus qui certe in ventre iam non sapit et tamen in memoria quasi sapit, aut sicut aliquid quod corpore tangendo sentitur, quod etiam separatum a nobis imaginatur memoria. istae quippe res non intromittuntur ad eam, sed earum solae imagines mira celeritate capiuntur et miris tamquam cellis reponuntur et mirabiliter recordando proferuntur.

0   (17) At vero, cum audio tria genera esse quaestionum, an sit, quid sit, quale sit, sonorum quidem quibus haec verba confecta sunt imagines teneo, et eos per auras cum strepitu transisse ac iam non esse scio. res vero ipsas quae illis significantur sonis neque ullo sensu corporis attigi neque uspiam vidi praeter animum meum, et in memoria recondidi non imagines earum, sed ipsas: quae unde ad me intraverint dicant, si possunt. nam percurro ianuas omnes carnis meae, nec invenio qua earum ingressae sint. quippe oculi dicunt, 'si coloratae sunt, nos eas nuntiavimus'; aures dicunt, 'si sonuerunt, a nobis indicatae sunt'; nares dicunt, 'si oluerunt, per nos transierunt'; dicit etiam sensus gustandi, 'si sapor non est, nihil me inerroges'; tactus dicit, 'si corpulentum non est, non contrectavi; si non contrectavi, non indicavi.' unde et qua haec intraverunt in memoriam meam? nescio quomodo. nam cum ea didici, non credidi alieno cordi, sed in meo recognovi et vera esse approbavi et commendavi ei, tamquam reponens unde proferrem cum vellem. ibi ergo erant et antequam ea didicissem, sed in memoria non erant. ubi ergo aut quare, cum dicerentur, agnovi et dixi, 'ita est, verum est', nisi quia iam erant in memoria, sed tam remota et retrusa quasi in cavis abditioribus ut, nisi admonente aliquo eruerentur, ea fortasse cogitare non possem?

1   (18) Quocirca invenimus nihil esse aliud discere ista quorum non per sensus haurimus imagines, sed sine imaginibus, sicuti sunt, per se ipsa intus cernimus, nisi ea quae passim atque indisposite memoria

continebat, cogitando quasi conligere atque animadvertendo curare, ut
tamquam ad manum posita in ipsa memoria, ubi sparsa prius et
neglecta latitabant, iam familiari intentioni facile occurrant. et quam
multa huius modi gestat memoria mea, quae iam inventa sunt et, sicut
dixi, quasi ad manum posita, quae didicisse et nosse dicimur. quae si
modestis temporum intervallis recolere desivero, ita rursus demer-
guntur et quasi in remotiora penetralia dilabuntur, ut denuo velut nova
excogitanda sint indidem iterum (neque enim est alia regio eorum) et
cogenda rursus, ut sciri possint, id est velut ex quadam dispersione
conligenda, unde dictum est cogitare. nam cogo et cogito sic est, ut ago
et agito, facio et factito. verum tamen sibi animus hoc verbum proprie
vindicavit, ut non quod alibi, sed quod in animo conligitur, id est
cogitur, cogitari proprie iam dicatur.

12   (19) Item continet memoria numerorum dimensionumque rationes
et leges innumerabiles, quarum nullam corporis sensus impressit, quia
nec ipsae coloratae sunt aut sonant aut olent aut gustatae aut con-
trectatae sunt. audivi sonos verborum, quibus significantur cum de his
disseritur, sed illi alii, istae autem alia sunt. nam illi aliter graece, aliter
latine sonant, istae vero nec graecae nec latinae sunt nec aliud eloquiorum genus. vidi lineas fabrorum vel etiam tenuissimas, sicut filum
araneae, sed illae aliae sunt, non sunt imagines earum quas mihi
nuntiavit carnis oculus. novit eas quisquis sine ulla cogitatione
qualiscumque corporis intus agnovit eas. sensi etiam numeros omnibus
corporis sensibus quos numeramus, sed illi alii sunt quibus
numeramus, nec imagines istorum sunt et ideo valde sunt. rideat me
ista dicentem qui non eos videt, et ego doleam ridentem me.

13   (20) Haec omnia memoria teneo et quomodo ea didicerim memoria
teneo. multa etiam quae adversus haec falsissime disputantur audivi et
memoria teneo. quae tametsi falsa sunt, tamen ea meminisse me non
est falsum. et discrevisse me inter illa vera et haec falsa quae contra
dicuntur, et hoc memini aliterque nunc video discernere me ista, aliter
autem memini saepe me discrevisse, cum ea saepe cogitarem. ergo et
intellexisse me saepius ista memini, et quod nunc discerno et intellego,
recondo in memoria, ut postea me nunc intellexisse meminerim. ergo
et meminisse me memini, sicut postea, quod haec reminisci nunc potui,
si recordabor, utique per vim memoriae recordabor.

14   (21) Affectiones quoque animi mei eadem memoria continet, non
illo modo quo eas habet ipse animus cum patitur eas, sed alio multum
diverso, sicut sese habet vis memoriae. nam et laetatum me fuisse
reminiscor non laetus, et tristitiam meam praeteritam recordor non

tristis, et me aliquando timuisse recolo sine timore et pristinae
cupiditatis sine cupiditate sum memor. aliquando et e contrario
tristitiam meam transactam laetus reminiscor et tristis laetitiam.
quod mirandum non est de corpore: aliud enim animus, aliud corpus.
itaque si praeteritum dolorem corporis gaudens memini, non ita
mirum est. hic vero, cum animus sit etiam ipsa memoria (nam et
cum mandamus aliquid ut memoriter habeatur, dicimus, 'vide ut illud
in animo habeas', et cum obliviscimur, dicimus, 'non fuit in animo',
et 'elapsum est animo', ipsam memoriam vocantes animum), cum ergo
ita sit, quid est hoc, quod cum tristitiam meam praeteritam laetus
memini, animus habet laetitiam et memoria tristitiam laetusque est
animus ex eo quod inest ei laetitia, memoria vero ex eo quod inest
ei tristitia tristis non est? num forte non pertinet ad animum? quis
hoc dixerit? nimirum ergo memoria quasi venter est animi, laetitia
vero atque tristitia quasi cibus dulcis et amarus: cum memoriae
commendantur, quasi traiecta in ventrem recondi illic possunt, sapere
non possunt. ridiculum est haec illis similia putare, nec tamen sunt
omni modo dissimilia.

(22) Sed ecce de memoria profero, cum dico quattuor esse perturbationes animi, cupiditatem, laetitiam, metum, tristitiam, et quidquid de
his disputare potuero, dividendo singula per species sui cuiusque
generis et definiendo, ibi invenio quid dicam atque inde profero, nec
tamen ulla earum perturbatione perturbor cum eas reminiscendo com-
memoro. et antequam recolerentur a me et retractarentur, ibi erant;
propterea inde per recordationem potuere depromi. forte ergo sicut de
ventre cibus ruminando, sic ista de memoria recordando proferuntur.
cur igitur in ore cogitationis non sentitur a disputante, hoc est a
reminiscente, laetitiae dulcedo vel amaritudo maestitiae? an in hoc
dissimile est, quod non undique simile est? quis enim talia volens
loqueretur, si quotiens tristitiam metumve nominamus, totiens
maerere vel timere cogeremur? et tamen non ea loqueremur, nisi in
memoria nostra non tantum sonos nominum secundum imagines
impressas a sensibus corporis sed etiam rerum ipsarum notiones
inveniremus, quas nulla ianua carnis accepimus, sed eas ipse animus
per experientiam passionum suarum sentiens memoriae commendavit
aut ipsa sibi haec etiam non commendata retinuit.

5   (23) Sed utrum per imagines an non, quis facile dixerit? nomino
quippe lapidem, nomino solem, cum res ipsae non adsunt sensibus
meis; in memoria sane mea praesto sunt imagines earum. nomino
dolorem corporis, nec mihi adest dum nihil dolet; nisi tamen adesset
imago eius in memoria mea, nescirem quid dicerem nec eum in

disputando a voluptate discernerem. nomino salutem corporis cum
salvus sum corpore; adest mihi quidem res ipsa. verum tamen nisi et
imago eius inesset in memoria mea, nullo modo recordarer quid huius
nominis significaret sonus, nec aegrotantes agnoscerent salute
nominata quid esset dictum, nisi eadem imago vi memoriae teneretur,
quamvis ipsa res abesset a corpore. nomino numeros quibus
numeramus; en adsunt in memoria mea non imagines eorum, sed ipsi.
nomino imaginem solis, et haec adest in memoria mea, neque enim
imaginem imaginis eius, sed ipsam recolo; ipsa mihi reminiscenti
praesto est. nomino memoriam et agnosco quod nomino. et ubi
agnosco nisi in ipsa memoria? num et ipsa per imaginem suam sibi
adest ac non per se ipsam?

16   (24) Quid, cum oblivionem nomino atque itidem agnosco quod
nomino, unde agnoscerem nisi meminissem? non eundem sonum
nominis dico, sed rem quam significat. quam si oblitus essem, quid ille
valeret sonus agnoscere utique non valerem. ergo cum memoriam
memini, per se ipsam sibi praesto est ipsa memoria. cum vero memini
oblivionem, et memoria praesto est et oblivio, memoria qua
meminerim, oblivio quam meminerim. sed quid est oblivio nisi privatio
memoriae? quomodo ergo adest ut eam meminerim, quando cum adest
meminisse non possum? at si quod meminimus memoria retinemus,
oblivionem autem nisi meminissemus, nequaquam possemus audito
isto nomine rem quae illo significatur agnoscere, memoria retinetur
oblivio. adest ergo ne obliviscamur, quae cum adest, obliviscimur. an
ex hoc intellegitur non per se ipsam inesse memoriae, cum eam
meminimus, sed per imaginem suam, quia, si per se ipsam praesto esset
oblivio, non ut meminissemus, sed ut oblivisceremur, efficeret? et hoc
quis tandem indagabit? quis comprehendet quomodo sit?

    (25) Ego certe, domine, laboro hic et laboro in me ipso. factus sum
mihi terra difficultatis et sudoris nimii. neque enim nunc scrutamur
plagas caeli aut siderum intervalla dimetimur vel terrae libramenta
quaerimus. ego sum qui memini, ego animus. non ita mirum si a me
longe est quidquid ego non sum: quid autem propinquius me ipso
mihi? et ecce memoriae meae vis non comprehenditur a me, cum ipsum
me non dicam praeter illam. quid enim dicturus sum, quando mihi
certum est meminisse me oblivionem? an dicturus sum non esse in
memoria mea quod memini? an dicturus sum ad hoc inesse oblivionem
in memoria mea, ut non obliviscar? utrumque absurdissimum est. quid
illud tertium? quo pacto dicam imaginem oblivionis teneri memoria
mea, non ipsam oblivionem, cum eam memini? quo pacto et hoc dicam,

quandoquidem cum imprimitur rei cuiusque imago in memoria, prius necesse est ut adsit res ipsa, unde illa imago possit imprimi? sic enim Carthaginis memini, sic omnium locorum quibus interfui, sic facies hominum quas vidi, et ceterorum sensuum nuntiata, sic ipsius corporis salutem sive dolorem: cum praesto essent ista, cepit ab eis imagines memoria, quas intuerer praesentes et retractarem animo, cum illa et absentia reminiscerer. si ergo per imaginem suam, non per se ipsam, in memoria tenetur oblivio, ipsa utique aderat, ut eius imago caperetur. cum autem adesset, quomodo imaginem suam in memoria conscribebat, quando id etiam quod iam notatum invenit praesentia sua delet oblivio? et tamen quocumque modo, licet sit modus iste incomprehensibilis et inexplicabilis, etiam ipsam oblivionem meminisse me certus sum, qua id quod meminerimus obruitur.

17   (26) Magna vis est memoriae, nescio quid horrendum, deus meus, profunda et infinita multiplicitas. et hoc animus est, et hoc ego ipse sum. quid ergo sum, deus meus? quae natura sum? varia, multimoda vita et immensa vehementer. ecce in memoriae meae campis et antris et cavernis innumerabilibus atque innumerabiliter plenis innumerabilium rerum generibus, sive per imagines, sicut omnium corporum, sive per praesentiam, sicut artium, sive per nescio quas notiones vel notationes, sicut affectionum animi (quas et cum animus non patitur, memoria tenet, cum in animo sit quidquid est in memoria), per haec omnia discurro et volito hac illac, penetro etiam quantum possum, et finis nusquam. tanta vis est memoriae, tanta vitae vis est in homine vivente mortaliter! quid igitur agam, tu vera mea vita, deus meus? transibo et hanc vim meam quae memoria vocatur, transibo eam ut pertendam ad te, dulce lumen. quid dicis mihi? ecce ego ascendens per animum meum ad te, qui desuper mihi manes, transibo et istam vim meam quae memoria vocatur, volens te attingere unde attingi potes, et inhaerere tibi unde inhaereri tibi potest. habent enim memoriam et pecora et aves, alioquin non cubilia nidosve repeterent, non alia multa quibus adsuescunt; neque enim et adsuescere valerent ullis rebus nisi per memoriam. transibo ergo et memoriam, ut attingam eum qui separavit me a quadrupedibus et a volatilibus caeli sapientiorem me fecit. transibo et memoriam, ut ubi te inveniam, vere bone, secura suavitas, ut ubi te inveniam? si praeter memoriam meam te invenio, immemor tui sum. et quomodo iam inveniam te, si memor non sum tui?

18   (27) Perdiderat enim mulier dragmam et quaesivit eam cum lucerna et, nisi memor eius esset, non inveniret eam. cum enim esset inventa, unde sciret utrum ipsa esset, si memor eius non esset? multa memini

me perdita quaesisse atque invenisse. inde istuc scio, quia, cum
quaererem aliquid eorum et diceretur mihi, 'num forte hoc est?', 'num
forte illud?', tamdiu dicebam, 'non est', donec id offerretur quod
quaerebam. cuius nisi memor essem, quidquid illud esset, etiamsi mihi
offerretur non invenirem, quia non agnoscerem. et semper ita fit, cum
aliquid perditum quaerimus et invenimus. verum tamen si forte aliquid
ab oculis perit, non a memoria, veluti corpus quodlibet visibile, tenetur
intus imago eius et quaeritur, donec reddatur aspectui. quod cum
inventum fuerit, ex imagine quae intus est recognoscitur. nec invenisse
nos dicimus quod perierat, si non agnoscimus, nec agnoscere
possumus, si non meminimus; sed hoc perierat quidem oculis,
memoria tenebatur.

19   (28) Quid, cum ipsa memoria perdit aliquid, sicut fit cum
obliviscimur et quaerimus ut recordemur, ubi tandem quaerimus nisi
in ipsa memoria? et ibi si aliud pro alio forte offeratur, respuimus donec
illud occurrat quod quaerimus. et cum occurrit, dicimus, 'hoc est';
quod non diceremus nisi agnosceremus, nec agnosceremus nisi
meminissemus. certe ergo obliti fueramus. an non totum exciderat, sed
ex parte quae tenebatur pars alia quaerebatur, quia sentiebat se
memoria non simul volvere quod simul solebat, et quasi detruncata
consuetudine claudicans reddi quod deerat flagitabat? tamquam si
homo notus sive conspiciatur oculis sive cogitetur et nomen eius obliti
requiramus, quidquid aliud occurrerit non conectitur, quia non cum
illo cogitari consuevit ideoque respuitur donec illud adsit, ubi simul
adsuefacta notitia non inaequaliter adquiescat. et unde adest nisi ex
ipsa memoria? nam et cum ab alio commoniti recognoscimus, inde
adest. non enim quasi novum credimus, sed recordantes approbamus
hoc esse quod dictum est. si autem penitus aboleatur ex animo, nec
admoniti reminiscimur. neque enim omni modo adhuc obliti sumus
quod vel oblitos nos esse meminimus. hoc ergo nec amissum quaerere
poterimus, quod omnino obliti fuerimus.

20   (29) Quomodo ergo te quaero, domine? cum enim te, deum meum,
quaero, vitam beatam quaero. quaeram te ut vivat anima mea. vivit
enim corpus meum de anima mea et vivit anima mea de te. quomodo
ergo quaero vitam beatam? quia non est mihi donec dicam, 'sat, est
illic.' ubi oportet ut dicam quomodo eam quaero, utrum per recordationem, tamquam eam oblitus sim oblitumque me esse adhuc teneam,
an per appetitum discendi incognitam, sive quam numquam scierim
sive quam sic oblitus fuerim ut me nec oblitum esse meminerim. nonne
ipsa est beata vita quam omnes volunt, et omnino qui nolit nemo est?

ubi noverunt eam, quod sic volunt eam? ubi viderunt, ut amarent eam? nimirum habemus eam nescio quomodo. et est alius quidam modus quo quisque, cum habet eam, tunc beatus est, et sunt qui spe beati sunt. inferiore modo isti habent eam quam illi qui iam re ipsa beati sunt, sed tamen meliores quam illi qui nec re nec spe beati sunt. qui tamen etiam ipsi, nisi aliquo modo haberent eam, non ita vellent beati esse: quod eos velle certissimum est. nescio quomodo noverunt eam ideoque habent eam in nescio qua notitia, de qua satago, utrum in memoria sit, quia, si ibi est, iam beati fuimus aliquando, utrum singillatim omnes, an in illo homine qui primus peccavit, in quo et omnes mortui sumus et de quo omnes cum miseria nati sumus, non quaero nunc, sed quaero utrum in memoria sit beata vita. neque enim amaremus eam nisi nossemus. audimus nomen hoc et omnes rem ipsam nos appetere fatemur; non enim sono delectamur. nam hoc cum latine audit graecus, non delectatur, quia ignorat quid dictum sit; nos autem delectamur, sicut etiam ille si graece hoc audierit, quoniam res ipsa nec graeca nec latina est, cui adipiscendae graeci latinique inhiant ceterarumque linguarum homines. nota est igitur omnibus, qui una voce si interrogari possent utrum beati esse vellent, sine ulla dubitatione velle responderent. quod non fieret, nisi res ipsa, cuius hoc nomen est, eorum memoria teneretur.

21   (30) Numquid ita ut meminit Carthaginem qui vidit? non. vita enim beata non videtur oculis, quia non est corpus. numquid sicut meminimus numeros? non. hos enim qui habet in notitia, non adhuc quaerit adipisci, vitam vero beatam habemus in notitia ideoque amamus et tamen adhuc adipisci eam volumus, ut beati simus. numquid sicut meminimus eloquentiam? non. quamvis enim et hoc nomine audito recordentur ipsam rem, qui etiam nondum sunt eloquentes multique esse cupiant (unde apparet eam esse in eorum notitia), tamen per corporis sensus alios eloquentes animadverterunt et delectati sunt et hoc esse desiderant, quamquam nisi ex interiore notitia non delectarentur, neque hoc esse vellent nisi delectarentur. beatam vero vitam nullo sensu corporis in aliis experimur. numquid sicut meminimus gaudium? fortasse ita. nam gaudium meum etiam tristis memini sicut vitam beatam miser, neque umquam corporis sensu gaudium meum vel vidi vel audivi vel odoratus sum vel gustavi vel tetigi, sed expertus sum in animo meo quando laetatus sum, et adhaesit eius notitia memoriae meae, ut id reminisci valeam, aliquando cum aspernatione, aliquando cum desiderio, pro earum rerum diversitate de quibus me gavisum esse memini. nam et de turpibus gaudio quodam

perfusus sum, quod nunc recordans detestor atque exsecror, aliquando
de bonis et honestis, quod desiderans recolo, tametsi forte non adsunt,
et ideo tristis gaudium pristinum recolo.

(31) Ubi ergo et quando expertus sum vitam meam beatam, ut
recorder eam et amem et desiderem? nec ego tantum aut cum paucis,
sed beati prorsus omnes esse volumus. quod nisi certa notitia
nossemus, non tam certa voluntate vellemus. sed quid est hoc? quod si
quaeratur a duobus utrum militare velint, fieri possit ut alter eorum
velle se, alter nolle respondeat. si autem ab eis quaeratur utrum esse
beati velint, uterque se statim sine ulla dubitatione dicat optare, nec ob
aliud velit ille militare, nec ob aliud iste nolit, nisi ut beati sint. num
forte quoniam alius hinc, alius inde gaudet? ita se omnes beatos esse
velle consonant, quemadmodum consonarent si hoc interrogarentur, se
velle gaudere, atque ipsum gaudium vitam beatam vocant. quod etsi
alius hinc, alius illinc adsequitur, unum est tamen quo pervenire omnes
nituntur, ut gaudeant. quae quoniam res est quam se expertum non
esse nemo potest dicere, propterea reperta in memoria recognoscitur
quando beatae vitae nomen auditur.

22   (32) Absit, domine, absit a corde servi tui qui confitetur tibi, absit ut,
quocumque gaudio gaudeam, beatum me putem. est enim gaudium
quod non datur impiis, sed eis qui te gratis colunt, quorum gaudium tu
ipse es. et ipsa est beata vita, gaudere ad te, de te, propter te: ipsa est et
non est altera. qui autem aliam putant esse, aliud sectantur gaudium
neque ipsum verum. ab aliqua tamen imagine gaudii voluntas eorum
non avertitur.

23   (33) Non ergo certum est quod omnes esse beati volunt, quoniam
qui non de te gaudere volunt, quae sola vita beata est, non utique
beatam vitam volunt. an omnes hoc volunt, sed quoniam caro
concupiscit adversus spiritum et spiritus adversus carnem, ut non
faciant quod volunt, cadunt in id quod valent eoque contenti sunt, quia
illud quod non valent, non tantum volunt quantum sat est ut valeant?
nam quaero ab omnibus utrum malint de veritate quam de falsitate
gaudere. tam non dubitant dicere de veritate se malle, quam non
dubitant dicere beatos esse se velle. beata quippe vita est gaudium de
veritate. hoc est enim gaudium de te, qui veritas es, deus, inluminatio
mea, salus faciei meae, deus meus. hanc vitam beatam omnes volunt,
hanc vitam, quae sola beata est, omnes volunt, gaudium de veritate
omnes volunt. multos expertus sum qui vellent fallere, qui autem falli,
neminem. ubi ergo noverunt hanc vitam beatam, nisi ubi noverunt
etiam veritatem? amant enim et ipsam, quia falli nolunt, et cum amant

beatam vitam, quod non est aliud quam de veritate gaudium, utique amant etiam veritatem, nec amarent nisi esset aliqua notitia eius in memoria eorum. cur ergo non de illa gaudent? cur non beati sunt? quia fortius occupantur in aliis, quae potius eos faciunt miseros quam illud beatos, quod tenuiter meminerunt. adhuc enim modicum lumen est in hominibus. ambulent, ambulent, ne tenebrae comprehendant.

(34) Cur autem veritas parit odium et inimicus eis factus est homo tuus verum praedicans, cum ametur beata vita, quae non est nisi gaudium de veritate, nisi quia sic amatur veritas ut, quicumque aliud amant, hoc quod amant velint esse veritatem, et quia falli nollent, nolunt convinci quod falsi sint? itaque propter eam rem oderunt veritatem, quam pro veritate amant. amant eam lucentem, oderunt eam redarguentem. quia enim falli nolunt et fallere volunt, amant eam cum se ipsa indicat, et oderunt eam cum eos ipsos indicat. inde retribuet eis ut, qui se ab ea manifestari nolunt, et eos nolentes manifestet et eis ipsa non sit manifesta. sic, sic, etiam sic animus humanus, etiam sic caecus et languidus, turpis atque indecens latere vult, se autem ut lateat aliquid non vult. contra illi redditur, ut ipse non lateat veritatem, ipsum autem veritas lateat. tamen etiam sic, dum miser est, veris mavult gaudere quam falsis. beatus ergo erit, si nulla interpellante molestia de ipsa, per quam vera sunt omnia, sola veritate gaudebit.

24 (35) Ecce quantum spatiatus sum in memoria mea quaerens te, domine, et non te inveni extra eam. neque enim aliquid de te inveni quod non meminissem, ex quo didici te, nam ex quo didici te non sum oblitus tui. ubi enim inveni veritatem, ibi inveni deum meum, ipsam veritatem, quam ex quo didici non sum oblitus. itaque ex quo te didici, manes in memoria mea, et illic te invenio cum reminiscor tui, et delector in te. hae sunt sanctae deliciae meae, quas donasti mihi misericordia tua, respiciens paupertatem meam.

25 (36) Sed ubi manes in memoria mea, domine, ubi illic manes? quale cubile fabricasti tibi? quale sanctuarium aedificasti tibi? tu dedisti hanc dignationem memoriae meae, ut maneas in ea, sed in qua eius parte maneas, hoc considero. transcendi enim partes eius quas habent et bestiae cum te recordarer, quia non ibi te inveniebam inter imagines rerum corporalium, et veni ad partes eius ubi commendavi affectiones animi mei, nec illic inveni te. et intravi ad ipsius animi mei sedem, quae illi est in memoria mea, quoniam sui quoque meminit animus, nec ibi tu eras, quia sicut non es imago corporalis nec affectio viventis, qualis est cum laetamur, contristamur, cupimus, metuimus, meminimus, obliviscimur et quidquid huius modi est, ita nec ipse animus es, quia

dominus deus animi tu es. et commutantur haec omnia, tu autem incommutabilis manes super omnia et dignatus es habitare in memoria mea, ex quo te didici. et quid quaero quo loco eius habites, quasi vero loca ibi sint? habitas certe in ea, quoniam tui memini, ex quo te didici, et in ea te invenio, cum recordor te.

26 (37) Ubi ergo te inveni, ut discerem te? neque enim iam eras in memoria mea, priusquam te discerem. ubi ergo te inveni ut discerem te, nisi in te supra me? et nusquam locus, et recedimus et accedimus, et nusquam locus. veritas, ubique praesides omnibus consulentibus te simulque respondes omnibus etiam diversa consulentibus. liquide tu respondes, sed non liquide omnes audiunt. omnes unde volunt consulunt, sed non semper quod volunt audiunt. optimus minister tuus est qui non magis intuetur hoc a te audire quod ipse voluerit, sed potius hoc velle quod a te audierit.

27 (38) Sero te amavi, pulchritudo tam antiqua et tam nova, sero te amavi! et ecce intus eras et ego foris, et ibi te quaerebam, et in ista formosa quae fecisti deformis inruebam. mecum eras, et tecum non eram. ea me tenebant longe a te, quae si in te non essent, non essent. vocasti et clamasti et rupisti surditatem meam; coruscasti, splenduisti et fugasti caecitatem meam; fragrasti, et duxi spiritum et anhelo tibi; gustavi et esurio et sitio; tetigisti me, et exarsi in pacem tuam.

28 (39) Cum inhaesero tibi ex omni me, nusquam erit mihi dolor et labor, et viva erit vita mea tota plena te. nunc autem quoniam quem tu imples, sublevas eum, quoniam tui plenus non sum, oneri mihi sum. contendunt laetitiae meae flendae cum laetandis maeroribus, et ex qua parte stet victoria nescio. contendunt maerores mei mali cum gaudiis bonis, et ex qua parte stet victoria nescio. ei mihi! domine, miserere mei! ei mihi! ecce vulnera mea non abscondo. medicus es, aeger sum; misericors es, miser sum. numquid non temptatio est vita humana super terram? quis velit molestias et difficultates? tolerari iubes ea, non amari. nemo quod tolerat amat, etsi tolerare amat. quamvis enim gaudeat se tolerare, mavult tamen non esse quod toleret. prospera in adversis desidero, adversa in prosperis timeo. quis inter haec medius locus, ubi non sit humana vita temptatio? vae prosperitatibus saeculi semel et iterum a timore adversitatis et a corruptione laetitiae! vae adversitatibus saeculi semel et iterum et tertio a desiderio prosperitatis, et quia ipsa adversitas dura est, et ne frangat tolerantiam! numquid non

29 temptatio est vita humana super terram sine ullo interstitio? (40) et tota spes mea non nisi in magna valde misericordia tua.

Da quod iubes et iube quod vis: imperas nobis continentiam. 'et cum

scirem,' ait quidam, 'quia nemo potest esse continens, nisi deus det, et
hoc ipsum erat sapientiae, scire cuius esset hoc donum.' per
continentiam quippe conligimur et redigimur in unum, a quo in multa
defluximus. minus enim te amat qui tecum aliquid amat quod non
propter te amat. o amor, qui semper ardes et numquam extingueris,
caritas, deus meus, accende me! continentiam iubes: da quod iubes et
iube quod vis.

30   (41) Iubes certe ut contineam a concupiscentia carnis et concupiscentia oculorum et ambitione saeculi. iussisti a concubitu et de
ipso coniugio melius aliquid quam concessisti monuisti. et quoniam
dedisti, factum est, et antequam dispensator sacramenti tui fierem. sed
adhuc vivunt in memoria mea, de qua multa locutus sum, talium rerum
imagines, quas ibi consuetudo mea fixit, et occursantur mihi vigilanti
quidem carentes viribus, in somnis autem non solum usque ad delectationem sed etiam usque ad consensionem factumque simillimum. et
tantum valet imaginis inlusio in anima mea in carne mea, ut dormienti
falsa visa persuadeant quod vigilanti vera non possunt. numquid tunc
ego non sum, domine deus meus? et tamen tantum interest inter me
ipsum et me ipsum intra momentum quo hinc ad soporem transeo vel
huc inde retranseo! ubi est tunc ratio qua talibus suggestionibus resistit
vigilans et, si res ipsae ingerantur, inconcussus manet? numquid
clauditur cum oculis? numquid sopitur cum sensibus corporis? et
unde saepe etiam in somnis resistimus nostrique propositi memores
atque in eo castissime permanentes nullum talibus inlecebris ad-
hibemus adsensum? et tamen tantum interest ut, cum aliter accidit,
evigilantes ad conscientiae requiem redeamus ipsaque distantia
reperiamus nos non fecisse quod tamen in nobis quoquo modo
factum esse doleamus.

   (42) Numquid non potens est manus tua, deus omnipotens, sanare
omnes languores animae meae atque abundantiore gratia tua lascivos
motus etiam mei soporis extinguere? augebis, domine, magis magisque
in me munera tua, ut anima mea sequatur me ad te concupiscentiae
visco expedita, ut non sit rebellis sibi, atque ut in somnis etiam non
solum non perpetret istas corruptelarum turpitudines per imagines
animales usque ad carnis fluxum, sed ne consentiat quidem. nam ut
nihil tale vel tantulum libeat, quantulum possit nutu cohiberi etiam in
casto dormientis affectu, non tantum in hac vita sed etiam in hac aetate,
non magnum est omnipotenti, qui vales facere supra quam petimus et
intellegimus. nunc tamen quid adhuc sim in hoc genere mali mei, dixi
bono domino meo, exultans cum tremore in eo quod donasti mihi, et

lugens in eo quod inconsummatus sum, sperans perfecturum te in me misericordias tuas usque ad pacem plenariam, quam tecum habebunt interiora et exteriora mea, cum absorpta fuerit mors in victoriam.

31 (43) Est alia malitia diei, quae utinam sufficiat ei. reficimus enim cotidianas ruinas corporis edendo et bibendo, priusquam escas et ventrem destruas, cum occideris indigentiam satietate mirifica et corruptibile hoc indueris incorruptione sempiterna. nunc autem suavis est mihi necessitas, et adversus istam suavitatem pugno, ne capiar, et cotidianum bellum gero in ieiuniis, saepius in servitutem redigens corpus meum, et dolores mei voluptate pelluntur. nam fames et sitis quidam dolores sunt, urunt et sicut febris necant, nisi alimentorum medicina succurrat. quae quoniam praesto est ex consolatione munerum tuorum, in quibus nostrae infirmitati terra et aqua et caelum serviunt, calamitas deliciae vocantur.

(44) Hoc me docuisti, ut quemadmodum medicamenta sic alimenta sumpturus accedam. sed dum ad quietem satietatis ex indigentiae molestia transeo, in ipso transitu mihi insidiatur laqueus concupiscentiae. ipse enim transitus voluptas est, et non est alius, qua transeatur quo transire cogit necessitas. et cum salus sit causa edendi ac bibendi, adiungit se tamquam pedisequa periculosa iucunditas et plerumque praeire conatur, ut eius causa fiat quod salutis causa me facere vel dico vel volo. nec idem modus utriusque est: nam quod saluti satis est, delectationi parum est, et saepe incertum fit utrum adhuc necessaria corporis cura subsidium petat an voluptaria cupiditatis fallacia ministerium suppetat. ad hoc incertum hilarescit infelix anima et in eo praeparat excusationis patrocinium, gaudens non apparere quid satis sit moderationi valetudinis, ut obtentu salutis obumbret negotium voluptatis. his temptationibus cotidie conor resistere, et invoco dexteram tuam, et ad te refero aestus meos, quia consilium mihi de hac re nondum stat.

(45) Audio vocem iubentis dei mei, 'non graventur corda vestra in crapula et ebrietate.' ebrietas longe est a me: misereberis, ne appropinquet mihi. crapula autem nonnumquam subrepit servo tuo: misereberis, ut longe fiat a me. nemo enim potest esse continens, nisi tu des. multa nobis orantibus tribuis, et quidquid boni antequam oraremus accepimus, a te accepimus; et ut hoc postea cognosceremus, a te accepimus. ebriosus numquam fui, sed ebriosos a te factos sobrios ego novi. ergo a te factum est ut hoc non essent qui numquam fuerunt, a quo factum est ut hoc non semper essent qui fuerunt, a quo etiam factum est ut scirent utrique a quo factum est. audivi aliam vocem

tuam: 'post concupiscentias tuas non eas et a voluptate tua vetare.' audivi et illam ex munere tuo, quam multum amavi: 'neque si manducaverimus, abundabimus, neque si non manducaverimus, deerit nobis'; hoc est dicere: 'nec illa res me copiosum faciet nec illa aerumnosum.' audivi et alteram: 'ego enim didici in quibus sum sufficiens esse, et abundare novi et penuriam pati novi. omnia possum in eo qui me confortat.' ecce miles castrorum caelestium, non pulvis quod sumus. sed memento, domine, quia pulvis sumus, et de pulvere fecisti hominem, et perierat et inventus est. nec ille in se potuit, quia idem pulvis fuit quem talia dicentem adflatu tuae inspirationis adamavi: 'omnia possum,' inquit, 'in eo qui me confortat.' conforta me ut possim. da quod iubes et iube quod vis. iste se accepisse confitetur et quod gloriatur in domino gloriatur. audivi alium rogantem ut accipiat: 'aufer a me,' inquit, 'concupiscentias ventris.' unde apparet, sancte deus meus, te dare, cum fit quod imperas fieri.

(46) Docuisti me, pater bone, omnia munda mundis, sed malum esse homini qui per offensionem manducat; et omnem creaturam tuam bonam esse nihilque abiciendum quod cum gratiarum actione percipitur; et quia esca nos non commendat deo, et ut nemo nos iudicet in cibo aut in potu; et ut qui manducat non manducantem non spernat, et qui non manducat manducantem non iudicet. didici haec: gratias tibi, laudes tibi, deo meo, magistro meo, pulsatori aurium mearum, inlustratori cordis mei. eripe ab omni temptatione. non ego immunditiam obsonii timeo, sed immunditiam cupiditatis. scio Noe omne carnis genus quod cibo esset usui manducare permissum, Heliam cibo carnis refectum, Iohannem mirabili abstinentia praeditum animalibus, hoc est lucustis in escam cedentibus, non fuisse pollutum. et scio Esau lenticulae concupiscentia deceptum, et David propter aquae desiderium a se ipso reprehensum, et regem nostrum non de carne sed de pane temptatum. ideoque et populus in heremo non quia carnes desideravit, sed quia escae desiderio adversus dominum murmuravit, meruit improbari.

(47) In his ergo temptationibus positus certo cotidie adversus concupiscentiam manducandi et bibendi. non enim est quod semel praecidere et ulterius non attingere decernam, sicut de concubitu potui. itaque freni gutturis temperata relaxatione et constrictione tenendi sunt. et quis est, domine, qui non rapiatur aliquantum extra metas necessitatis? quisquis est, magnus est, magnificet nomen tuum. ego autem non sum, quia peccator homo sum, sed et ego magnifico nomen tuum, et interpellat te pro peccatis meis qui vicit saeculum,

numerans me inter infirma membra corporis sui, quia et imperfectum
eius viderunt oculi tui, et in libro tuo omnes scribentur.

32   (48) De inlecebra odorum non satago nimis. cum absunt, non
requiro, cum adsunt, non respuo, paratus eis etiam semper carere. ita
mihi videor; forsitan fallar. sunt enim et istae plangendae tenebrae in
quibus me latet facultas mea quae in me est, ut animus meus de viribus
suis ipse se interrogans non facile sibi credendum existimet, quia et
quod inest plerumque occultum est, nisi experientia manifestetur, et
nemo securus esse debet in ista vita, quae tota temptatio nominatur,
utrum qui fieri potuit ex deteriore melior non fiat etiam ex meliore
deterior. una spes, una fiducia, una firma promissio misericordia tua.

33   (49) Voluptates aurium tenacius me implicaverant et subiugaverant,
sed resolvisti et liberasti me. nunc in sonis quos animant eloquia tua
cum suavi et artificiosa voce cantantur, fateor, aliquantulum adquiesco,
non quidem ut haeream, sed ut surgam cum volo. attamen cum ipsis
sententiis, quibus vivunt ut admittantur ad me, quaerunt in corde meo
nonnullius dignitatis locum, et vix eis praebeo congruentem. aliquando
enim plus mihi videor honoris eis tribuere quam decet, dum ipsis
sanctis dictis religiosius et ardentius sentio moveri animos nostros in
flammam pietatis cum ita cantantur, quam si non ita cantarentur, et
omnes affectus spiritus nostri pro sui diversitate habere proprios
modos in voce atque cantu, quorum nescio qua occulta familiaritate
excitentur. sed delectatio carnis meae, cui mentem enervandam non
oportet dari, saepe me fallit, dum rationi sensus non ita comitatur ut
patienter sit posterior, sed tantum, quia propter illam meruit admitti,
etiam praecurrere ac ducere conatur. ita in his pecco non sentiens et
postea sentio.

(50) Aliquando autem hanc ipsam fallaciam immoderatius cavens
erro nimia severitate, sed valde interdum, ut melos omne cantilenarum
suavium quibus daviticum psalterium frequentatur ab auribus meis
removeri velim atque ipsius ecclesiae, tutiusque mihi videtur quod de
Alexandrino episcopo Athanasio saepe mihi dictum commemini, qui
tam modico flexu vocis faciebat sonare lectorem psalmi ut pronuntianti
vicinior esset quam canenti. verum tamen cum reminiscor lacrimas
meas quas fudi ad cantus ecclesiae in primordiis recuperatae fidei
meae, et nunc ipsum cum moveor non cantu sed rebus quae cantantur,
cum liquida voce et convenientissima modulatione cantantur, magnam
instituti huius utilitatem rursus agnosco. ita fluctuo inter periculum
voluptatis et experimentum salubritatis magisque adducor, non
quidem inretractabilem sententiam proferens, cantandi consue-

tudinem approbare in ecclesia, ut per oblectamenta aurium infirmior
animus in affectum pietatis adsurgat. tamen cum mihi accidit ut me
amplius cantus quam res quae canitur moveat, poenaliter me peccare
confiteor et tunc mallem non audire cantantem. ecce ubi sum! flete
mecum et pro me flete qui aliquid boni vobiscum intus agitis, unde
facta procedunt. nam qui non agitis, non vos haec movent. tu autem,
domine deus meus, exaudi: respice et vide et miserere et sana me, in
cuius oculis mihi quaestio factus sum, et ipse est languor meus.

(51) Restat voluptas oculorum istorum carnis meae, de qua loquar
confessiones quas audiant aures templi tui, aures fraternae ac piae, ut
concludamus temptationes concupiscentiae carnis quae me adhuc
pulsant, ingemescentem et habitaculum meum, quod de caelo est,
superindui cupientem. pulchras formas et varias, nitidos et amoenos
colores amant oculi. non teneant haec animam meam; teneat eam deus,
qui fecit haec bona quidem valde, sed ipse est bonum meum, non haec.
et tangunt me vigilantem totis diebus, nec requies ab eis datur mihi,
sicut datur a vocibus canoris, aliquando ab omnibus, in silentio. ipsa
enim regina colorum, lux ista perfundens cuncta quae cernimus, ubiubi
per diem fuero, multimodo adlapsu blanditur mihi aliud agenti et eam
non advertenti. insinuat autem se ita vehementer ut, si repente sub-
trahatur, cum desiderio requiratur; et si diu absit, contristat animum.

(52) O lux quam videbat Tobis, cum clausis istis oculis filium
docebat vitae viam et ei praeibat pede caritatis nusquam errans; aut
quam videbat Isaac praegravatis et opertis senectute carneis luminibus,
cum filios non agnoscendo benedicere sed benedicendo agnoscere
meruit; aut quam videbat Iacob, cum et ipse prae grandi aetate captus
oculis in filiis praesignata futuri populi genera luminoso corde radiavit
et nepotibus suis ex Ioseph divexas mystice manus, non sicut pater
eorum foris corrigebat, sed sicut ipse intus discernebat, imposuit—
ipsa est lux, una est et unum omnes qui vident et amant eam. at ista
corporalis, de qua loquebar, inlecebrosa ac periculosa dulcedine
condit vitam saeculi caecis amatoribus. cum autem et de ipsa laudare te
norunt, deus creator omnium, adsumunt eam in hymno tuo, non
absumuntur ab ea in somno suo: sic esse cupio. resisto seductionibus
oculorum, ne implicentur pedes mei, quibus ingredior viam tuam, et
erigo ad te invisibiles oculos, ut tu evellas de laqueo pedes meos. tu
subinde evelles eos, nam inlaqueantur. tu non cessas evellere (ego
autem crebro haereo in ubique sparsis insidiis) quoniam non dormies
neque dormitabis, qui custodis Israhel.

(53) Quam innumerabilia variis artibus et opificiis, in vestibus,

calciamentis, vasis et cuiuscemodi fabricationibus, picturis etiam diversisque figmentis atque his usum necessarium atque moderatum et piam significationem longe transgredientibus addiderunt homines ad inlecebras oculorum, foras sequentes quod faciunt, intus relinquentes a quo facti sunt et exterminantes quod facti sunt. at ego, deus meus et decus meum, etiam hinc tibi dico hymnum et sacrifico laudem sacrificatori meo, quoniam pulchra traiecta per animas in manus artificiosas ab illa pulchritudine veniunt quae super animas est, cui suspirat anima mea die ac nocte. sed pulchritudinum exteriorum operatores et sectatores inde trahunt approbandi modum, non autem inde trahunt utendi modum. et ibi est et non vident eum, ut non eant longius et fortitudinem suam ad te custodiant nec eam spargant in deliciosas lassitudines. ego autem haec loquens atque discernens etiam istis pulchris gressum innecto, sed tu evellis, domine, evellis tu, quoniam misericordia tua ante oculos meos est. nam ego capior miserabiliter, et tu evellis misericorditer aliquando non sentientem, quia suspensius incideram, aliquando cum dolore, quia iam inhaeseram.

35   (54) Huc accedit alia forma temptationis multiplicius periculosa. praeter enim concupiscentiam carnis, quae inest in delectatione omnium sensuum et voluptatum, cui servientes depereunt qui longe se faciunt a te, inest animae per eosdem sensus corporis quaedam non se oblectandi in carne, sed experiendi per carnem vana et curiosa cupiditas nomine cognitionis et scientiae palliata. quae quoniam in appetitu noscendi est, oculi autem sunt ad noscendum in sensibus principes, concupiscentia oculorum eloquio divino appellata est. ad oculos enim proprie videre pertinet, utimur autem hoc verbo etiam in ceteris sensibus, cum eos ad cognoscendum intendimus. neque enim dicimus, 'audi quid rutilet', aut 'olefac quam niteat', aut 'gusta quam splendeat', aut 'palpa quam fulgeat': videri enim dicuntur haec omnia. dicimus autem non solum, 'vide quid luceat', quod soli oculi sentire possunt, sed etiam, 'vide quid sonet', 'vide quid oleat', 'vide quid sapiat', 'vide quam durum sit.' ideoque generalis experientia sensuum concupiscentia (sicut dictum est) oculorum vocatur, quia videndi officium, in quo primatum oculi tenent, etiam ceteri sensus sibi de similitudine usurpant, cum aliquid cognitionis explorant.

(55) Ex hoc autem evidentius discernitur quid voluptatis, quid curiositatis agatur per sensus, quod voluptas pulchra, canora, suavia, sapida, lenia sectatur, curiositas autem etiam his contraria temptandi causa, non ad subeundam molestiam sed experiendi noscendique libidine. quid enim voluptatis habet videre in laniato cadavere quod

exhorreas? et tamen sicubi iaceat, concurrunt, ut contristentur, ut palleant. timent etiam ne in somnis hoc videant, quasi quisquam eos vigilantes videre coegerit aut pulchritudinis ulla fama persuaserit. ita et in ceteris sensibus, quae persequi longum est. ex hoc morbo cupiditatis in spectaculis exhibentur quaeque miracula. hinc ad perscrutanda naturae, quae praeter nos est, operta proceditur, quae scire nihil prodest et nihil aliud quam scire homines cupiunt. hinc etiam si quid eodem perversae scientiae fine per artes magicas quaeritur. hinc etiam in ipsa religione deus temptatur, cum signa et prodigia flagitantur non ad aliquam salutem, sed ad solam experientiam desiderata.

(56) In hac tam immensa silva plena insidiarum et periculorum, ecce multa praeciderim et a meo corde dispulerim, sicut donasti me facere, deus salutis meae. attamen quando audeo dicere, cum circumquaque cotidianam vitam nostram tam multa huius generis rerum circum-strepant, quando audeo dicere nulla re tali me intentum fieri ad spectandum et vana cura capiendum? sane me iam theatra non rapiunt, nec curo nosse transitus siderum, nec anima mea umquam responsa quaesivit umbrarum; omnia sacrilega sacramenta detestor. a te, domine deus meus, cui humilem famulatum ac simplicem debeo, quantis mecum suggestionum machinationibus agit inimicus ut signum aliquod petam! sed obsecro te per regem nostrum et patriam Hierusalem simplicem, castam, ut quemadmodum a me longe est ad ista consensio, ita sit semper longe atque longius. pro salute autem cuiusquam cum te rogo, alius multum differens finis est intentionis meae, et te facientem quod vis das mihi et dabis libenter sequi.

(57) Verum tamen in quam multis minutissimis et contemptibilibus rebus curiositas cotidie nostra temptetur et quam saepe labamur, quis enumerat? quotiens narrantes inania primo quasi toleramus, ne offendamus infirmos, deinde paulatim libenter advertimus. canem currentem post leporem iam non specto cum in circo fit; at vero in agro, si casu transeam, avertit me fortassis et ab aliqua magna cogitatione atque ad se convertit illa venatio, non deviare cogens corpore iumenti sed cordis inclinatione, et nisi iam mihi demonstrata infirmitate mea cito admoneas aut ex ipsa visione per aliquam considerationem in te adsurgere aut totum contemnere atque transire, vanus hebesco. quid cum me domi sedentem stelio muscas captans vel aranea retibus suis inruentes implicans saepe intentum facit? num quia parva sunt animalia, ideo non res eadem geritur? pergo inde ad laudandum te, creatorem mirificum atque ordinatorem rerum omnium, sed non inde esse intentus incipio. aliud est cito surgere, aliud est non cadere. et

talibus vita mea plena est, et una spes mea magna valde misericordia
tua. cum enim huiuscemodi rerum conceptaculum fit cor nostrum et
portat copiosae vanitatis catervas, hinc et orationes nostrae saepe inter-
rumpuntur atque turbantur, et ante conspectum tuum, dum ad aures
tuas vocem cordis intendimus, nescio unde inruentibus nugatoriis
cogitationibus res tanta praeciditur.

36   (58) Numquid etiam hoc inter contemnenda deputabimus, aut
aliquid nos reducet in spem nisi nota misericordia tua, quoniam
coepisti mutare nos? et tu scis quanta ex parte mutaveris, qui me primitus sanas a libidine vindicandi me, ut propitius fias etiam ceteris omnibus iniquitatibus meis, et sanes omnes languores meos, et redimas de
corruptione vitam meam, et corones me in miseratione et misericordia,
et saties in bonis desiderium meum, qui compressisti a timore tuo
superbiam meam et mansuefecisti iugo tuo cervicem meam. et nunc
porto illud, et lene est mihi, quoniam sic promisisti et fecisti; et vere sic
erat, et nesciebam, quando id subire metuebam.

(59) Sed numquid, domine, qui solus sine typho dominaris, quia
solus verus dominus es, qui non habes dominum, numquid hoc quoque
tertium temptationis genus cessavit a me aut cessare in hac tota vita
potest, timeri et amari velle ab hominibus, non propter aliud sed ut
inde sit gaudium quod non est gaudium? misera vita est et foeda
iactantia; hinc fit vel maxime non amare te nec caste timere te, ideoque
tu superbis resistis, humilibus autem das gratiam, et intonas super
ambitiones saeculi, et contremunt fundamenta montium. itaque nobis,
quoniam propter quaedam humanae societatis officia necessarium est
amari et timeri ab hominibus, instat adversarius verae beatitudinis
nostrae, ubique spargens in laqueis 'euge! euge!' ut, dum avide con-
ligimus, incaute capiamur et a veritate tua gaudium nostrum depona-
mus atque in hominum fallacia ponamus, libeatque nos amari et timeri
non propter te sed pro te, atque isto modo sui similes factos secum
habeat, non ad concordiam caritatis sed ad consortium supplicii, qui
statuit sedem suam ponere in aquilone, ut te perversa et distorta via
imitanti tenebrosi frigidique servirent. nos autem, domine, pusillus
grex tuus ecce sumus, tu nos posside. praetende alas tuas, et fugiamus
sub eas. gloria nostra tu esto; propter te amemur et verbum tuum
timeatur in nobis. qui laudari vult ab hominibus vituperante te, non
defendetur ab hominibus iudicante te nec eripietur damnante te. cum
autem non peccator laudatur in desideriis animae suae, nec qui iniqua
gerit benedicetur, sed laudatur homo propter aliquod donum quod
dedisti ei, at ille plus gaudet sibi laudari se quam ipsum donum habere

unde laudatur, etiam iste te vituperante laudatur, et melior iam ille qui laudavit quam iste qui laudatus est. illi enim placuit in homine donum dei, huic amplius placuit donum hominis quam dei.

7 (60) Temptamur his temptationibus cotidie, domine, sine cessatione temptamur. cotidiana fornax nostra est humana lingua. imperas nobis et in hoc genere continentiam: da quod iubes et iube quod vis. tu nosti de hac re ad te gemitum cordis mei et flumina oculorum meorum. neque enim facile conligo quam sim ab ista peste mundatior, et multum timeo occulta mea, quae norunt oculi tui, mei autem non. est enim qualiscumque in aliis generibus temptationum mihi facultas explorandi me, in hoc paene nulla est. nam et a voluptatibus carnis et a curiositate supervacanea cognoscendi video quantum adsecutus sim posse refrenare animum meum, cum eis rebus careo vel voluntate vel cum absunt. tunc enim me interrogo quam magis minusve mihi molestum sit non habere. divitiae vero, quae ob hoc expetuntur, ut alicui trium istarum cupiditatium vel duabus earum vel omnibus serviant, si persentiscere non potest animus utrum eas habens contemnat, possunt et dimitti, ut se probet. laude vero ut careamus atque in eo experiamur quid possumus, numquid male vivendum est et tam perdite atque immaniter, ut nemo nos noverit qui non detestetur? quae maior dementia dici aut cogitari potest? at si bonae vitae bonorumque operum comes et solet et debet esse laudatio, tam comitatum eius quam ipsam bonam vitam deseri non oportet. non autem sentio, sine quo esse aut aequo animo aut aegre possim, nisi cum afuerit.

(61) Quid igitur tibi in hoc genere temptationis, domine, confiteor? quid, nisi delectari me laudibus? sed amplius ipsa veritate quam laudibus. nam si mihi proponatur utrum malim furens aut in omnibus rebus errans ab omnibus hominibus laudari, an constans et in veritate certissimus ab omnibus vituperari, video quid eligam. verum tamen nollem, ut vel augeret mihi gaudium cuiuslibet boni mei suffragatio oris alieni. sed auget, fateor, non solum, sed et vituperatio minuit. et cum ista miseria mea perturbor, subintrat mihi excusatio, quae qualis sit, tu scis, deus; nam me incertum facit. quia enim nobis imperasti non tantum continentiam (id est a quibus rebus amorem cohibeamus), verum etiam iustitiam (id est quo eum conferamus), nec te tantum voluisti a nobis verum etiam proximum diligi, saepe mihi videor de provectu aut spe proximi delectari, cum bene intellegentis laude delector, et rursus eius malo contristari, cum eum audio vituperare quod aut ignorat aut bonum est. nam et contristor aliquando laudibus meis, cum vel ea laudantur in me in quibus mihi ipse displiceo, vel

etiam bona minora et levia pluris aestimantur quam aestimanda sunt. sed rursus unde scio an propterea sic afficior, quia nolo de me ipso a me dissentire laudatorem meum, non quia illius utilitate moveor, sed quia eadem bona quae mihi in me placent iucundiora mihi sunt, cum et alteri placent? quodam modo enim non ego laudor, cum de me sententia mea non laudatur, quandoquidem aut illa laudantur quae mihi displicent, aut illa amplius quae mihi minus placent. ergone de hoc incertus sum mei?

(62) Ecce in te, veritas, video non me laudibus meis propter me, sed propter proximi utilitatem moveri oportere. et utrum ita sim, nescio. minus mihi in hac re notus sum ipse quam tu. obsecro te, deus meus, et me ipsum mihi indica, ut confitear oraturis pro me fratribus meis quod in me saucium comperero. iterum me diligentius interrogem. si utilitate proximi moveor in laudibus meis, cur minus moveor si quisquam alius iniuste vituperetur quam si ego? cur ea contumelia magis mordeor quae in me quam quae in alium eadem iniquitate coram me iacitur? an et hoc nescio? etiamne id restat, ut ipse me seducam et verum non faciam coram te in corde et lingua mea? insaniam istam, domine, longe fac a me, ne oleum peccatoris mihi sit os meum ad impinguandum caput meum.

38   (63) Egenus et pauper ego sum, et melior in occulto gemitu displicens mihi et quaerens misericordiam tuam, donec reficiatur defectus meus et perficiatur usque in pacem quam nescit arrogantis oculus. sermo autem ore procedens et facta quae innotescunt hominibus habent temptationem periculosissimam ab amore laudis, qui ad privatam quandam excellentiam contrahit emendicata suffragia. temptat et cum a me in me arguitur, eo ipso quo arguitur, et saepe de ipso vanae gloriae contemptu vanius gloriatur, ideoque non iam de ipso contemptu gloriae gloriatur: non enim eam contemnit cum gloriatur.

39   (64) Intus etiam, intus est aliud in eodem genere temptationis malum, quo inanescunt qui placent sibi de se, quamvis aliis vel non placeant vel displiceant nec placere affectent ceteris. sed sibi placentes multum tibi displicent, non tantum de non bonis quasi bonis, verum etiam de bonis tuis quasi suis, aut etiam sicut de tuis, sed tamquam ex meritis suis, aut etiam sicut ex tua gratia, non tamen socialiter gaudentes, sed aliis invidentes eam. in his omnibus atque in huiusce-modi periculis et laboribus vides tremorem cordis mei, et vulnera mea magis subinde a te sanari quam mihi non infligi sentio.

40   (65) Ubi non mecum ambulasti, veritas, docens quid caveam et quid appetam, cum ad te referrem inferiora visa mea quae potui, teque

consulerem? lustravi mundum foris sensu quo potui, et attendi vitam corporis mei de me sensusque ipsos meos. inde ingressus sum in recessus memoriae meae, multiplices amplitudines plenas miris modis copiarum innumerabilium, et consideravi et expavi, et nihil eorum discernere potui sine te et nihil eorum esse te inveni. nec ego ipse inventor, qui peragravi omnia et distinguere et pro suis quaeque dignitatibus aestimare conatus sum, excipiens alia nuntiantibus sensibus et interrogans, alia mecum commixta sentiens ipsosque nuntios dinoscens atque dinumerans iamque in memoriae latis opibus alia pertractans, alia recondens, alia eruens. nec ego ipse cum haec agerem, id est vis mea qua id agebam, nec ipsa eras tu, quia lux es tu permanens quam de omnibus consulebam, an essent, quid essent, quanti pendenda essent, et audiebam docentem ac iubentem. et saepe istuc facio. hoc me delectat, et ab actionibus necessitatis, quantum relaxari possum, ad istam voluptatem refugio. neque in his omnibus quae percurro consulens te invenio tutum locum animae meae nisi in te, quo conligantur sparsa mea nec a te quicquam recedat ex me. et aliquando intromittis me in affectum multum inusitatum introrsus, ad nescio quam dulcedinem, quae si perficiatur in me, nescio quid erit quod vita ista non erit. sed recido in haec aerumnosis ponderibus et resorbeor solitis et teneor et multum fleo, sed multum teneor. tantum consuetudinis sarcina digna est! his esse valeo nec volo, illic volo nec valeo, miser utrubique.

41 (66) Ideoque consideravi languores peccatorum meorum in cupiditate triplici, et dexteram tuam invocavi ad salutem meam. vidi enim splendorem tuum corde saucio et repercussus dixi, 'quis illuc potest?' proiectus sum a facie oculorum tuorum. tu es veritas super omnia praesidens, at ego per avaritiam meam non amittere te volui, sed volui tecum possidere mendacium, sicut nemo vult ita falsum dicere, ut nesciat ipse quid verum sit. itaque amisi te, quia non dignaris cum mendacio possideri.

42 (67) Quem invenirem qui me reconciliaret tibi? ambiendum mihi fuit ad angelos? qua prece? quibus sacramentis? multi conantes ad te redire neque per se ipsos valentes, sicut audio, temptaverunt haec, et inciderunt in desiderium curiosarum visionum, et digni habiti sunt inlusionibus. elati enim te quaerebant doctrinae fastu exserentes potius quam tundentes pectora, et adduxerunt sibi per similitudinem cordis sui conspirantes et socias superbiae suae potestates aeris huius, a quibus per potentias magicas deciperentur, quaerentes mediatorem per quem purgarentur, et non erat. diabolus enim erat transfigurans se

in angelum lucis, et multum inlexit superbam carnem, quod carneo corpore ipse non esset. erant enim illi mortales et peccatores, tu autem, domine, cui reconciliari superbe quaerebant, immortalis et sine peccato. mediator autem inter deum et homines oportebat ut haberet aliquid simile deo, aliquid simile hominibus, ne in utroque hominibus similis longe esset a deo, aut in utroque deo similis longe esset ab hominibus atque ita mediator non esset. fallax itaque ille mediator, quo per secreta iudicia tua superbia meretur inludi, unum cum hominibus habet, id est peccatum, aliud videri vult habere cum deo, ut, quia carnis mortalitate non tegitur, pro immortali se ostentet. sed quia stipendium peccati mors est, hoc habet commune cum hominibus, unde simul damnetur in mortem.

43   (68) Verax autem mediator, quem secreta tua misericordia demonstrasti hominibus et misisti, ut eius exemplo etiam ipsam discerent humilitatem, mediator ille dei et hominum, homo Christus Iesus, inter mortales peccatores et immortalem iustum apparuit, mortalis cum hominibus, iustus cum deo, ut, quoniam stipendium iustitiae vita et pax est, per iustitiam coniunctam deo evacuaret mortem iustificatorum impiorum, quam cum illis voluit habere communem. hic demonstratus est antiquis sanctis, ut ita ipsi per fidem futurae passionis eius, sicut nos per fidem praeteritae, salvi fierent. in quantum enim homo, in tantum mediator, in quantum autem verbum, non medius, quia aequalis deo et deus apud deum et simul unus deus.

(69) Quomodo nos amasti, pater bone, qui filio tuo unico non pepercisti, sed pro nobis impiis tradidisti eum! quomodo nos amasti, pro quibus ille, non rapinam arbitratus esse aequalis tibi, factus est subditus usque ad mortem crucis, unus ille in mortuis liber, potestatem habens ponendi animam suam et potestatem habens iterum sumendi eam, pro nobis tibi victor et victima, et ideo victor quia victima, pro nobis tibi sacerdos et sacrificium, et ideo sacerdos quia sacrificium, faciens tibi nos de servis filios de te nascendo, nobis serviendo. merito mihi spes valida in illo est, quod sanabis omnes languores meos per eum qui sedet ad dexteram tuam et te interpellat pro nobis; alioquin desperarem. multi enim et magni sunt idem languores, multi sunt et magni, sed amplior est medicina tua. potuimus putare verbum tuum remotum esse a coniunctione hominis et desperare de nobis, nisi caro fieret et habitaret in nobis.

(70) Conterritus peccatis meis et mole miseriae meae agitaveram corde meditatusque fueram fugam in solitudinem, sed prohibuisti me et confirmasti me dicens, 'ideo Christus pro omnibus mortuus est, ut

qui vivunt iam non sibi vivant, sed ei qui pro ipsis mortuus est.' ecce, domine, iacto in te curam meam, ut vivam, et considerabo mirabilia de lege tua. tu scis imperitiam meam et infirmitatem meam: doce me et sana me. ille tuus unicus, in quo sunt omnes thesauri sapientiae et scientiae absconditi, redemit me sanguine suo. non calumnientur mihi superbi, quoniam cogito pretium meum, et manduco et bibo et erogo et pauper cupio saturari ex eo inter illos qui edunt et saturantur. et laudant dominum qui requirunt eum.

LIBER UNDECIMUS

1   (1) Numquid, domine, cum tua sit aeternitas, ignoras quae tibi dico, aut ad tempus vides quod fit in tempore? cur ergo tibi tot rerum narrationes digero? non utique ut per me noveris ea, sed affectum meum excito in te, et eorum qui haec legunt, ut dicamus omnes, 'magnus dominus et laudabilis valde.' iam dixi et dicam, 'amore amoris tui facio istuc.' nam et oramus, et tamen veritas ait, 'novit pater vester quid vobis opus sit, priusquam petatis ab eo.' affectum ergo nostrum patefacimus in te confitendo tibi miserias nostras et misericordias tuas super nos, ut liberes nos omnino, quoniam coepisti, ut desinamus esse miseri in nobis et beatificemur in te, quoniam vocasti nos, ut simus pauperes spiritu et mites et lugentes et esurientes ac sitientes iustitiam et misericordes et mundicordes et pacifici. ecce narravi tibi multa, quae potui et quae volui, quoniam tu prior voluisti ut confiterer tibi, domino deo meo, quoniam bonus es, quoniam in saeculum misericordia tua.

2   (2) Quando autem sufficio lingua calami enuntiare omnia hortamenta tua et omnes terrores tuos, et consolationes et guberna-tiones, quibus me perduxisti praedicare verbum et sacramentum tuum dispensare populo tuo? et si sufficio haec enuntiare ex ordine, caro mihi valent stillae temporum. et olim inardesco meditari in lege tua et in ea tibi confiteri scientiam et imperitiam meam, primordia inlumina-tionis tuae et reliquias tenebrarum mearum, quousque devoretur a fortitudine infirmitas. et nolo in aliud horae diffluant quas invenio libe-ras a necessitatibus reficiendi corporis et intentionis animi et ser-vitutis quam debemus hominibus et quam non debemus et tamen reddimus.

(3) Domine deus meus, intende orationi meae et misericordia tua exaudiat desiderium meum, quoniam non mihi soli aestuat, sed usui vult esse fraternae caritati. et vides in corde meo quia sic est. sacrificem tibi famulatum cogitationis et linguae meae, et da quod offeram tibi. inops enim et pauper sum, tu dives in omnes invocantes te, qui securus curam nostri geris. circumcide ab omni temeritate omnique mendacio interiora et exteriora labia mea. sint castae deliciae meae scripturae tuae, nec fallar in eis nec fallam ex eis. domine, attende et miserere, domine deus meus, lux caecorum et virtus infirmorum statimque lux videntium et virtus fortium, attende animam meam et audi clamantem de profundo. nam nisi adsint et in profundo aures tuae, quo ibimus? quo clamabimus? tuus est dies et tua est nox; ad nutum tuum momenta

transvolant. largire inde spatium meditationibus nostris in abdita legis tuae, neque adversus pulsantes claudas eam. neque enim frustra scribi voluisti tot paginarum opaca secreta, aut non habent illae silvae cervos suos, recipientes se in eas et resumentes, ambulantes et pascentes, recumbentes et ruminantes. o domine, perfice me et revela mihi eas. ecce vox tua gaudium meum, vox tua super affluentiam voluptatum. da quod amo: amo enim, et hoc tu dedisti. ne dona tua deseras nec herbam tuam spernas sitientem. confitear tibi quidquid invenero in libris tuis et audiam vocem laudis, et te bibam et considerem mirabilia de lege tua ab usque principio in quo fecisti caelum et terram usque ad regnum tecum perpetuum sanctae civitatis tuae.

(4) Domine, miserere mei et exaudi desiderium meum. puto enim quod non sit de terra, non de auro et argento et lapidibus aut decoris vestibus aut honoribus et potestatibus aut voluptatibus carnis, neque de necessariis corpori et huic vitae peregrinationis nostrae, quae omnia nobis apponuntur quaerentibus regnum et iustitiam tuam. vide, deus meus, unde sit desiderium meum. narraverunt mihi iniusti delecta-tiones, sed non sicut lex tua, domine: ecce unde est desiderium meum. vide, pater, aspice et vide et approba, et placeat in conspectu miseri-cordiae tuae invenire me gratiam ante te, ut aperiantur pulsanti mihi interiora sermonum tuorum. obsecro per dominum nostrum Iesum Christum filium tuum, virum dexterae tuae, filium hominis, quem confirmasti tibi mediatorem tuum et nostrum, per quem nos quaesisti non quaerentes te, quaesisti autem ut quaereremus te, verbum tuum per quod fecisti omnia (in quibus et me), unicum tuum per quem vocasti in adoptionem populum credentium (in quo et me)—per eum te obsecro, qui sedet ad dexteram tuam et te interpellat pro nobis, in quo sunt omnes thesauri sapientiae et scientiae absconditi: ipsos quaero in libris tuis. Moyses de illo scripsit; hoc ipse ait, hoc veritas ait.

3   (5) Audiam et intellegam quomodo in principio fecisti caelum et terram. scripsit hoc Moyses, scripsit et abiit, transiit hinc a te ad te, neque nunc ante me est. nam si esset, tenerem eum et rogarem eum et per te obsecrarem ut mihi ista panderet, et praeberem aures corporis mei sonis erumpentibus ex ore eius, et si hebraea voce loqueretur, frustra pulsaret sensum meum nec inde mentem meam quicquam tangeret; si autem latine, scirem quid diceret. sed unde scirem an verum diceret? quod si et hoc scirem, num ab illo scirem? intus utique mihi, intus in domicilio cogitationis, nec hebraea nec graeca nec latina nec barbara, veritas sine oris et linguae organis, sine strepitu syllabarum diceret, 'verum dicit', et ego statim certus confidenter illi

homini tuo dicerem, 'verum dicis.' cum ergo illum interrogare non possim, te, quo plenus vera dixit, veritas, rogo te, deus meus, rogo, parce peccatis meis, et qui illi servo tuo dedisti haec dicere, da et mihi haec intellegere.

4   (6) Ecce sunt caelum et terra! clamant quod facta sint; mutantur enim atque variantur. quidquid autem factum non est et tamen est, non est in eo quicquam quod ante non erat: quod est mutari atque variari. clamant etiam quod se ipsa non fecerint: 'ideo sumus, quia facta sumus. non ergo eramus antequam essemus, ut fieri possemus a nobis.' et vox dicentium est ipsa evidentia. tu ergo, domine, fecisti ea, qui pulcher es (pulchra sunt enim), qui bonus es (bona sunt enim), qui es (sunt enim). nec ita pulchra sunt nec ita bona sunt nec ita sunt, sicut tu conditor eorum, quo comparato nec pulchra sunt nec bona sunt nec sunt. scimus haec: gratias tibi, et scientia nostra scientiae tuae comparata ignorantia est.

5   (7) Quomodo autem fecisti caelum et terram? et quae machina tam grandis operationis tuae? non enim sicut homo artifex formas corpus de corpore, arbitratu animae valentis imponere utcumque speciem, quam cernit in semet ipsa interno oculo (et unde hoc valeret, nisi quia tu fecisti eam?) et imponit speciem iam exsistenti et habenti, ut esset, veluti terrae aut lapidi aut ligno aut auro aut id genus rerum cuilibet. et unde ista essent, nisi tu instituisses ea? tu fabro corpus, tu animum membris imperitantem fecisti, tu materiam unde facit aliquid, tu ingenium quo artem capiat et videat intus quid faciat foris, tu sensum corporis quo interprete traiciat ab animo ad materiam id quod facit et renuntiet animo quid factum sit, ut ille intus consulat praesidentem sibi veritatem, an bene factum sit. te laudant haec omnia creatorem omnium. sed tu quomodo facis ea? quomodo fecisti, deus, caelum et terram? non utique in caelo neque in terra fecisti caelum et terram neque in aere aut in aquis, quoniam et haec pertinent ad caelum et terram neque in universo mundo fecisti universum mundum, quia non erat ubi fieret antequam fieret, ut esset. nec manu tenebas aliquid unde faceres caelum et terram: nam unde tibi hoc quod tu non feceras, unde aliquid faceres? quid enim est, nisi quia tu es? ergo dixisti et facta sunt atque in verbo tuo fecisti ea.

6   (8) Sed quomodo dixisti? numquid illo modo quo facta est vox de nube dicens, 'hic est filius meus dilectus'? illa enim vox acta atque transacta est, coepta et finita. sonuerunt syllabae atque transierunt, secunda post primam, tertia post secundam atque inde ex ordine, donec ultima post ceteras silentiumque post ultimam. unde claret

atque eminet quod creaturae motus expressit eam, serviens aeternae
voluntati tuae ipse temporalis. et haec ad tempus facta verba tua
nuntiavit auris exterior menti prudenti, cuius auris interior posita est
ad aeternum verbum tuum. at illa comparavit haec verba temporaliter
sonantia cum aeterno in silentio verbo tuo et dixit, 'aliud est longe,
longe aliud est. haec longe infra me sunt nec sunt, quia fugiunt et
praetereunt; verbum autem dei mei supra me manet in aeternum.' si
ergo verbis sonantibus et praetereuntibus dixisti, ut fieret caelum et
terra, atque ita fecisti caelum et terram, erat iam creatura corporalis
ante caelum et terram, cuius motibus temporalibus temporaliter vox
illa percurreret. nullum autem corpus ante caelum et terram, aut si erat,
id certe sine transitoria voce feceras, unde transitoriam vocem faceres,
qua diceres ut fieret caelum et terra. quidquid enim illud esset unde
talis vox fieret, nisi abs te factum esset omnino non esset. ut ergo fieret
corpus unde ista verba fierent, quo verbo a te dictum est?

7   (9) Vocas itaque nos ad intellegendum verbum, deum apud te deum,
quod sempiterne dicitur et eo sempiterne dicuntur omnia. neque enim
finitur quod dicebatur et dicitur aliud, ut possint dici omnia, sed simul
ac sempiterne omnia; alioquin iam tempus et mutatio et non vera
aeternitas nec vera immortalitas. hoc novi, deus meus, et gratias ago.
novi, confiteor tibi, domine, mecumque novit et benedicit te quisquis
ingratus non est certae veritati. novimus, domine, novimus, quoniam in
quantum quidque non est quod erat et est quod non erat, in tantum
moritur et oritur. non ergo quicquam verbi tui cedit atque succedit,
quoniam vere immortale atque aeternum est. et ideo verbo tibi
coaeterno simul et sempiterne dicis omnia quae dicis, et fit quidquid
dicis ut fiat. nec aliter quam dicendo facis, nec tamen simul et
sempiterna fiunt omnia quae dicendo facis.

8   (10) Cur, quaeso, domine deus meus? utcumque video, sed
quomodo id eloquar nescio, nisi quia omne quod esse incipit et esse
desinit tunc esse incipit et tunc desinit, quando debuisse incipere vel
desinere in aeterna ratione cognoscitur, ubi nec incipit aliquid nec
desinit. ipsum est verbum tuum, quod et principium est, quia et
loquitur nobis. sic in evangelio per carnem ait, et hoc insonuit foris
auribus hominum, ut crederetur et intus quaereretur et inveniretur in
aeterna veritate, ubi omnes discipulos bonus et solus magister docet.
ibi audio vocem tuam, domine, dicentis mihi, quoniam ille loquitur
nobis qui docet nos, qui autem non docet nos, etiam si loquitur, non
nobis loquitur. quid porro nos docet nisi stabilis veritas? quia et per
creaturam mutabilem cum admonemur, ad veritatem stabilem

ducimur, ubi vere discimus, cum stamus et audimus eum et gaudio
gaudemus propter vocem sponsi, reddentes nos unde sumus. et ideo
principium, quia, nisi maneret cum erraremus, non esset quo
rediremus. cum autem redimus ab errore, cognoscendo utique
redimus; ut autem cognoscamus, docet nos, quia principium est et loquitur nobis.

9   (11) In hoc principio, deus, fecisti caelum et terram in verbo tuo, in
filio tuo, in virtute tua, in sapientia tua, in veritate tua, miro modo
dicens et miro modo faciens. quis comprehendet? quis enarrabit? quid
est illud quod interlucet mihi et percutit cor meum sine laesione? et
inhorresco et inardesco: inhorresco, in quantum dissimilis ei sum,
inardesco, in quantum similis ei sum. sapientia, sapientia ipsa est quae
interlucet mihi, discindens nubilum meum, quod me rursus cooperit
deficientem ab ea caligine atque aggere poenarum mearum, quoniam
sic infirmatus est in egestate vigor meus ut non sufferam bonum meum,
donec tu, domine, qui propitius factus es omnibus iniquitatibus meis,
etiam sanes omnes languores meos, quia et redimes de corruptione
vitam meam, et coronabis me in miseratione et misericordia, et satiabis
in bonis desiderium meum, quoniam renovabitur iuventus mea sicut
aquilae. spe enim salvi facti sumus et promissa tua per patientiam
expectamus. audiat te intus sermocinantem qui potest: ego fidenter ex
oraculo tuo clamabo, 'quam magnificata sunt opera tua, domine, omnia
in sapientia fecisti!' et illa principium, et in eo principio fecisti caelum
et terram.

10   (12) Nonne ecce pleni sunt vetustatis suae qui nobis dicunt, 'quid
faciebat deus antequam faceret caelum et terram? si enim vacabat,'
inquiunt, 'et non operabatur aliquid, cur non sic semper et deinceps,
quemadmodum retro semper cessavit ab opere? si enim ullus motus in
deo novus extitit et voluntas nova, ut creaturam conderet quam
numquam ante condiderat, quomodo iam vera aeternitas, ubi oritur
voluntas quae non erat? neque enim voluntas dei creatura est sed ante
creaturam, quia non crearetur aliquid nisi creatoris voluntas
praecederet. ad ipsam ergo dei substantiam pertinet voluntas eius.
quod si exortum est aliquid in dei substantia quod prius non erat, non
veraciter dicitur aeterna illa substantia. si autem dei voluntas
sempiterna erat, ut esset creatura, cur non sempiterna et creatura?'

11   (13) Qui haec dicunt nondum te intellegunt, o sapientia dei, lux
mentium, nondum intellegunt quomodo fiant quae per te atque in te
fiunt, et conantur aeterna sapere, sed adhuc in praeteritis et futuris
rerum motibus cor eorum volitat et adhuc vanum est. quis tenebit illud

et figet illud, ut paululum stet, et paululum rapiat splendorem semper
stantis aeternitatis, et comparet cum temporibus numquam stantibus,
et videat esse incomparabilem, et videat longum tempus, nisi ex multis
praetereuntibus motibus qui simul extendi non possunt, longum non
fieri; non autem praeterire quicquam in aeterno, sed totum esse
praesens; nullum vero tempus totum esse praesens; et videat omne
praeteritum propelli ex futuro et omne futurum ex praeterito consequi,
et omne praeteritum ac futurum ab eo quod semper est praesens creari
et excurrere? quis tenebit cor hominis, ut stet et videat quomodo stans
dictet futura et praeterita tempora nec futura nec praeterita aeternitas?
numquid manus mea valet hoc aut manus oris mei per loquellas agit
tam grandem rem?

2   (14) Ecce respondeo dicenti, 'quid faciebat deus antequam faceret
caelum et terram?' respondeo non illud quod quidam respondisse
perhibetur, ioculariter eludens quaestionis violentiam: 'alta,' inquit,
'scrutantibus gehennas parabat.' aliud est videre, aliud ridere: haec non
respondeo. libentius enim responderim, 'nescio quod nescio', quam
illud unde inridetur qui alta interrogavit et laudatur qui falsa respondit.
sed dico te, deus noster, omnis creaturae creatorem et, si caeli et terrae
nomine omnis creatura intellegitur, audenter dico, 'antequam faceret
deus caelum et terram, non faciebat aliquid.' si enim faciebat, quid nisi
creaturam faciebat? et utinam sic sciam quidquid utiliter scire cupio,
quemadmodum scio quod nulla fiebat creatura antequam fieret ulla
creatura.

3   (15) At si cuiusquam volatilis sensus vagatur per imagines retro
temporum et te, deum omnipotentem et omnicreantem et omni-
tenentem, caeli et terrae artificem, ab opere tanto, antequam id faceres,
per innumerabilia saecula cessasse miratur, evigilet atque attendat,
quia falsa miratur. nam unde poterant innumerabilia saecula praeterire
quae ipse non feceras, cum sis omnium saeculorum auctor et conditor?
aut quae tempora fuissent quae abs te condita non essent? aut quomodo
praeterirent, si numquam fuissent? cum ergo sis operator omnium
temporum, si fuit aliquod tempus antequam faceres caelum et terram,
cur dicitur quod ab opere cessabas? idipsum enim tempus tu feceras,
nec praeterire potuerunt tempora antequam faceres tempora. si autem
ante caelum et terram nullum erat tempus, cur quaeritur quid tunc
faciebas? non enim erat tunc, ubi non erat tempus.

(16) Nec tu tempore tempora praecedis, alioquin non omnia
tempora praecederes. sed praecedis omnia praeterita celsitudine
semper praesentis aeternitatis et superas omnia futura, quia illa futura

sunt, et cum venerint, praeterita erunt. tu autem idem ipse es, et anni tui non deficient: anni tui nec eunt nec veniunt, isti enim nostri eunt et veniunt, ut omnes veniant; anni tui omnes simul stant, quoniam stant, nec euntes a venientibus excluduntur, quia non transeunt. isti autem nostri omnes erunt, cum omnes non erunt. anni tui dies unus, et dies tuus non cotidie sed hodie, quia hodiernus tuus non cedit crastino; neque enim succedit hesterno. hodiernus tuus aeternitas; ideo coaeternum genuisti cui dixisti, 'ego hodie genui te.' omnia tempora tu fecisti et ante omnia tempora tu es, nec aliquo tempore non erat tempus.

14   (17) Nullo ergo tempore non feceras aliquid, quia ipsum tempus tu feceras. et nulla tempora tibi coaeterna sunt, quia tu permanes. at illa si permanerent, non essent tempora. quid est enim tempus? quis hoc facile breviterque explicaverit? quis hoc ad verbum de illo proferendum vel cogitatione comprehenderit? quid autem familiarius et notius in loquendo commemoramus quam tempus? et intellegimus utique cum id loquimur, intellegimus etiam cum alio loquente id audimus. quid est ergo tempus? si nemo ex me quaerat, scio; si quaerenti explicare velim, nescio. fidenter tamen dico scire me quod, si nihil praeteriret, non esset praeteritum tempus, et si nihil adveniret, non esset futurum tempus, et si nihil esset, non esset praesens tempus. duo ergo illa tempora, praeteritum et futurum, quomodo sunt, quando et praeteritum iam non est et futurum nondum est? praesens autem si semper esset praesens nec in praeteritum transiret, non iam esset tempus, sed aeternitas. si ergo praesens, ut tempus sit, ideo fit, quia in praeteritum transit, quomodo et hoc esse dicimus, cui causa, ut sit, illa est, quia non erit, ut scilicet non vere dicamus tempus esse, nisi quia tendit non esse?

15   (18) Et tamen dicimus longum tempus et breve tempus, neque hoc nisi de praeterito aut futuro dicimus. praeteritum tempus longum verbi gratia vocamus ante centum annos, futurum itidem longum post centum annos, breve autem praeteritum sic, ut puta dicamus ante decem dies, et breve futurum post decem dies. sed quo pacto longum est aut breve, quod non est? praeteritum enim iam non est et futurum nondum est. non itaque dicamus, 'longum est,' sed dicamus de praeterito, 'longum fuit,' et de futuro, 'longum erit.' domine meus, lux mea, nonne et hic veritas tua deridebit hominem? quod enim longum fuit praeteritum tempus, cum iam esset praeteritum longum fuit, an cum adhuc praesens esset? tunc enim poterat esse longum quando erat, quod esset longum; praeteritum vero iam non erat, unde nec longum

esse poterat, quod omnino non erat. non ergo dicamus, 'longum fuit praeteritum tempus'; neque enim inveniemus quid fuerit longum, quando, ex quo praeteritum est, non est, sed dicamus, 'longum fuit illud praesens tempus,' quia cum praesens esset, longum erat. nondum enim praeterierat ut non esset, et ideo erat quod longum esse posset; postea vero quam praeteriit, simul et longum esse destitit quod esse destitit.

(19) Videamus ergo, anima humana, utrum praesens tempus possit esse longum, datum enim tibi est sentire moras atque metiri. quid respondebis mihi? an centum anni praesentes longum tempus est? vide prius utrum possint praesentes esse centum anni. si enim primus eorum annus agitur, ipse praesens est, nonaginta vero et novem futuri sunt et ideo nondum sunt. si autem secundus annus agitur, iam unus est praeteritus, alter praesens, ceteri futuri. atque ita mediorum quemlibet centenarii huius numeri annum praesentem posuerimus. ante illum praeteriti erunt, post illum futuri. quocirca centum anni praesentes esse non poterunt. vide saltem utrum qui agitur unus ipse sit praesens. et eius enim si primus agitur mensis, futuri sunt ceteri, si secundus, iam et primus praeteriit et reliqui nondum sunt. ergo nec annus qui agitur totus est praesens, et si non totus est praesens, non annus est praesens. duodecim enim menses annus est, quorum quilibet unus mensis qui agitur ipse praesens est, ceteri aut praeteriti aut futuri. quamquam neque mensis qui agitur praesens est, sed unus dies. si primus, futuris ceteris, si novissimus, praeteritis ceteris, si mediorum quilibet, inter praeteritos et futuros.

(20) Ecce praesens tempus, quod solum inveniebamus longum appellandum, vix ad unius diei spatium contractum est. sed discutiamus etiam ipsum, quia nec unus dies totus est praesens. nocturnis enim et diurnis horis omnibus viginti quattuor expletur, quarum prima ceteras futuras habet, novissima praeteritas, aliqua vero interiectarum ante se praeteritas, post se futuras. et ipsa una hora fugitivis particulis agitur. quidquid eius avolavit, praeteritum est, quidquid ei restat, futurum. si quid intellegitur temporis, quod in nullas iam vel minutissimas momentorum partes dividi possit, id solum est quod praesens dicatur; quod tamen ita raptim a futuro in praeteritum transvolat, ut nulla morula extendatur. nam si extenditur, dividitur in praeteritum et futurum; praesens autem nullum habet spatium. ubi est ergo tempus quod longum dicamus? an futurum? non quidem dicimus, 'longum est,' quia nondum est quod longum sit, sed dicimus, 'longum erit.' quando igitur erit? si enim et tunc adhuc futurum erit, non erit longum, quia

quid sit longum nondum erit. si autem tunc erit longum, cum ex futuro quod nondum est esse iam coeperit et praesens factum erit, ut possit esse quod longum sit, iam superioribus vocibus clamat praesens tempus longum se esse non posse.

16　　(21) Et tamen, domine, sentimus intervalla temporum et comparamus sibimet et dicimus alia longiora et alia breviora. metimur etiam quanto sit longius aut brevius illud tempus quam illud, et respondemus duplum esse hoc vel triplum, illud autem simplum aut tantum hoc esse quantum illud. sed praetereuntia metimur tempora cum sentiendo metimur. praeterita vero, quae iam non sunt, aut futura, quae nondum sunt, quis metiri potest, nisi forte audebit quis dicere metiri posse quod non est? cum ergo praeterit tempus, sentiri et metiri potest, cum autem praeterierit, quoniam non est, non potest.

17　　(22) Quaero, pater, non adfirmo. deus meus, praeside mihi et rege me. quisnam est qui dicat mihi non esse tria tempora, sicut pueri didicimus puerosque docuimus, praeteritum, praesens, et futurum, sed tantum praesens, quoniam illa duo non sunt? an et ipsa sunt, sed ex aliquo procedit occulto cum ex futuro fit praesens, et in aliquod recedit occultum cum ex praesenti fit praeteritum? nam ubi ea viderunt qui futura cecinerunt, si nondum sunt? neque enim potest videri id quod non est. et qui narrant praeterita, non utique vera narrarent si animo illa non cernerent. quae si nulla essent, cerni omnino non possent. sunt ergo et futura et praeterita.

18　　(23) Sine me, domine, amplius quaerere, spes mea; non conturbetur intentio mea. si enim sunt futura et praeterita, volo scire ubi sint. quod si nondum valeo, scio tamen, ubicumque sunt, non ibi ea futura esse aut praeterita, sed praesentia. nam si et ibi futura sunt, nondum ibi sunt, si et ibi praeterita sunt, iam non ibi sunt. ubicumque ergo sunt, quaecumque sunt, non sunt nisi praesentia. quamquam praeterita cum vera narrantur, ex memoria proferuntur non res ipsae quae praeterierunt, sed verba concepta ex imaginibus earum quae in animo velut vestigia per sensus praetereundo fixerunt. pueritia quippe mea, quae iam non est, in tempore praeterito est, quod iam non est; imaginem vero eius, cum eam recolo et narro, in praesenti tempore intueor, quia est adhuc in memoria mea. utrum similis sit causa etiam praedicendorum futurorum, ut rerum, quae nondum sunt, iam existentes praesentiantur imagines, confiteor, deus meus, nescio. illud sane scio, nos plerumque praemeditari futuras actiones nostras eamque praemeditationem esse praesentem, actionem autem quam praemeditamur nondum esse, quia futura est. quam cum aggressi fuerimus et quod praemeditabamur agere coeperimus, tunc erit illa actio, quia tunc non futura, sed praesens erit.

(24) Quoquo modo se itaque habeat arcana praesensio futurorum, videri nisi quod est non potest. quod autem iam est, non futurum sed praesens est. cum ergo videri dicuntur futura, non ipsa quae nondum sunt, id est quae futura sunt, sed eorum causae vel signa forsitan videntur, quae iam sunt. ideo non futura sed praesentia sunt iam videntibus, ex quibus futura praedicantur animo concepta. quae rursus conceptiones iam sunt, et eas praesentes apud se intuentur qui illa praedicunt. loquatur mihi aliquod exemplum tanta rerum numerositas. intueor auroram, oriturum solem praenuntio. quod intueor, praesens est, quod praenuntio, futurum. non sol futurus, qui iam est, sed ortus eius, qui nondum est; tamen etiam ortum ipsum nisi animo imaginarer, sicut modo cum id loquor, non eum possem praedicere. sed nec illa aurora quam in caelo video solis ortus est, quamvis eum praecedat, nec illa imaginatio in animo meo. quae duo praesentia cernuntur, ut futurus ille ante dicatur. futura ergo nondum sunt, et si nondum sunt, non sunt, et si non sunt, videri omnino non possunt; sed praedici possunt ex praesentibus, quae iam sunt et videntur.

19   (25) Tu itaque, regnator creaturae tuae, quis est modus quo doces animas ea quae futura sunt? docuisti enim prophetas tuos. quisnam ille modus est quo doces futura, cui futurum quicquam non est? vel potius de futuris doces praesentia? nam quod non est, nec doceri utique potest. nimis longe est modus iste ab acie mea: invaluit. ex me non potero ad illum, potero autem ex te, cum dederis tu, dulce lumen occultorum oculorum meorum.

20   (26) Quod autem nunc liquet et claret, nec futura sunt nec praeterita, nec proprie dicitur, 'tempora sunt tria, praeteritum, praesens, et futurum,' sed fortasse proprie diceretur, 'tempora sunt tria, praesens de praeteritis, praesens de praesentibus, praesens de futuris.' sunt enim haec in anima tria quaedam et alibi ea non video, praesens de praeteritis memoria, praesens de praesentibus contuitus, praesens de futuris expectatio. si haec permittimur dicere, tria tempora video fateorque, tria sunt. dicatur etiam, 'tempora sunt tria, praeteritum, praesens, et futurum,' sicut abutitur consuetudo; dicatur. ecce non curo nec resisto nec reprehendo, dum tamen intellegatur quod dicitur, neque id quod futurum est esse iam, neque id quod praeteritum est. pauca sunt enim quae proprie loquimur, plura non proprie, sed agnoscitur quid velimus.

1   (27) Dixi ergo paulo ante quod praetereuntia tempora metimur, ut

possimus dicere duplum esse hoc temporis ad illud simplum, aut tantum hoc quantum illud, et si quid aliud de partibus temporum possumus renuntiare metiendo. quocirca, ut dicebam, praetereuntia metimur tempora, et si quis mihi dicat, 'unde scis?', respondeam, scio quia metimur, nec metiri quae non sunt possumus, et non sunt praeterita vel futura. praesens vero tempus quomodo metimur, quando non habet spatium? metitur ergo cum praeterit, cum autem praeterierit, non metitur; quid enim metiatur non erit. sed unde et qua et quo praeterit, cum metitur? unde nisi ex futuro? qua nisi per praesens? quo nisi in praeteritum? ex illo ergo quod nondum est, per illud quod spatio caret, in illud quod iam non est. quid autem metimur nisi tempus in aliquo spatio? neque enim dicimus simpla et dupla et tripla et aequalia, et si quid hoc modo in tempore dicimus nisi spatia temporum. in quo ergo spatio metimur tempus praeteriens? utrum in futuro, unde praeterit? sed quod nondum est, non metimur. an in praesenti, qua praeterit? sed nullum spatium non metimur. an in praeterito, quo praeterit? sed quod iam non est, non metimur.

22 (28) Exarsit animus meus nosse istuc implicatissimum aenigma. noli claudere, domine deus meus, bone pater, per Christum obsecro, noli claudere desiderio meo ista et usitata et abdita, quominus in ea penetret et dilucescant allucente misericordia tua, domine. quem percontabor de his? et cui fructuosius confitebor imperitiam meam nisi tibi, cui non sunt molesta studia mea flammantia vehementer in scripturas tuas? da quod amo; amo enim, et hoc tu dedisti. da, pater, qui vere nosti data bona dare filiis tuis, da, quoniam suscepi cognoscere et labor est ante me, donec aperias. per Christum obsecro, in nomine eius sancti sanctorum nemo mihi obstrepat. et ego credidi, propter quod et loquor. haec est spes mea, ad hanc vivo, ut contempler delectationem domini. ecce veteres posuisti dies meos et transeunt, et quomodo, nescio. et dicimus tempus et tempus, tempora et tempora: 'quamdiu dixit hoc ille', 'quamdiu fecit hoc ille', et 'quam longo tempore illud non vidi', et 'duplum temporis habet haec syllaba ad illam simplam brevem.' dicimus haec et audimus haec et intellegimur et intellegimus. manifestissima et usitatissima sunt, et eadem rursus nimis latent et nova est inventio eorum.

23 (29) Audivi a quodam homine docto quod solis et lunae ac siderum motus ipsa sint tempora, et non adnui. cur enim non potius omnium corporum motus sint tempora? an vero, si cessarent caeli lumina et moveretur rota figuli, non esset tempus quo metiremur eos gyros et diceremus aut aequalibus morulis agi, aut si alias tardius, alias velocius

moveretur, alios magis diuturnos esse, alios minus? aut cum haec
diceremus, non et nos in tempore loqueremur aut essent in verbis
nostris aliae longae syllabae, aliae breves, nisi quia illae longiore
tempore sonuissent, istae breviore? deus, dona hominibus videre in
parvo communes notitias rerum parvarum atque magnarum. sunt
sidera et luminaria caeli in signis et in temporibus et in diebus et in
annis. sunt vero, sed nec ego dixerim circuitum illius ligneolae rotae
diem esse, nec tamen ideo tempus non esse ille dixerit.

(30) Ego scire cupio vim naturamque temporis, quo metimur
corporum motus et dicimus illum motum verbi gratia tempore duplo
esse diuturniorem quam istum. nam quaero, quoniam dies dicitur non
tantum mora solis super terram, secundum quod aliud est dies, aliud
nox, sed etiam totius eius circuitus ab oriente usque orientem,
secundum quod dicimus, 'tot dies transierunt' (cum suis enim noctibus
dicuntur tot dies, nec extra reputantur spatia noctium)—quoniam ergo
dies expletur motu solis atque circuitu ab oriente usque orientem,
quaero utrum motus ipse sit dies, an mora ipsa quanta peragitur, an
utrumque. si enim primum dies esset, dies ergo esset, etiamsi tanto
spatio temporis sol cursum illum peregisset, quantum est horae unius.
si secundum, non ergo esset dies, si ab ortu solis usque in ortum
alterum tam brevis mora esset quam est horae unius, sed viciens et
quater circuiret sol ut expleret diem. si utrumque, nec ille appellaretur
dies, si horae spatio sol totum suum gyrum circuiret, nec ille, si sole
cessante tantum temporis praeteriret, quanto peragere sol totum
ambitum de mane in mane adsolet. non itaque nunc quaeram quid sit
illud quod vocatur dies, sed quid sit tempus, quo metientes solis
circuitum diceremus eum dimidio spatio temporis peractum minus
quam solet, si tanto spatio temporis peractus esset, quanto peraguntur
horae duodecim, et utrumque tempus comparantes diceremus illud
simplum, hoc duplum, etiamsi aliquando illo simplo, aliquando isto
duplo sol ab oriente usque orientem circuiret. nemo ergo mihi dicat
caelestium corporum motus esse tempora, quia et cuiusdam voto cum
sol stetisset, ut victoriosum proelium perageret, sol stabat, sed tempus
ibat. per suum quippe spatium temporis, quod ei sufficeret, illa pugna
gesta atque finita est. video igitur tempus quandam esse distentionem.
sed video? an videre mihi videor? tu demonstrabis, lux, veritas.

4   (31) Iubes ut approbem, si quis dicat tempus esse motum corporis?
non iubes. nam corpus nullum nisi in tempore moveri audio: tu dicis.
ipsum autem corporis motum tempus esse non audio: non tu dicis. cum
enim movetur corpus, tempore metior quamdiu moveatur, ex quo

moveri incipit donec desinat. et si non vidi ex quo coepit et perseverat moveri, ut non videam cum desinit, non valeo metiri, nisi forte ex quo videre incipio donec desinam. quod si diu video, tantummodo longum tempus esse renuntio, non autem quantum sit, quia et quantum cum dicimus, conlatione dicimus, velut 'tantum hoc, quantum illud', aut 'duplum hoc ad illud', et si quid aliud isto modo. si autem notare potuerimus locorum spatia, unde et quo veniat corpus quod movetur, vel partes eius, si tamquam in torno movetur, possumus dicere quantum sit temporis ex quo ab illo loco usque ad illum locum motus corporis vel partis eius effectus est. cum itaque aliud sit motus corporis, aliud quo metimur quamdiu sit, quis non sentiat quid horum potius tempus dicendum sit? nam si et varie corpus aliquando movetur, aliquando stat, non solum motum eius sed etiam statum tempore metimur et dicimus, 'tantum stetit, quantum motum est', aut 'duplo vel triplo stetit ad id quod motum est', et si quid aliud nostra dimensio sive comprehenderit sive existimaverit, ut dici solet plus minus. non ergo tempus corporis motus.

25   (32) Et confiteor tibi, domine, ignorare me adhuc quid sit tempus, et rursus confiteor tibi, domine, scire me in tempore ista dicere, et diu me iam loqui de tempore, atque ipsum diu non esse diu nisi mora temporis. quomodo igitur hoc scio, quando quid sit tempus nescio? an forte nescio quemadmodum dicam quod scio? ei mihi, qui nescio saltem quid nesciam! ecce, deus meus, coram te, quia non mentior! sicut loquor, ita est cor meum. tu inluminabis lucernam meam, domine, deus meus, inluminabis tenebras meas.

26   (33) Nonne tibi confitetur anima mea confessione veridica metiri me tempora? itane, deus meus, metior et quid metiar nescio. metior motum corporis tempore: item ipsum tempus nonne metior? an vero corporis motum metirer, quamdiu sit et quamdiu hinc illuc perveniat, nisi tempus in quo movetur metirer? ipsum ergo tempus unde metior? an tempore breviore metimur longius sicut spatio cubiti spatium transtri? sic enim videmur spatio brevis syllabae metiri spatium longae syllabae atque id duplum dicere. ita metimur spatia carminum spatiis versuum et spatia versuum spatiis pedum et spatia pedum spatiis syllabarum et spatia longarum spatiis brevium, non in paginis (nam eo modo loca metimur, non tempora) sed cum voces pronuntiando transeunt et dicimus, 'longum carmen est, nam tot versibus contexitur; longi versus, nam tot pedibus constant; longi pedes, nam tot syllabis tenduntur; longa syllaba est, nam dupla est ad brevem.' sed neque ita comprehenditur certa mensura temporis, quandoquidem fieri potest ut

ampliore spatio temporis personet versus brevior, si productius pro-
nuntietur, quam longior, si correptius. ita carmen, ita pes, ita syllaba.
inde mihi visum est nihil esse aliud tempus quam distentionem; sed
cuius rei, nescio, et mirum, si non ipsius animi. quid enim metior,
obsecro, deus meus? et dico aut indefinite, 'longius est hoc tempus
quam illud', aut etiam definite, 'duplum est hoc ad illud.' tempus
metior, scio; sed non metior futurum, quia nondum est, non metior
praesens, quia nullo spatio tenditur, non metior praeteritum, quia iam
non est. quid ergo metior? an praetereuntia tempora, non praeterita? sic
enim dixeram.

27　　(34) Insiste, anime meus, et attende fortiter. deus adiutor noster: ipse
fecit nos, et non nos. attende ubi albescit veritas. ecce puta vox corporis
incipit sonare et sonat et adhuc sonat, et ecce desinit, iamque silentium
est, et vox illa praeterita est et non est iam vox. futura erat antequam
sonaret, et non poterat metiri quia nondum erat, et nunc non potest
quia iam non est. tunc ergo poterat cum sonabat, quia tunc erat quae
metiri posset. sed et tunc non stabat; ibat enim et praeteribat. an ideo
magis poterat? praeteriens enim tendebatur in aliquod spatium
temporis quo metiri posset, quoniam praesens nullum habet spatium.
si ergo tunc poterat, ecce puta altera coepit sonare et adhuc sonat
continuato tenore sine ulla distinctione. metiamur eam dum sonat. cum
enim sonare cessaverit, iam praeterita erit et non erit quae possit
metiri. metiamur plane et dicamus quanta sit. sed adhuc sonat nec
metiri potest nisi ab initio sui, quo sonare coepit, usque ad finem, quo
desinit. ipsum quippe intervallum metimur ab aliquo initio usque ad
aliquem finem. quapropter vox quae nondum finita est metiri non
potest, ut dicatur quam longa vel brevis sit, nec dici aut aequalis alicui
aut ad aliquam simpla vel dupla vel quid aliud. cum autem finita fuerit,
iam non erit. quo pacto igitur metiri poterit? et metimur tamen
tempora, nec ea quae nondum sunt, nec ea quae iam non sunt, nec ea
quae nulla mora extenduntur, nec ea quae terminos non habent. nec
futura ergo nec praeterita nec praesentia nec praetereuntia tempora
metimur, et metimur tamen tempora.

　　(35) 'Deus creator omnium': versus iste octo syllabarum brevibus et
longis alternat syllabis. quattuor itaque breves (prima, tertia, quinta,
septima) simplae sunt ad quattuor longas (secundam, quartam, sextam,
octavam). hae singulae ad illas singulas duplum habent temporis.
pronuntio et renuntio, et ita est quantum sentitur sensu manifesto.
quantum sensus manifestus est, brevi syllaba longam metior eamque
sentio habere bis tantum. sed cum altera post alteram sonat, si prior

brevis, longa posterior, quomodo tenebo brevem et quomodo eam longae metiens applicabo, ut inveniam quod bis tantum habeat, quandoquidem longa sonare non incipit nisi brevis sonare destiterit? ipsamque longam num praesentem metior, quando nisi finitam non metior? eius autem finitio praeteritio est: quid ergo est quod metior? ubi est qua metior brevis? ubi est longa quam metior? ambae sonuerunt, avolaverunt, praeterierunt, iam non sunt. et ego metior fidenterque respondeo, quantum exercitato sensu fiditur, illam simplam esse, illam duplam, in spatio scilicet temporis. neque hoc possum, nisi quia praeterierunt et finitae sunt. non ergo ipsas quae iam non sunt, sed aliquid in memoria mea metior, quod infixum manet.

(36) In te, anime meus, tempora metior. noli mihi obstrepere, quod est; noli tibi obstrepere turbis affectionum tuarum. in te, inquam, tempora metior. affectionem quam res praetereuntes in te faciunt et, cum illae praeterierint, manet, ipsam metior praesentem, non ea quae praeterierunt ut fieret; ipsam metior, cum tempora metior. ergo aut ipsa sunt tempora, aut non tempora metior. quid cum metimur silentia, et dicimus illud silentium tantum tenuisse temporis quantum illa vox tenuit, nonne cogitationem tendimus ad mensuram vocis, quasi sonaret, ut aliquid de intervallis silentiorum in spatio temporis renuntiare possimus? nam et voce atque ore cessante peragimus cogitando carmina et versus et quemque sermonem motionumque dimensiones quaslibet et de spatiis temporum, quantum illud ad illud sit, renuntiamus non aliter ac si ea sonando diceremus. voluerit aliquis edere longiusculam vocem, et constituerit praemeditando quam longa futura sit, egit utique iste spatium temporis in silentio memoriaeque commendans coepit edere illam vocem quae sonat, donec ad propositum terminum perducatur. immo sonuit et sonabit; nam quod eius iam peractum est, utique sonuit, quod autem restat, sonabit atque ita peragitur, dum praesens intentio futurum in praeteritum traicit, deminutione futuri crescente praeterito, donec consumptione futuri sit totum praeteritum.

28   (37) Sed quomodo minuitur aut consumitur futurum, quod nondum est, aut quomodo crescit praeteritum, quod iam non est, nisi quia in animo qui illud agit tria sunt? nam et expectat et attendit et meminit, ut id quod expectat per id quod attendit transeat in id quod meminerit. quis igitur negat futura nondum esse? sed tamen iam est in animo expectatio futurorum. et quis negat praeterita iam non esse? sed tamen adhuc est in animo memoria praeteritorum. et quis negat praesens tempus carere spatio, quia in puncto praeterit? sed tamen perdurat

attentio, per quam pergat abesse quod aderit. non igitur longum tempus futurum, quod non est, sed longum futurum longa expectatio futuri est, neque longum praeteritum tempus, quod non est, sed longum praeteritum longa memoria praeteriti est.

(38) Dicturus sum canticum quod novi. antequam incipiam, in totum expectatio mea tenditur, cum autem coepero, quantum ex illa in praeteritum decerpsero, tenditur et memoria mea, atque distenditur vita huius actionis meae in memoriam propter quod dixi et in expectationem propter quod dicturus sum. praesens tamen adest attentio mea, per quam traicitur quod erat futurum ut fiat praeteritum. quod quanto magis agitur et agitur, tanto breviata expectatione prolongatur memoria, donec tota expectatio consumatur, cum tota illa actio finita transierit in memoriam. et quod in toto cantico, hoc in singulis particulis eius fit atque in singulis syllabis eius, hoc in actione longiore, cuius forte particula est illud canticum, hoc in tota vita hominis, cuius partes sunt omnes actiones hominis, hoc in toto saeculo filiorum hominum, cuius partes sunt omnes vitae hominum.

29 (39) Sed quoniam melior est misericordia tua super vitas, ecce distentio est vita mea, et me suscepit dextera tua in domino meo, mediatore filio hominis inter te unum et nos multos, in multis per multa, ut per eum apprehendam in quo et apprehensus sum, et a veteribus diebus conligar sequens unum, praeterita oblitus, non in ea quae futura et transitura sunt, sed in ea quae ante sunt non distentus sed extentus, non secundum distentionem sed secundum intentionem sequor ad palmam supernae vocationis, ubi audiam vocem laudis et contempler delectationem tuam nec venientem nec praetereuntem. nunc vero anni mei in gemitibus, et tu solacium meum, domine, pater meus aeternus es. at ego in tempora dissilui quorum ordinem nescio, et tumultuosis varietatibus dilaniantur cogitationes meae, intima viscera animae meae, donec in te confluam purgatus et liquidus igne amoris tui.

30 (40) Et stabo atque solidabor in te, in forma mea, veritate tua, nec patiar quaestiones hominum qui poenali morbo plus sitiunt quam capiunt et dicunt, 'quid faciebat deus antequam faceret caelum et terram?', aut 'quid ei venit in mentem ut aliquid faceret, cum antea numquam aliquid fecerit?' da illis, domine, bene cogitare quid dicant, et invenire quia non dicitur numquam ubi non est tempus. qui ergo dicitur numquam fecisse, quid aliud dicitur nisi nullo tempore fecisse? videant itaque nullum tempus esse posse sine creatura et desinant istam vanitatem loqui. extendantur etiam in ea quae ante sunt, et

intellegant te ante omnia tempora aeternum creatorem omnium temporum neque ulla tempora tibi esse coaeterna nec ullam creaturam, etiamsi est aliqua supra tempora.

31   (41) Domine deus meus, quis ille sinus est alti secreti tui et quam longe inde me proiecerunt consequentia delictorum meorum? sana oculos meos, et congaudeam luci tuae. certe si est tam grandi scientia et praescientia pollens animus, cui cuncta praeterita et futura ita nota sint, sicut mihi unum canticum notissimum, nimium mirabilis est animus iste atque ad horrorem stupendus, quippe quem ita non lateat quidquid peractum et quidquid reliquum saeculorum est, quemadmodum me non latet cantantem illud canticum, quid et quantum eius abierit ab exordio, quid et quantum restet ad finem. sed absit ut tu, conditor universitatis, conditor animarum et corporum, absit ut ita noveris omnia futura et praeterita. longe tu, longe mirabilius longeque secretius. neque enim sicut nota cantantis notumve canticum audientis expectatione vocum futurarum et memoria praeteritarum variatur affectus sensusque distenditur, ita tibi aliquid accidit incommutabiliter aeterno, hoc est vere aeterno creatori mentium. sicut ergo nosti in principio caelum et terram sine varietate notitiae tuae, ita fecisti in principio caelum et terram sine distentione actionis tuae. qui intellegit, confiteatur tibi, et qui non intellegit, confiteatur tibi. o quam excelsus es, et humiles corde sunt domus tua! tu enim erigis elisos, et non cadunt quorum celsitudo tu es.

1   (1) Multa satagit cor meum, domine, in hac inopia vitae meae, pulsatum verbis sanctae scripturae tuae, et ideo plerumque in sermone copiosa est egestas humanae intellegentiae, quia plus loquitur inquisitio quam inventio, et longior est petitio quam impetratio, et operosior est manus pulsans quam sumens. tenemus promissum: quis corrumpet illud? si deus pro nobis, quis contra nos? 'petite et accipietis, quaerite et invenietis, pulsate et aperietur vobis. omnis enim qui petit accipit, et quaerens inveniet, et pulsanti aperietur.' promissa tua sunt, et quis falli timeat cum promittit veritas?

2   (2) Confitetur altitudini tuae humilitas linguae meae, quoniam tu fecisti caelum et terram: hoc caelum quod video terramque quam calco, unde est haec terra quam porto, tu fecisti. sed ubi est caelum caeli, domine, de quo audivimus in voce psalmi: 'caelum caeli domino, terram autem dedit filiis hominum'? ubi est caelum quod non cernimus, cui terra est hoc omne quod cernimus? hoc enim totum corporeum non ubique totum ita cepit speciem pulchram in novissimis, cuius fundus est terra nostra, sed ad illud caelum caeli etiam terrae nostrae caelum terra est. et hoc utrumque magnum corpus non absurde terra est ad illud nescio quale caelum quod domino est, non filiis hominum.

3   (3) Et nimirum haec terra erat invisibilis et incomposita, et nescio qua profunditas abyssi, super quam non erat lux quia nulla species erat illi, unde iussisti ut scriberetur quod 'tenebrae erant super abyssum'. quid aliud quam lucis absentia? ubi enim lux esset, si esset, nisi super esset eminendo et inlustrando? ubi ergo lux nondum erat, quid erat adesse tenebras nisi abesse lucem? super itaque erant tenebrae quia super lux aberat, sicut sonus ubi non est, silentium est. et quid est esse ibi silentium nisi sonum ibi non esse? nonne tu, domine, docuisti hanc animam quae tibi confitetur? nonne tu, domine, docuisti me quod, priusquam istam informem materiam formares atque distingueres, non erat aliquid, non color, non figura, non corpus, non spiritus? non tamen omnino nihil: erat quaedam informitas sine ulla specie.

4   (4) Quid ergo vocaretur, quo etiam sensu tardioribus utcumque insinuaretur, nisi usitato aliquo vocabulo? quid autem in omnibus mundi partibus reperiri potest propinquius informitati omnimodae quam terra et abyssus? minus enim speciosa sunt pro suo gradu infimo quam cetera superiora perlucida et luculenta omnia. cur ergo non

accipiam informitatem materiae, quam sine specie feceras unde
speciosum mundum faceres, ita commode hominibus intimatam ut
5 appellaretur 'terra invisibilis et incomposita', (5) ut, cum in ea quaerit
cogitatio quid sensus attingat et dicit sibi, 'non est intellegibilis forma
sicut vita, sicut iustitia, quia materies est corporum, neque sensibilis,
quoniam quid videatur et quid sentiatur in invisibili et incomposita
non est,' dum sibi haec dicit humana cogitatio, conetur eam vel nosse
ignorando vel ignorare noscendo?

6   (6) Ego vero, domine, si totum confitear tibi ore meo et calamo meo,
quidquid de ista materia docuisti me, cuius antea nomen audiens et
non intellegens, narrantibus mihi eis qui non intellegerent, eam cum
speciebus innumeris et variis cogitabam et ideo non eam cogitabam.
foedas et horribiles formas perturbatis ordinibus volvebat animus, sed
formas tamen, et informe appellabam non quod careret forma, sed
quod talem haberet ut, si appareret, insolitum et incongruum
aversaretur sensus meus et conturbaretur infirmitas hominis. verum
autem illud quod cogitabam non privatione omnis formae sed
comparatione formosiorum erat informe, et suadebat vera ratio ut
omnis formae qualescumque reliquias omnino detraherem, si vellem
prorsus informe cogitare et non poteram. citius enim non esse
censebam quod omni forma privaretur quam cogitabam quiddam inter
formam et nihil, nec formatum nec nihil, informe prope nihil. et
cessavit mens mea interrogare hinc spiritum meum plenum imaginibus
formatorum corporum et eas pro arbitrio mutantem atque variantem, et
intendi in ipsa corpora eorumque mutabilitatem altius inspexi, qua
desinunt esse quod fuerant et incipiunt esse quod non erant,
eundemque transitum de forma in formam per informe quiddam fieri
suspicatus sum, non per omnino nihil. sed nosse cupiebam, non
suspicari. et si totum tibi confiteatur vox et stilus meus, quidquid de
ista quaestione enodasti mihi, quis legentium capere durabit? nec ideo
tamen cessabit cor meum tibi dare honorem et canticum laudis de his
quae dictare non sufficit. mutabilitas enim rerum mutabilium ipsa
capax est formarum omnium in quas mutantur res mutabiles. et haec
quid est? numquid animus? numquid corpus? numquid species animi
vel corporis? si dici posset 'nihil aliquid' et 'est non est,' hoc eam
dicerem; et tamen iam utcumque erat, ut species caperet istas visibiles
et compositas.

7   (7) Et unde utcumque erat, nisi esset abs te, a quo sunt omnia, in
quantumcumque sunt? sed tanto a te longius, quanto dissimilius, neque
enim locis. itaque tu, domine, qui non es alias aliud et alias aliter, sed

idipsum et idipsum et idipsum, sanctus, sanctus, sanctus, dominus
deus omnipotens, in principio, quod est de te, in sapientia tua, quae
nata est de substantia tua, fecisti aliquid et de nihilo. fecisti enim
caelum et terram non de te. nam esset aequale unigenito tuo ac per hoc
et tibi, et nullo modo iustum esset, ut aequale tibi esset quod de te non
esset. et aliud praeter te non erat unde faceres ea, deus, una trinitas et
trina unitas, et ideo de nihilo fecisti caelum et terram, magnum
quiddam et parvum quiddam, quoniam omnipotens et bonus es ad
facienda omnia bona, magnum caelum et parvam terram, duo
quaedam, unum prope te, alterum prope nihil, unum quo superior tu
esses, alterum quo inferius nihil esset.

8   (8) Sed illud caelum caeli tibi, domine; terra autem, quam dedisti
filiis hominum cernendam atque tangendam, non erat talis qualem
nunc cernimus et tangimus. invisibilis enim erat et incomposita, et
abyssus erat super quam non erat lux, aut tenebrae erant super
abyssum, id est magis quam in abysso. ista quippe abyssus aquarum
iam visibilium etiam in profundis suis habet speciei suae lucem
utcumque sensibilem piscibus et repentibus in suo fundo animantibus.
illud autem totum prope nihil erat, quoniam adhuc omnino informe
erat; iam tamen erat quod formari poterat. tu enim, domine, fecisti
mundum de materia informi, quam fecisti de nulla re paene nullam
rem, unde faceres magna, quae miramur filii hominum. valde enim
mirabile hoc caelum corporeum, quod firmamentum inter aquam et
aquam secundo die post conditionem lucis dixisti, 'fiat', et sic est
factum. quod firmamentum vocasti caelum, sed caelum terrae huius et
maris, quae fecisti tertio die dando speciem visibilem informi materiae,
quam fecisti ante omnem diem. iam enim feceras et caelum ante
omnem diem, sed caelum caeli huius, quia in principio feceras caelum
et terram. terra autem ipsa quam feceras informis materies erat, quia
invisibilis erat et incomposita, et tenebrae super abyssum. de qua terra
invisibili et incomposita, de qua informitate, de quo paene nihilo
faceres haec omnia quibus iste mutabilis mundus constat et non
constat, in quo ipsa mutabilitas apparet, in qua sentiri et dinumerari
possunt tempora, quia rerum mutationibus fiunt tempora dum
variantur et vertuntur species, quarum materies praedicta est terra
invisibilis.

9   (9) Ideoque spiritus, doctor famuli tui, cum te commemorat fecisse
in principio caelum et terram, tacet de temporibus, silet de diebus.
nimirum enim caelum caeli, quod in principio fecisti, creatura est
aliqua intellectualis. quamquam nequaquam tibi, trinitati, coaeterna,

particeps tamen aeternitatis tuae, valde mutabilitatem suam prae dulcedine felicissimae contemplationis tuae cohibet et sine ullo lapsu ex quo facta est inhaerendo tibi excedit omnem volubilem vicissitudinem temporum. ista vero informitas, terra invisibilis et incomposita, nec ipsa in diebus numerata est. ubi enim nulla species, nullus ordo, nec venit quicquam nec praeterit, et ubi hoc non fit, non sunt utique dies nec vicissitudo spatiorum temporalium.

10   (10) O veritas, lumen cordis mei, non tenebrae meae loquantur mihi! defluxi ad ista et obscuratus sum, sed hinc, etiam hinc adamavi te. erravi et recordatus sum tui. audivi vocem tuam post me, ut redirem, et vix audivi propter tumultus impacatorum. et nunc ecce redeo aestuans et anhelans ad fontem tuum. nemo me prohibeat: hunc bibam et hinc vivam. non ego vita mea sim: male vixi ex me. mors mihi fui: in te revivesco. tu me alloquere, tu mihi sermocinare: credidi libris tuis, et verba eorum arcana valde.

11   (11) Iam dixisti mihi, domine, voce forti in aurem interiorem, quia tu aeternus es, solus habens immortalitatem, quoniam ex nulla specie motuve mutaris nec temporibus variatur voluntas tua, quia non est immortalis voluntas quae alia et alia est. hoc in conspectu tuo claret mihi et magis magisque clarescat, oro te, atque in ea manifestatione persistam sobrius sub alis tuis.

Item dixisti mihi, domine, voce forti in aurem interiorem, quod omnes naturas atque substantias quae non sunt quod tu es et tamen sunt, tu fecisti (et hoc solum a te non est, quod non est, motusque voluntatis a te, qui es, ad id quod minus est, quia talis motus delictum atque peccatum est), et quod nullius peccatum aut tibi nocet aut perturbat ordinem imperii tui vel in primo vel in imo. hoc in conspectu tuo claret mihi et magis magisque clarescat, oro te, atque in ea manifestatione persistam sobrius sub alis tuis.

(12) Item dixisti mihi voce forti in aurem interiorem, quod nec illa creatura tibi coaeterna est cuius voluptas tu solus es, teque perseverantissima castitate hauriens mutabilitatem suam nusquam et numquam exerit, et te sibi semper praesente, ad quem toto affectu se tenet, non habens futurum quod expectet nec in praeteritum traiciens quod meminerit, nulla vice variatur nec in tempora ulla distenditur. o beata, si qua ista est, inhaerendo beatitudini tuae, beata sempiterno inhabitatore te atque inlustratore suo! nec invenio quid libentius appellandum existimem 'caelum caeli domino' quam domum tuam contemplantem delectationem tuam sine ullo defectu egrediendi in aliud, mentem puram concordissime unam stabilimento pacis sanctorum

spirituum, civium civitatis tuae in caelestibus super ista caelestia. (13)
unde intellegat anima, cuius peregrinatio longinqua facta est, si iam
sitit tibi, si iam factae sunt ei lacrimae suae panis, dum dicitur ei per
singulos dies, 'ubi est deus tuus?', si iam petit a te unam et hanc
requirit, ut inhabitet in domo tua per omnes dies vitae suae? et quae
vita eius nisi tu? et qui dies tui nisi aeternitas tua, sicut anni tui, qui non
deficiunt, quia idem ipse es? hinc ergo intellegat anima quae potest
quam longe super omnia tempora sis aeternus, quando tua domus,
quae peregrinata non est, quamvis non sit tibi coaeterna, tamen
indesinenter et indeficienter tibi cohaerendo nullam patitur vicissitudinem temporum. hoc in conspectu tuo claret mihi et magis
magisque clarescat, oro te, atque in hac manifestatione persistam
sobrius sub alis tuis.

(14) Ecce nescio quid informe in istis mutationibus rerum
extremarum atque infimarum, et quis dicet mihi, nisi quisquis per
inania cordis sui cum suis phantasmatis vagatur et volvitur, quis nisi
talis dicet mihi quod, deminuta atque consumpta omni specie, si sola
remaneat informitas per quam de specie in speciem res mutabatur et
vertebatur, possit exhibere vices temporum? omnino enim non potest,
quia sine varietate motionum non sunt tempora, et nulla varietas ubi
nulla species.

2   (15) Quibus consideratis, quantum donas, deus meus, quantum me
ad pulsandum excitas quantumque pulsanti aperis, duo reperio quae
fecisti carentia temporibus, cum tibi neutrum coaeternum sit: unum
quod ita formatum est ut sine ullo defectu contemplationis, sine ullo
intervallo mutationis, quamvis mutabile tamen non mutatum, tua
aeternitate atque incommutabilitate perfruatur; alterum quod ita
informe erat ut ex qua forma in quam formam vel motionis vel stationis
mutaretur, quo tempori subderetur, non haberet. sed hoc ut informe
esset non reliquisti, quoniam fecisti ante omnem diem in principio
caelum et terram, haec duo quae dicebam. 'terra autem invisibilis erat
et incomposita, et tenebrae super abyssum': quibus verbis insinuatur
informitas, ut gradatim excipiantur qui omnimodam speciei privationem nec tamen ad nihil perventionem cogitare non possunt, unde
fieret alterum caelum et terra visibilis atque composita et aqua speciosa
et quidquid deinceps in constitutione huius mundi non sine diebus
factum commemoratur, quia talia sunt ut in eis agantur vicissitudines
temporum propter ordinatas commutationes motionum atque
formarum.

3   (16) Hoc interim sentio, deus meus, cum audio loquentem

scripturam tuam, 'in principio fecit deus caelum et terram. terra autem erat invisibilis et incomposita, et tenebrae erant super abyssum', neque commemorantem quoto die feceris haec. sic interim sentio propter illud caelum caeli, caelum intellectuale, ubi est intellectus nosse simul, non ex parte, non in aenigmate, non per speculum, sed ex toto, in manifestatione, facie ad faciem; non modo hoc, modo illud, sed quod dictum est nosse simul sine ulla vicissitudine temporum, et propter invisibilem atque incompositam terram sine ulla vicissitudine temporum, quae solet habere modo hoc et modo illud, quia ubi nulla species, nusquam est hoc et illud. propter duo haec, primitus formatum et penitus informe, illud caelum, sed caelum caeli, hoc vero terram, sed terram invisibilem et incompositam, propter duo haec interim sentio sine commemoratione dierum dicere scripturam tuam, 'in principio fecit deus caelum et terram.' statim quippe subiecit quam terram dixerit, et quod secundo die commemoratur factum firmamentum et vocatum caelum, insinuat de quo caelo prius sine diebus sermo locutus sit.

14   (17) Mira profunditas eloquiorum tuorum, quorum ecce ante nos superficies blandiens parvulis, sed mira profunditas, deus meus, mira profunditas! horror est intendere in eam, horror honoris et tremor amoris. odi hostes eius vehementer: o si occidas eos de gladio bis acuto, et non sint hostes eius! sic enim amo eos occidi sibi, ut vivant tibi. ecce autem alii, non reprehensores sed laudatores libri Geneseos: 'non', inquiunt, 'hoc voluit in his verbis intellegi spiritus dei, qui per Moysen famulum eius ista conscripsit, non hoc voluit intellegi quod tu dicis, sed aliud quod nos dicimus.' quibus ego, te arbitro, deus omnium nostrum, ita respondeo.

15   (18) Num dicetis falsa esse, quae mihi veritas voce forti in aurem interiorem dicit de vera aeternitate creatoris, quod nequaquam eius substantia per tempora varietur nec eius voluntas extra eius substantiam sit? unde non eum modo velle hoc modo velle illud, sed semel et simul et semper velle omnia quae vult, non iterum et iterum, neque nunc ista nunc illa, nec velle postea quod nolebat aut nolle quod volebat prius, quia talis voluntas mutabilis est et omne mutabile aeternum non est: deus autem noster aeternus est. item quod mihi dicit in aurem interiorem, expectatio rerum venturarum fit contuitus, cum venerint, idemque contuitus fit memoria, cum praeterierint. omnis porro intentio quae ita variatur mutabilis est, et omne mutabile aeternum non est: deus autem noster aeternus est. haec conligo atque coniungo, et invenio deum meum, deum aeternum, non aliqua nova

voluntate condidisse creaturam nec scientiam eius transitorium aliquid pati.

(19) Quid ergo dicetis, contradictores? an falsa sunt ista? 'non', inquiunt. quid illud? num falsum est omnem naturam formatam materiamve formabilem non esse nisi ab illo qui summe bonus est quia summe est? 'neque hoc negamus', inquiunt. quid igitur? an illud negatis, sublimem quandam esse creaturam tam casto amore co-haerentem deo vero et vere aeterno ut, quamvis ei coaeterna non sit, in nullam tamen temporum varietatem et vicissitudinem ab illo se resolvat et defluat, sed in eius solius veracissima contemplatione requiescat, quoniam tu, deus, diligenti te, quantum praecipis, ostendis ei te et sufficis ei, et ideo non declinat a te nec ad se? haec est domus dei non terrena neque ulla caelesti mole corporea, sed spiritalis et particeps aeternitatis tuae, quia sine labe in aeternum. statuisti enim eam in saeculum et in saeculum saeculi; praeceptum posuisti et non praeteribit. nec tamen tibi coaeterna, quoniam non sine initio, facta est enim.

(20) Nam etsi non invenimus tempus ante illam—prior quippe omnium creata est sapientia, nec utique illa sapientia tibi, deus noster, patri suo, plane coaeterna et aequalis et per quam creata sunt omnia et in quo principio fecisti caelum et terram, sed profecto sapientia quae creata est, intellectualis natura scilicet, quae contemplatione luminis lumen est; dicitur enim et ipsa, quamvis creata, sapientia, sed quantum interest inter lumen quod inluminat et quod inluminatur, tantum inter sapientiam quae creat et istam quae creata est, sicut inter iustitiam iustificantem et iustitiam quae iustificatione facta est (nam et nos dicti sumus iustitia tua; ait enim quidam servus tuus, 'ut nos simus iustitia dei in ipso'). ergo quia prior omnium creata est quaedam sapientia quae creata est, mens rationalis et intellectualis castae civitatis tuae, matris nostrae, quae sursum est et libera est et aeterna in caelis (quibus caelis, nisi qui te laudant caeli caelorum, quia hoc est et caelum caeli domino?), etsi non invenimus tempus ante illam, quia et creaturam temporis antecedit, quae prior omnium creata est, ante illam tamen est ipsius creatoris aeternitas, a quo facta sumpsit exordium, quamvis non temporis, quia nondum erat tempus, ipsius tamen conditionis suae.

(21) Unde ita est abs te, deo nostro, ut aliud sit plane quam tu et non idipsum. etsi non solum ante illam sed nec in illa invenimus tempus, quia est idonea faciem tuam semper videre nec uspiam deflectitur ab ea (quo fit ut nulla mutatione varietur). inest ei tamen ipsa mutabilitas,

unde tenebresceret et frigesceret nisi amore grandi tibi cohaerens
tamquam semper meridies luceret et ferveret ex te. o domus luminosa
et speciosa, dilexi decorem tuum et locum habitationis gloriae domini
mei, fabricatoris et possessoris tui! tibi suspiret peregrinatio mea, et
dico ei qui fecit te ut possideat et me in te, quia fecit et me. erravi sicut
ovis perdita, sed in umeris pastoris mei, structoris tui, spero me
reportari tibi.

(22) Quid dicitis mihi, quos alloquebar contradictores, qui tamen et
Moysen pium famulum dei et libros eius oracula sancti spiritus
creditis? estne ista domus dei, non quidem deo coaeterna sed tamen
secundum modum suum aeterna in caelis, ubi vices temporum frustra
quaeritis, quia non invenitis? supergreditur enim omnem distentionem
et omne spatium aetatis volubile, cui semper inhaerere deo bonum est.
'est', inquiunt. quid igitur ex his quae clamavit cor meum ad deum
meum, cum audiret interius vocem laudis eius, quid tandem falsum
esse contenditis? an quia erat informis materies, ubi propter nullam
formam nullus ordo erat? ubi autem nullus ordo erat, nulla esse vicissitudo temporum poterat; et tamen hoc paene nihil, in quantum non
omnino nihil erat, ab illo utique erat a quo est quidquid est, quod
utcumque aliquid est. 'hoc quoque', aiunt, 'non negamus.'

16   (23) Cum his enim volo coram te aliquid conloqui, deus meus, qui
haec omnia, quae intus in mente mea non tacet veritas tua, vera esse
concedunt. nam qui haec negant, latrent quantum volunt et obstrepant
sibi: persuadere conabor ut quiescant et viam praebeant ad se verbo
tuo. quod si noluerint et reppulerint me, obsecro, deus meus, ne tu
sileas a me. tu loquere in corde meo veraciter; solus enim sic loqueris.
et dimittam eos foris sufflantes in pulverem et excitantes terram in
oculos suos, et intrem in cubile meum et cantem tibi amatoria, gemens
inenarrabiles gemitus in peregrinatione mea et recordans Hierusalem
extento in eam sursum corde, Hierusalem patriam meam, Hierusalem
matrem meam, teque super eam regnatorem, inlustratorem, patrem,
tutorem, maritum, castas et fortes delicias et solidum gaudium et omnia
bona ineffabilia, simul omnia, quia unum summum et verum bonum. et
non avertar donec in eius pacem, matris carissimae, ubi sunt primitiae
spiritus mei, unde ista mihi certa sunt, conligas totum quod sum a
dispersione et deformitate hac et conformes atque confirmes in
aeternum, deus meus, misericordia mea. cum his autem qui cuncta illa
quae vera sunt falsa esse non dicunt, honorantes et in culmine
sequendae auctoritatis nobiscum constituentes illam per sanctum
Moysen editam sanctam scripturam tuam, et tamen nobis aliquid

contradicunt, ita loquor. tu esto, deus noster, arbiter inter confessiones meas et contradictiones eorum.

7 (24) Dicunt enim, 'quamvis vera sint haec, non ea tamen duo Moyses intuebatur, cum revelante spiritu diceret, "in principio fecit deus caelum et terram." non caeli nomine spiritalem vel intellectualem illam creaturam semper faciem dei contemplantem significavit, nec terrae nomine informem materiam.' quid igitur? 'quod nos dicimus,' inquiunt, 'hoc ille vir sensit, hoc verbis istis elocutus est.' quid illud est? 'nomine', aiunt, 'caeli et terrae totum istum visibilem mundum prius universaliter et breviter significare voluit, ut postea digereret dierum enumeratione quasi articulatim universa quae sancto spiritui placuit sic enuntiare. tales quippe homines erant rudis ille atque carnalis populus cui loquebatur, ut eis opera dei non nisi sola visibilia commendanda iudicaret.' terram vero invisibilem et incompositam tenebrosamque abyssum, unde consequenter ostenditur per illos dies facta atque disposita esse cuncta ista visibilia quae nota sunt omnibus, non incongruenter informem istam materiam intellegendam esse consentiunt.

(25) Quid si dicat alius eandem informitatem confusionemque materiae caeli et terrae nomine prius insinuatam, quod ex ea mundus iste visibilis cum omnibus naturis quae in eo manifestissime apparent, qui caeli et terrae nomine saepe appellari solet, conditus atque perfectus est? quid si dicat et alius caelum et terram quidem invisibilem visibilemque naturam non indecenter appellatam, ac per hoc universam creaturam quam fecit in sapientia, id est in principio, deus, huiuscemodi duobus vocabulis esse comprehensam; verum tamen quia non de ipsa substantia dei sed ex nihilo cuncta facta sunt, quia non sunt idipsum quod deus, et inest quaedam mutabilitas omnibus, sive maneant, sicut aeterna domus dei, sive mutentur, sicut anima hominis et corpus, communem omnium rerum invisibilium visibiliumque materiem adhuc informem, sed certe formabilem, unde fieret caelum et terra, id est invisibilis atque visibilis iam utraque formata creatura, his nominibus enuntiatam, quibus appellaretur terra invisibilis et incomposita, et tenebrae super abyssum, ea distinctione ut terra invisibilis et incomposita intellegatur materies corporalis ante qualitatem formae, tenebrae autem super abyssum spiritalis materies ante cohibitionem quasi fluentis immoderationis et ante inluminationem sapientiae?

(26) Est adhuc quod dicat, si quis alius velit, non scilicet iam perfectas atque formatas invisibiles visibilesque naturas caeli et terrae

nomine significari, cum legitur, 'in principio fecit deus caelum et terram', sed ipsam adhuc informem inchoationem rerum formabilem creabilemque materiam his nominibus appellatam, quod in ea iam essent ista confusa, nondum qualitatibus formisque distincta, quae nunc iam digesta suis ordinibus vocantur caelum et terra, illa spiritalis, haec corporalis creatura.

18   (27) Quibus omnibus auditis et consideratis, nolo verbis contendere; ad nihil enim utile est nisi ad subversionem audientium. ad aedificationem autem bona est lex, si quis ea legitime utatur, quia finis eius est caritas de corde puro et conscientia bona et fide non ficta; et novi magister noster in quibus duobus praeceptis totam legem prophetasque suspenderit. quae mihi ardenter confitenti, deus meus, lumen oculorum meorum in occulto, quid mihi obest, cum diversa in his verbis intellegi possint, quae tamen vera sint? quid, inquam, mihi obest, si aliud ego sensero quam sensit alius eum sensisse qui scripsit? omnes quidem qui legimus nitimur hoc indagare atque comprehendere, quod voluit ille quem legimus, et cum eum veridicum credimus, nihil quod falsum esse vel novimus vel putamus audemus eum existimare dixisse. dum ergo quisque conatur id sentire in scripturis sanctis quod in eis sensit ille qui scripsit, quid mali est si hoc sentiat quod tu, lux omnium veridicarum mentium, ostendis verum esse, etiamsi non hoc sensit ille quem legit, cum et ille verum nec tamen hoc senserit?

19   (28) Verum est enim, domine, fecisse te caelum et terram. et verum est esse principium sapientiam tuam, in qua fecisti omnia. item verum est quod mundus iste visibilis habet magnas partes suas caelum et terram, brevi complexione factarum omnium conditarumque naturarum. et verum est quod omne mutabile insinuat notitiae nostrae quandam informitatem, qua formam capit vel qua mutatur et vertitur. verum est nulla tempora perpeti quod ita cohaeret formae incommutabili ut, quamvis sit mutabile, non mutetur. verum est informitatem, quae prope nihil est, vices temporum habere non posse. verum est quod, unde fit aliquid, potest quodam genere locutionis habere iam nomen eius rei quae inde fit: unde potuit vocari caelum et terra quaelibet informitas unde factum est caelum et terra. verum est omnium formatorum nihil esse informi vicinius quam terram et abyssum. verum est quod non solum creatum atque formatum sed etiam quidquid creabile atque formabile est tu fecisti, ex quo sunt omnia. verum est omne quod ex informi formatur prius esse informe, deinde formatum.

0   (29) Ex his omnibus veris de quibus non dubitant, quorum interiori
oculo talia videre donasti et qui Moysen, famulum tuum, in spiritu
veritatis locutum esse immobiliter credunt, ex his ergo omnibus aliud
sibi tollit qui dicit, 'in principio fecit deus caelum et terram', id est in
verbo suo sibi coaeterno fecit deus intellegibilem atque sensibilem vel
spiritalem corporalemque creaturam; aliud qui dicit, 'in principio fecit
deus caelum et terram,' id est in verbo suo sibi coaeterno fecit deus
universam istam molem corporei mundi huius cum omnibus quas
continet manifestis notisque naturis; aliud qui dicit, 'in principio fecit
deus caelum et terram', id est in verbo suo sibi coaeterno fecit
informem materiam creaturae spiritalis et corporalis; aliud qui dicit, 'in
principio fecit deus caelum et terram', id est in verbo suo sibi coaeterno
fecit deus informem materiam creaturae corporalis, ubi confusum
adhuc erat caelum et terra, quae nunc iam distincta atque formata in
istius mundi mole sentimus; aliud qui dicit, 'in principio fecit deus
caelum et terram', id est in ipso exordio faciendi atque operandi fecit
deus informem materiam confuse habentem caelum et terram, unde
formata nunc eminent et apparent cum omnibus quae in eis sunt.

    (30) Item quod attinet ad intellectum verborum sequentium, ex illis
omnibus veris aliud sibi tollit qui dicit, 'terra autem erat invisibilis et
incomposita, et tenebrae erant super abyssum', id est corporale illud
quod fecit deus adhuc materies erat corporearum rerum informis, sine
ordine, sine luce; aliud qui dicit, 'terra autem erat invisibilis et
incomposita, et tenebrae erant super abyssum', id est hoc totum quod
caelum et terra appellatum est adhuc informis et tenebrosa materies
erat, unde fieret caelum corporeum et terra corporea cum omnibus
quae in eis sunt corporeis sensibus nota; aliud qui dicit, 'terra autem
erat invisibilis et incomposita, et tenebrae erant super abyssum', id est
hoc totum quod caelum et terra appellatum est adhuc informis et
tenebrosa materies erat, unde fieret caelum intellegibile (quod alibi
dicitur caelum caeli) et terra, scilicet omnis natura corporea, sub quo
nomine intellegatur etiam hoc caelum corporeum, id est unde fieret
omnis invisibilis visibilisque creatura; aliud qui dicit, 'terra autem erat
invisibilis et incomposita, et tenebrae erant super abyssum', non illam
informitatem nomine caeli et terrae scriptura appellavit, sed iam erat,
inquit, ipsa informitas quam terram invisibilem et incompositam
tenebrosamque abyssum nominavit, de qua caelum et terram deum
fecisse praedixerat, spiritalem scilicet corporalemque creaturam; aliud
qui dicit, 'terra autem erat invisibilis et incomposita, et tenebrae erant
super abyssum', id est informitas quaedam iam materies erat unde

caelum et terram deum fecisse scriptura praedixit, totam scilicet corpoream mundi molem in duas maximas partes superiorem atque inferiorem distributam cum omnibus quae in eis sunt usitatis notisque creaturis.

22   (31) Cum enim duabus istis extremis sententiis resistere quisquam ita temptaverit: 'si non vultis hanc informitatem materiae caeli et terrae nomine appellatam videri, erat ergo aliquid quod non fecerat deus, unde caelum et terram faceret; neque enim scriptura narravit quod istam materiem deus fecerit, nisi intellegamus eam caeli et terrae aut solius terrae vocabulo significatam cum diceretur, "in principio fecit deus caelum et terram", ut id quod sequitur, "terra autem erat invisibilis et incomposita", quamvis informem materiam sic placuerit appellare, non tamen intellegamus nisi eam quam fecit deus in eo quod praescriptum est, "fecit caelum et terram",' respondebunt assertores duarum istarum sententiarum quas extremas posuimus aut illius aut illius, cum haec audierint, et dicent, 'informem quidem istam materiam non negamus a deo factam, deo, a quo sunt omnia bona valde, quia, sicut dicimus amplius bonum esse quod creatum atque formatum est, ita fatemur minus bonum esse quod factum est creabile atque formabile, sed tamen bonum: non autem commemorasse scripturam quod hanc informitatem fecerit deus, sicut alia multa non commemoravit, ut cherubim et seraphim, et quae apostolus distincte ait, "sedes, dominationes, principatus, potestates", quae tamen omnia deum fecisse manifestum est. aut si eo quod dictum est, "fecit caelum et terram", comprehensa sunt omnia, quid de aquis dicimus super quas ferebatur spiritus dei? si enim terra nominata simul intelleguntur, quomodo iam terrae nomine materies informis accipitur, quando tam speciosas aquas videmus? aut si ita accipitur, cur ex eadem informitate scriptum est factum firmamentum et vocatum caelum neque scriptum est factas esse aquas? non enim adhuc informes sunt et invisae quas ita decora specie fluere cernimus. aut si tunc acceperunt istam speciem cum dixit deus, "congregetur aqua, quae est sub firmamento", ut congregatio sit ipsa formatio, quid respondebitur de aquis quae super firmamentum sunt, quia neque informes tam honorabilem sedem accipere meruissent nec scriptum est qua voce formatae sint? unde si aliquid Genesis tacuit deum fecisse, quod tamen deum fecisse nec sana fides nec certus ambigit intellectus, nec ideo ulla sobria doctrina dicere audebit istas aquas coaeternas deo, quia in libro Geneseos commemoratas quidem audimus, ubi autem factae sint non invenimus, cur non informem quoque illam materiam, quam scriptura haec terram

invisibilem et incompositam tenebrosamque abyssum appellat, docente
veritate intellegamus ex deo factam esse de nihilo ideoque illi non esse
coaeternam, quamvis ubi facta sit omiserit enuntiare ista narratio?'

23　　(32) His ergo auditis atque perspectis pro captu infirmitatis meae,
quam tibi confiteor scienti deo meo, duo video dissensionum genera
oboriri posse cum aliquid a nuntiis veracibus per signa enuntiatur:
unum, si de veritate rerum, alterum, si de ipsius qui enuntiat voluntate
dissensio est. aliter enim quaerimus de creaturae conditione quid
verum sit, aliter autem quid in his verbis Moyses, egregius domesticus
fidei tuae, intellegere lectorem auditoremque voluerit. in illo primo
genere discedant a me omnes qui ea quae falsa sunt se scire arbitrantur;
in hoc item altero discedant a me omnes qui ea quae falsa sunt Moysen
dixisse arbitrantur. coniungar autem illis, domine, in te et delecter cum
eis in te qui veritate tua pascuntur in latitudine caritatis, et accedamus
simul ad verba libri tui et quaeramus in eis vountatem tuam per
voluntatem famuli tui, cuius calamo dispensasti ea.

24　　(33) Sed quis nostrum sic invenit eam inter tam multa vera quae in
illis verbis aliter atque aliter intellectis occurrunt quaerentibus, ut tam
fidenter dicat hoc sensisse Moysen atque hoc in illa narratione voluisse
intellegi, quam fidenter dicit hoc verum esse, sive ille hoc senserit sive
aliud? ecce enim, deus meus, ego servus tuus, qui vovi tibi sacrificium
confessionis in his litteris et oro ut ex misericordia tua reddam tibi vota
mea, ecce ego quam fidenter dico in tuo verbo incommutabili omnia te
fecisse, invisibilia et visibilia. numquid tam fidenter dico non aliud
quam hoc attendisse Moysen, cum scriberet, 'in principio fecit deus
caelum et terram', quia non, sicut in tua veritate hoc certum video, ita
in eius mente video id eum cogitasse cum haec scriberet? potuit enim
cogitare, 'in ipso faciendi exordio', cum diceret, 'in principio'; potuit et
caelum et terram hoc loco nullam iam formatam perfectamque naturam
sive spiritalem sive corporalem, sed utramque inchoatam et adhuc
informem velle intellegi. video quippe vere potuisse dici quidquid
horum diceretur, sed quid horum in his verbis ille cogitaverit, non ita
video, quamvis sive aliquid horum sive quid aliud quod a me com-
memoratum non est tantus vir ille mente conspexerit, cum haec verba
promeret, verum eum vidisse apteque id enuntiavisse non dubitem.

25　　(34) Nemo iam mihi molestus sit dicendo mihi, 'non hoc sensit
Moyses quod tu dicis, sed hoc sensit quod ego dico.' si enim mihi
diceret, 'unde scis hoc sensisse Moysen, quod de his verbis eius
eloqueris?', aequo animo ferre deberem et responderem fortasse quae
superius respondi vel aliquanto uberius, si esset durior. cum vero dicit,

'non hoc ille sensit quod tu dicis, sed quod ego dico', neque tamen negat quod uterque nostrum dicit, utrumque verum esse, o vita pauperum, deus meus, in cuius sinu non est contradictio, plue mihi mitigationes in cor, ut patienter tales feram. qui non mihi hoc dicunt, quia divini sunt et in corde famuli tui viderunt quod dicunt, sed quia superbi sunt nec noverunt Moysi sententiam sed amant suam, non quia vera est, sed quia sua est. alioquin et aliam veram pariter amarent, sicut ego amo quod dicunt quando verum dicunt, non quia ipsorum est sed quia verum est: et ideo iam nec ipsorum est, quia verum est. si autem ideo ament illud quia verum est, iam et ipsorum est et meum est, quoniam in commune omnium est veritatis amatorum. illud autem quod contendunt non hoc sensisse Moysen quod ego dico, sed quod ipsi dicunt, nolo, non amo, quia etsi ita est, tamen ista temeritas non scientiae sed audaciae est, nec visus sed typhus eam peperit. ideoque, domine, tremenda sunt iudicia tua, quoniam veritas tua nec mea est nec illius aut illius, sed omnium nostrum quos ad eius communionem publice vocas, terribiliter admonens nos ut eam nolimus habere privatam, ne privemur ea. nam quisquis id quod tu omnibus ad fruendum proponis sibi proprie vindicat et suum vult esse quod omnium est, a communi propellitur ad sua, hoc est a veritate ad mendacium. qui enim loquitur mendacium, de suo loquitur.

(35) Attende, iudex optime, deus, ipsa veritas, attende quid dicam contradictori huic, attende. coram te enim dico et coram fratribus meis, qui legitime utuntur lege usque ad finem caritatis. attende et vide quid ei dicam, si placet tibi. hanc enim vocem huic refero fraternam et pacificam: 'si ambo videmus verum esse quod dicis et ambo videmus verum esse quod dico, ubi, quaeso, id videmus? nec ego utique in te nec tu in me, sed ambo in ipsa quae supra mentes nostras est incommutabili veritate. cum ergo de ipsa domini dei nostri luce non contendamus, cur de proximi cogitatione contendimus, quam sic videre non possumus ut videtur incommutabilis veritas, quando, si ipse Moyses apparuisset nobis atque dixisset, "hoc cogitavi", nec sic eam videremus, sed crederemus? non itaque supra quam scriptum est unus pro altero infletur adversus alterum. diligamus dominum deum nostrum ex toto corde, ex tota anima, ex tota mente nostra, et proximum nostrum sicut nosmet ipsos. propter quae duo praecepta caritatis sensisse Moysen, quidquid in illis libris sensit, nisi crediderimus, mendacem faciemus dominum, cum de animo conservi aliter quam ille docuit opinamur. iam vide quam stultum sit, in tanta copia verissimarum sententiarum quae de illis verbis erui possunt,

temere adfirmare quam earum Moyses potissimum senserit, et perniciosis contentionibus ipsam offendere caritatem propter quam dixit omnia, cuius dicta conamur exponere.'

6   (36) Et tamen ego, deus meus, celsitudo humilitatis meae et requies laboris mei, qui audis confessiones meas et dimittis peccata mea, quoniam tu mihi praecipis ut diligam proximum meum sicut me ipsum, non possum minus credere de Moyse fidelissimo famulo tuo quam mihi optarem ac desiderarem abs te dari muneris, si tempore illo natus essem quo ille eoque loci me constituisses, ut per servitutem cordis ac linguae meae litterae illae dispensarentur quae tanto post essent omnibus gentibus profuturae et per universum orbem tanto auctoritatis culmine omnium falsarum superbarumque doctrinarum verba superaturae. vellem quippe, si tunc ego essem Moyses (ex eadem namque massa omnes venimus; et quid est homo, nisi quia memor es eius?), vellem ergo, si tunc ego essem quod ille et mihi abs te Geneseos liber scribendus adiungeretur, talem mihi eloquendi facultatem dari et eum texendi sermonis modum ut neque illi qui nondum queunt intellegere quemadmodum creat deus, tamquam excedentia vires suas, dicta recusarent et illi qui hoc iam possunt, in quamlibet veram sententiam cogitando venissent, eam non praetermissam in paucis verbis tui famuli reperirent, et si alius aliam vidisset in luce veritatis, nec ipsa in eisdem verbis intellegenda deesset.

7   (37) Sicut enim fons in parvo loco uberior est pluribusque rivis in ampliora spatia fluxum ministrat quam quilibet eorum rivorum qui per multa locorum ab eodem fonte deducitur, ita narratio dispensatoris tui sermocinaturis pluribus profutura parvo sermonis modulo scatet fluenta liquidae veritatis, unde sibi quisque verum quod de his rebus potest, hic illud, ille illud, per longiores loquellarum anfractus trahat. alii enim cum haec verba legunt vel audiunt, cogitant deum, quasi hominem aut quasi aliquam molem immensa praeditam potestate novo quodam et repentino placito extra se ipsam tamquam locis distantibus, fecisse caelum et terram, duo magna corpora supra et infra, quibus omnia continerentur, et cum audiunt, 'dixit deus: fiat illud, et factum est illud', cogitant verba coepta et finita, sonantia temporibus atque transeuntia, post quorum transitum statim existere quod iussum est ut existeret, et si quid forte aliud hoc modo ex familiaritate carnis opinantur. in quibus adhuc parvulis animalibus, dum isto humillimo genere verborum tamquam materno sinu eorum gestatur infirmitas, salubriter aedificatur fides, qua certum habeant et teneant deum fecisse omnes naturas quas eorum sensus mirabili varietate circumspicit.

quorum si quispiam quasi vilitatem dictorum aspernatus extra
nutritorias cunas superba inbecillitate se extenderit, heu! cadet miser
et, domine deus, miserere, ne implumem pullum conculcent qui
transeunt viam, et mitte angelum tuum, qui eum reponat in nido, ut
vivat donec volet.

28   (38) Alii vero, quibus haec verba non iam nidus sed opaca frutecta
sunt, vident in eis latentes fructus et volitant laetantes et garriunt
scrutantes et carpunt eos. vident enim, cum haec verba legunt vel
audiunt tua, deus aeterne, stabili permansione cuncta praeterita et
futura tempora superari, nec tamen quicquam esse temporalis
creaturae quod tu non feceris, cuius voluntas, quia id est quod tu, nullo
modo mutata vel quae antea non fuisset exorta voluntate fecisti omnia,
non de te similitudinem tuam formam omnium sed de nihilo dis-
similitudinem informem, quae formaretur per similitudinem tuam
recurrens in te unum pro captu ordinato, quantum cuique rerum in suo
genere datum est, et fierent omnia bona valde, sive maneant circa te
sive gradatim remotiore distantia per tempora et locos pulchras
mutationes faciant aut patiantur. vident haec et gaudent in luce
veritatis tuae, quantulum hic valent.

(39) Et alius eorum intendit in id quod dictum est, 'in principio fecit
deus', et respicit sapientiam, principium, quia et loquitur ipsa nobis.
alius itidem intendit in eadem verba et principium intellegit exordium
rerum conditarum et sic accipit 'in principio fecit' ac si diceretur
'primo fecit'. atque in eis qui intellegunt 'in principio' quod in sapientia
fecisti caelum et terram, alius eorum ipsum caelum et terram,
creabilem materiam caeli et terrae, sic esse credit cognominatam, alius
iam formatas distinctasque naturas, alius unam formatam eandemque
spiritalem caeli nomine, aliam informem corporalis materiae terrae
nomine. qui autem intellegunt in nominibus caeli et terrae adhuc
informem materiam, de qua formaretur caelum et terra, nec ipsi uno
modo id intellegunt, sed alius, unde consummaretur intellegibilis
sensibilisque creatura, alius tantum, unde sensibilis moles ista
corporea sinu grandi continens perspicuas promptasque naturas. nec
illi uno modo, qui iam dispositas digestasque creaturas caelum et
terram vocari hoc loco credunt, sed alius invisibilem atque visibilem,
alius solam visibilem, in qua luminosum caelum suspicimus et terram
caliginosam quaeque in eis sunt.

29   (40) At ille qui non aliter accipit 'in principio fecit' quam si diceretur
'primo fecit' non habet quomodo veraciter intellegat caelum et terram,
nisi materiam caeli et terrae intellegat, videlicet universae, id est

intellegibilis corporalisque, creaturae. si enim iam formatam velit universam, recte ab eo quaeri poterit, si hoc primo fecit deus, quid fecerit deinceps, et post universitatem non inveniet ac per hoc audiet invitus, 'quomodo illud primo, si postea nihil?' cum vero dicit primo informem, deinde formatam, non est absurdus, si modo est idoneus discernere quid praecedat aeternitate, quid tempore, quid electione, quid origine: aeternitate, sicut deus omnia; tempore, sicut flos fructum; electione, sicut fructus florem; origine, sicut sonus cantum. in his quattuor primum et ultimum quae commemoravi difficillime intelleguntur, duo media facillime. namque rara visio est et nimis ardua conspicere, domine, aeternitatem tuam incommutabiliter mutabilia facientem ac per hoc priorem. quis deinde sic acutum cernat animo, ut sine labore magno dinoscere valeat quomodo sit prior sonus quam cantus, ideo quia cantus est formatus sonus et esse utique aliquid non formatum potest, formari autem quod non est non potest? sic est prior materies quam id quod ex ea fit, non ea prior quia ipsa efficit, cum potius fiat, nec prior intervallo temporis. neque enim priore tempore sonos edimus informes sine cantu et eos posteriore tempore in formam cantici coaptamus aut fingimus, sicut ligna, quibus arca, vel argentum, quo vasculum fabricatur. tales quippe materiae tempore etiam praecedunt formas rerum quae fiunt ex eis, at in cantu non ita est. cum enim cantatur, auditur sonus eius, non prius informiter sonat et deinde formatur in cantum. quod enim primo utcumque sonuerit, praeterit, nec ex eo quicquam reperies quod resumptum arte componas. et ideo cantus in sono suo vertitur, qui sonus eius materies eius est. idem quippe formatur, ut cantus sit. et ideo, sicut dicebam, prior materies sonandi quam forma cantandi. non per faciendi potentiam prior: neque enim sonus est cantandi artifex, sed cantanti animae subiacet ex corpore, de quo cantum faciat; nec tempore prior: simul enim cum cantu editur; nec prior electione: non enim potior sonus quam cantus, quandoquidem cantus est non tantum sonus verum etiam speciosus sonus. sed prior est origine, quia non cantus formatur ut sonus sit, sed sonus formatur ut cantus sit. hoc exemplo qui potest intellegat materiam rerum primo factam et appellatam caelum et terram, quia inde facta sunt caelum et terra, nec tempore primo factam, quia formae rerum exserunt tempora, illa autem erat informis iamque in temporibus simul animadvertitur, nec tamen de illa narrari aliquid potest, nisi velut tempore prior sit, cum pendatur extremior, quia profecto meliora sunt formata quam informia, et praecedatur aeternitate creatoris, ut esset de nihilo, unde aliquid fieret.

30   (41) In hac diversitate sententiarum verarum concordiam pariat ipsa
veritas, et deus noster misereatur nostri, ut legitime lege utamur,
praecepti fine, pura caritate. ac per hoc, si quis quaerit ex me quid
horum Moyses, tuus ille famulus, senserit, non sunt hi sermones
confessionum mearum si tibi non confiteor, 'nescio.' et scio tamen illas
veras esse sententias (exceptis carnalibus, de quibus quantum
existimavi locutus sum—quos tamen bonae spei parvulos haec verba
libri tui non territant alta humiliter et pauca copiose), sed omnes quos
in eis verbis vera cernere ac dicere fateor, diligamus nos invicem
pariterque diligamus te, deum nostrum, fontem veritatis, si non vana
sed ipsam sitimus, eundemque famulum tuum, scripturae huius
dispensatorem, spiritu tuo plenum, ita honoremus, ut hoc eum te
revelante, cum haec scriberet, attendisse credamus quod in eis maxime
et luce veritatis et fruge utilitatis excellit.

31   (42) Ita cum alius dixerit, 'hoc sensit quod ego', et alius, 'immo illud
quod ego', religiosius me arbitror dicere, 'cur non utrumque potius, si
utrumque verum est, et si quid tertium et si quid quartum et si quid
omnino aliud verum quispiam in his verbis videt, cur non illa omnia
vidisse credatur, per quem deus unus sacras litteras vera et diversa
visuris multorum sensibus temperavit?' ego certe, quod intrepidus de
meo corde pronuntio, si ad culmen auctoritatis aliquid scriberem, sic
mallem scribere ut quod veri quisque de his rebus capere posset mea
verba resonarent, quam ut unam veram sententiam ad hoc apertius
ponerem, ut excluderem ceteras quarum falsitas me non posset
offendere. nolo itaque, deus meus, tam praeceps esse ut hoc illum
virum de te meruisse non credam. sensit ille omnino in his verbis atque
cogitavit, cum ea scriberet, quidquid hic veri potuimus invenire et
quidquid nos non potuimus aut nondum potuimus et tamen in eis
inveniri potest.

32   (43) Postremo, domine, qui deus es et non caro et sanguis, si quid
homo minus vidit, numquid et spiritum tuum bonum, qui deducet me
in terram rectam, latere potuit, quidquid eras in eis verbis tu ipse
revelaturus legentibus posteris, etiamsi ille per quem dicta sunt unam
fortassis ex multis veris sententiam cogitavit? quod si ita est, sit igitur
illa quam cogitavit ceteris excelsior. nobis autem, domine, aut ipsam
demonstra aut quam placet alteram veram, ut sive nobis hoc quod
etiam illi homini tuo sive aliud ex eorundem verborum occasione
patefacias, tu tamen pascas, non error inludat. ecce, domine deus meus,
quam multa de paucis verbis, quam multa, oro te, scripsimus! quae
nostrae vires, quae tempora omnibus libris tuis ad istum modum

sufficient? sine me itaque brevius in eis confiteri tibi et eligere unum aliquid quod tu inspiraveris verum, certum et bonum, etiamsi multa occurrerint, ubi multa occurrere poterunt, ea fide confessionis meae ut, si hoc dixero quod sensit minister tuus, recte atque optime (id enim conari me oportet), quod si adsecutus non fuero, id tamen dicam quod mihi per eius verba tua veritas dicere voluerit, quae illi quoque dixit quod voluit.

LIBER DECIMUSTERTIUS

1   (1) Invoco te, deus meus, misericordia mea, qui fecisti me et oblitum
tui non oblitus es. invoco te in animam meam, quam praeparas ad
capiendum te ex desiderio quod inspirasti ei. nunc invocantem te ne
deseras, qui priusquam invocarem praevenisti et institisti crebrescens
multimodis vocibus, ut audirem de longinquo et converterer et
vocantem me invocarem te. tu enim, domine, delevisti omnia mala
merita mea, ne retribueres manibus meis, in quibus a te defeci, et
praevenisti omnia bona merita mea, ut retribueres manibus tuis, quibus
me fecisti, quia et priusquam essem tu eras, nec eram cui praestares ut
essem, et tamen ecce sum ex bonitate tua praeveniente totum hoc quod
me fecisti et unde me fecisti. neque enim eguisti me aut ego tale bonum
sum quo tu adiuveris, dominus meus et deus meus, non ut tibi sic
serviam quasi ne fatigeris in agendo, aut ne minor sit potestas tua
carens obsequio meo, neque ut sic te colam quasi terram, ut sis incultus
si non te colam, sed ut serviam tibi et colam te, ut de te mihi bene sit, a
quo mihi est ut sim cui bene sit.

2   (2) Ex plenitudine quippe bonitatis tuae creatura tua substitit, ut
bonum quod tibi nihil prodesset nec de te aequale tibi esset, tamen
quia ex te fieri potuit, non deesset. quid enim te promeruit caelum et
terra, quas fecisti in principio? dicant quid te promeruerunt spiritalis
corporalisque natura, quas fecisti in sapientia tua, ut inde penderent
etiam inchoata et informia quaeque in genere suo vel spiritali vel
corporali, euntia in immoderationem et in longinquam dissimili-
tudinem tuam, spiritale informe praestantius quam si formatum corpus
esset, corporale autem informe praestantius quam si omnino nihil
esset, atque ita penderent in tuo verbo informia, nisi per idem verbum
revocarentur ad unitatem tuam et formarentur et essent ab uno te
summo bono universa bona valde. quid te promeruerant, ut essent
saltem informia, quae neque hoc essent nisi ex te?

   (3) Quid te promeruit materies corporalis, ut esset saltem invisibilis
et incomposita, quia neque hoc esset nisi quia fecisti? ideoque te, quia
non erat, promereri ut esset non poterat. aut quid te promeruit
inchoatio creaturae spiritalis, ut saltem tenebrosa fluitaret similis
abysso, tui dissimilis, nisi per idem verbum converteretur ad idem a
quo facta est atque ab eo inluminata lux fieret, quamvis non aequaliter
tamen conformis formae aequali tibi? sicut enim corpori non hoc est
esse quod pulchrum esse (alioquin deforme esse non posset), ita etiam

creato spiritui non id est vivere quod sapienter vivere: alioquin incommutabiliter saperet. bonum autem illi est haerere tibi semper, ne quod
adeptus est conversione aversione lumen amittat et relabatur in vitam
tenebrosae abysso similem. nam et nos, qui secundum animam
creatura spiritalis sumus, aversi a te, nostro lumine, in ea vita fuimus
aliquando tenebrae et in reliquiis obscuritatis nostrae laboramus,
donec simus iustitia tua in unico tuo sicut montes dei. nam iudicia tua
fuimus sicut multa abyssus.

3   (4) Quod autem in primis conditionibus dixisti, 'fiat lux, et facta est
lux', non incongruenter hoc intellego in creatura spiritali, quia erat iam
qualiscumque vita quam inluminares. sed sicut non te promeruerat ut
esset talis vita quae inluminari posset, ita nec cum iam esset promeruit
te ut inluminaretur. neque enim eius informitas placeret tibi si non lux
fieret, non existendo sed intuendo inluminantem lucem eique
cohaerendo, ut et quod utcumque vivit et quod beate vivit non deberet
nisi gratiae tuae, conversa per commutationem meliorem ad id quod
neque in melius neque in deterius mutari potest. quod tu solus es, quia
solus simpliciter es, cui non est aliud vivere, aliud beate vivere, quia tua
beatitudo es.

4   (5) Quid ergo tibi deesset ad bonum, quod tu tibi es, etiamsi ista vel
omnino nulla essent vel informia remanerent quae non ex indigentia
fecisti sed ex plenitudine bonitatis tuae, cohibens atque convertens ad
formam, non ut tamquam tuum gaudium compleatur ex eis? perfecto
enim tibi displicet eorum imperfectio, ut ex te perficiantur et tibi
placeant, non autem imperfecto, tamquam et tu eorum perfectione
perficiendus sis. spiritus enim tuus bonus superferebatur super aquas,
non ferebatur ab eis tamquam in eis requiesceret. in quibus enim
requiescere dicitur spiritus tuus, hos in se requiescere facit. sed superferebatur incorruptibilis et incommutabilis voluntas tua, ipsa in se sibi
sufficiens, super eam quam feceras vitam. cui non hoc est vivere quod
beate vivere, quia vivit etiam fluitans in obscuritate sua; cui restat
converti ad eum a quo facta est, et magis magisque vivere apud fontem
vitae, et in lumine eius videre lumen, et perfici et inlustrari et beari.

5   (6) Ecce apparet mihi in aenigmate trinitas quod es, deus meus,
quoniam tu, pater, in principio sapientiae nostrae, quod est tua
sapientia de te nata, aequalis tibi et coaeterna, id est in filio tuo, fecisti
caelum et terram. et multa diximus de caelo caeli et de terra invisibili et
incomposita et de abysso tenebrosa secundum spiritalis informitatis
vagabunda deliquia, nisi converteretur ad eum a quo erat qualiscumque vita et inluminatione fieret speciosa vita et esset caelum caeli

eius, quod inter aquam et aquam postea factum est. et tenebam iam
patrem in dei nomine, qui fecit haec, et filium in principii nomine, in
quo fecit haec, et trinitatem credens deum meum, sicut credebam,
quaerebam in eloquiis sanctis eius, et ecce spiritus tuus superferebatur
super aquas. ecce trinitas deus meus, pater et filius et spiritus sanctus,
creator universae creaturae.

6   (7) Sed quae causa fuerat—o lumen veridicum, tibi admoveo cor
meum, ne me vana doceat; discute tenebras eius et dic mihi, obsecro te
per matrem caritatem, obsecro te, dic mihi, quae causa fuerat, ut post
nominatum caelum et terram invisibilem et incompositam et tenebras
super abyssum tum demum scriptura tua nominaret spiritum tuum? an
quia oportebat sic eum insinuari, ut diceretur superferre? non posset
hoc dici nisi prius illud commemoraretur cui superferri spiritus tuus
posset intellegi. nec patri enim nec filio superferebatur nec superferri
recte diceretur, si nulli rei superferretur. prius ergo dicendum erat cui
superferretur, et deinde ille quem non oportebat aliter commemorari
nisi ut superferri diceretur. cur ergo aliter eum insinuari non oportebat,
nisi ut superferri diceretur?

7   (8) Iam hinc sequatur qui potest intellectu apostolum tuum
dicentem quia caritas tua diffusa est in cordibus nostris per spiritum
sanctum, qui datus est nobis, et de spiritalibus docentem et
demonstrantem supereminentem viam caritatis et flectentem genua
pro nobis ad te, ut cognoscamus supereminentem scientiam caritatis
Christi. ideoque ab initio supereminens superferebatur super aquas.
cui dicam, quomodo dicam de pondere cupiditatis in abruptam
abyssum et de sublevatione caritatis per spiritum tuum, qui superferebatur super aquas? cui dicam? quomodo dicam? neque enim loca
sunt quibus mergimur et emergimus. quid similius et quid dissimilius?
affectus sunt, amores sunt, immunditia spiritus nostri defluens inferius
amore curarum et sanctitas tui attollens nos superius amore securitatis,
ut sursum cor habeamus ad te, ubi spiritus tuus superfertur super
aquas, et veniamus ad supereminentem requiem, cum pertransierit
anima nostra aquas quae sunt sine substantia.

8   (9) Defluxit angelus, defluxit anima hominis et indicaverunt
abyssum universae spiritalis creaturae in profundo tenebroso, nisi
dixisses ab initio, 'fiat lux', et facta esset lux, et inhaereret tibi omnis
oboediens intellegentia caelestis civitatis tuae et requiesceret in spiritu
tuo, qui superfertur incommutabiliter super omne mutabile. alioquin et
ipsum caelum caeli tenebrosa abyssus esset in se; nunc autem lux est in
domino. nam et in ipsa misera inquietudine defluentium spirituum et

indicantium tenebras suas nudatas veste luminis tui, satis ostendis
quam magnam rationalem creaturam feceris, cui nullo modo sufficit ad
beatam requiem quidquid te minus est, ac per hoc nec ipsa sibi. tu
enim, deus noster, inluminabis tenebras nostras: ex te oriuntur
vestimenta nostra, et tenebrae nostrae sicut meridies erunt. da mihi te,
deus meus, redde mihi te. en amo et, si parum est, amem validius. non
possum metiri, ut sciam quantum desit mihi amoris ad id quod sat est,
ut currat vita mea in amplexus tuos, nec avertatur donec abscondatur in
abscondito vultus tui. hoc tantum scio, quia male mihi est praeter te
non solum extra me sed et in me ipso, et omnis mihi copia quae deus
meus non est egestas est.

9   (10) Numquid aut pater aut filius non superferebatur super aquas? si
tamquam loco sicut corpus, nec spiritus sanctus; si autem incommutabilis divinitatis eminentia super omne mutabile, et pater et filius et
spiritus sanctus superferebatur super aquas. cur ergo tantum de spiritu
tuo dictum est hoc? cur de illo tantum dictum est quasi locus ubi esset,
qui non est locus, de quo solo dictum est quod sit donum tuum? in
dono tuo requiescimus: ibi te fruimur. requies nostra locus noster.
amor illuc attolli nos et spiritus tuus bonus exaltat humilitatem
nostram de portis mortis. in bona voluntate pax nobis est. corpus
pondere suo nititur ad locum suum. pondus non ad ima tantum est, sed
ad locum suum. ignis sursum tendit, deorsum lapis; ponderibus suis
aguntur, loca sua petunt. oleum infra aquam fusum super aquam attol-
litur, aqua supra oleum fusa infra oleum demergitur; ponderibus suis
aguntur, loca sua petunt. minus ordinata inquieta sunt; ordinantur et
quiescunt. pondus meum amor meus; eo feror, quocumque feror. dono
tuo accendimur et sursum ferimur; inardescimus et imus. ascendimus
ascensiones in corde et cantamus canticum graduum. igne tuo, igne tuo
bono inardescimus et imus, quoniam sursum imus ad pacem Hierusalem, quoniam iucundatus sum in his qui dixerunt mihi, 'in domum
domini ibimus.' ibi nos conlocabit voluntas bona, ut nihil velimus aliud
quam permanere illic in aeternum.

0   (11) Beata creatura quae non novit aliud, cum esset ipsa aliud, nisi
dono tuo, quod superfertur super omne mutabile, mox ut facta est
attolleretur nullo intervallo temporis in ea vocatione qua dixisti, 'fiat
lux', et fieret lux. in nobis enim distinguitur tempore, quod tenebrae
fuimus et lux efficimur; in illa vero dictum est quid esset; nisi inluminaretur, et ita dictum est, quasi prius fuerit fluxa et tenebrosa, ut
appareret causa qua factum est ut aliter esset, id est ut ad lumen
indeficiens conversa lux esset. qui potest intellegat, a te petat. ut quid

mihi molestus est, quasi ego inluminem ullum hominem venientem in hunc mundum?

11   (12) Trinitatem omnipotentem quis intelleget? et quis non loquitur eam, si tamen eam? rara anima quae, cum de illa loquitur, scit quod loquitur. et contendunt et dimicant, et nemo sine pace videt istam visionem. vellem ut haec tria cogitarent homines in se ipsis: longe aliud sunt ista tria quam illa trinitas, sed dico ubi se exerceant et probent et sentiant quam longe sunt. dico autem haec tria: esse, nosse, velle. sum enim et scio et volo. sum sciens et volens, et scio esse me et velle, et volo esse et scire. in his igitur tribus quam sit inseparabilis vita et una vita et una mens et una essentia, quam denique inseparabilis distinctio et tamen distinctio, videat qui potest. certe coram se est; attendat in se et videat et dicat mihi. sed cum invenerit in his aliquid et dixerit, non iam se putet invenisse illud quod supra ista est incommutabile, quod est incommutabiliter et scit incommutabiliter et vult incommutabiliter. et utrum propter tria haec et ibi trinitas, an in singulis haec tria, ut terna singulorum sint, an utrumque miris modis simpliciter et multipliciter infinito in se sibi fine, quo est et sibi notum est et sibi sufficit incommutabiliter idipsum copiosa unitatis magnitudine, quis facile cogitaverit? quis ullo modo dixerit? quis quolibet modo temere pronuntiaverit?

12   (13) Procede in confessione, fides mea; dic domino deo tuo, 'sancte, sancte, sancte, domine deus meus, in nomine tuo baptizati sumus, pater et fili et spiritus sancte, in nomine tuo baptizamus, pater et fili et spiritus sancte', quia et apud nos in Christo suo fecit deus caelum et terram, spiritales et carnales ecclesiae suae. et terra nostra antequam acciperet formam doctrinae invisibilis erat et incomposita, et ignorantiae tenebris tegebamur, quoniam pro iniquitate erudisti hominem, et iudicia tua sicut multa abyssus. sed quia spiritus tuus superferebatur super aquam, non reliquit miseriam nostram misericordia tua, et dixisti, 'fiat lux'; 'paenitentiam agite, appropinquavit enim regnum caelorum.' 'paenitentiam agite'; 'fiat lux.' et quoniam conturbata erat ad nos ipsos anima nostra, commemorati sumus tui, domine, de terra Iordanis et de monte aequali tibi sed parvo propter nos, et displicuerunt nobis tenebrae nostrae, et conversi sumus ad te, et facta est lux. et ecce fuimus aliquando tenebrae, nunc autem lux in domino.

13   (14) Et tamen adhuc per fidem, nondum per speciem: spe enim salvi facti sumus. spes autem quae videtur non est spes. adhuc abyssus abyssum invocat, sed iam in voce cataractarum tuarum. adhuc et ille qui dicit, 'non potui vobis loqui quasi spiritalibus, sed quasi

carnalibus', etiam ipse nondum se arbitratur comprehendisse, et quae
retro oblitus, in ea quae ante sunt extenditur et ingemescit gravatus, et
sitit anima eius ad deum vivum, quemadmodum cervi ad fontes
aquarum, et dicit, 'quando veniam?', habitaculum suum, quod de caelo
est, superindui cupiens, et vocat inferiorem abyssum dicens, 'nolite
conformari huic saeculo, sed reformamini in novitate mentis vestrae',
et 'nolite pueri effici mentibus, sed malitia parvuli estote, ut mentibus
perfecti sitis', et 'o stulti Galatae, quis vos fascinavit?' sed iam non in
voce sua; in tua enim, qui misisti spiritum tuum de excelsis per eum qui
ascendit in altum et aperuit cataractas donorum suorum, ut fluminis
impetus laetificarent civitatem tuam. illi enim suspirat sponsi amicus,
habens iam spiritus primitias penes eum, sed adhuc in semet ipso
ingemescens, adoptionem expectans, redemptionem corporis sui. illi
suspirat (membrum est enim sponsae) et illi zelat (amicus est enim
sponsi); illi zelat non sibi, quia in voce cataractarum tuarum, non in
voce sua, invocat alteram abyssum, cui zelans timet ne sicut serpens
Evam decepit astutia sua, sic et eorum sensus corrumpantur a
castitate quae est in sponso nostro, unico tuo. quae est illa speciei
lux? cum videbimus eum sicuti est, et transierint lacrimae, quae mihi
factae sunt panis die ac nocte, dum dicitur mihi cotidie, 'ubi est deus
tuus?'

14   (15) Et ego dico, 'deus meus ubi es?' ecce ubi es. respiro in te
paululum, cum effundo super me animam meam in voce exultationis et
confessionis, soni festivitatem celebrantis. et adhuc tristis est, quia
relabitur et fit abyssus, vel potius sentit adhuc se esse abyssum. dicit ei
fides mea, quam accendisti in nocte ante pedes meos, 'quare tristis es,
anima, et quare conturbas me? spera in domino.' lucerna pedibus tuis
verbum eius. spera et persevera, donec transeat nox, mater iniquorum,
donec transeat ira domini, cuius filii et nos fuimus aliquando tenebrae,
quarum residua trahimus in corpore propter peccatum mortuo, donec
aspiret dies et removeantur umbrae. spera in domino; mane astabo et
contemplabor; semper confitebor illi. mane astabo et videbo salutare
vultus mei, deum meum, qui vivificabit et mortalia corpora nostra
propter spiritum, qui habitat in nobis, quia super interius nostrum
tenebrosum et fluvidum misericorditer superferebatur. unde in hac
peregrinatione pignus accepimus, ut iam simus lux, dum adhuc spe
salvi facti sumus et filii lucis et filii diei, non filii noctis neque
tenebrarum, quod tamen fuimus. inter quos et nos in isto adhuc incerto
humanae notitiae tu solus dividis, qui probas corda nostra, et vocas
lucem diem et tenebras noctem. quis enim nos discernit nisi tu? quid

autem habemus quod non accepimus a te, ex eadem massa vasa in honorem ex qua sunt et alia facta in contumeliam?

15 (16) Aut quis nisi tu, deus noster, fecisti nobis firmamentum auctoritatis super nos in scriptura tua divina? caelum enim plicabitur ut liber et nunc sicut pellis extenditur super nos. sublimioris enim auctoritatis est tua divina scriptura, cum iam obierunt istam mortem illi mortales per quos eam dispensasti nobis. et tu scis, domine, tu scis, quemadmodum pellibus indueris homines, cum peccato mortales fierent. unde sicut pellem extendisti firmamentum libri tui, concordes utique sermones tuos, quos per mortalium ministerium superposuisti nobis. namque ipsa eorum morte solidamentum auctoritatis in eloquiis tuis per eos editis sublimiter extenditur super omnia quae subter sunt, quod, cum hic viverent, non ita sublimiter extentum erat. nondum sicut pellem caelum extenderas, nondum mortis eorum famam usquequaque dilataveras.

(17) Videamus, domine, caelos, opera digitorum tuorum; disserena oculis nostris nubilum quo subtexisti eos. ibi est testimonium tuum sapientiam praestans parvulis. perfice, deus meus, laudem tuam ex ore infantium et lactantium. neque enim novimus alios libros ita destruentes superbiam, ita destruentes inimicum et defensorem resistentem reconciliationi tuae defendendo peccata sua. non novi, domine, non novi alia tam casta eloquia, quae sic mihi persuaderent confessionem et lenirent cervicem meam iugo tuo et invitarent colere te gratis. intellegam ea, pater bone, da mihi hoc subterposito, quia subterpositis solidasti ea.

(18) Sunt aliae aquae super hoc firmamentum, credo, immortales et a terrena corruptione secretae. laudent nomen tuum, laudent te supercaelestes populi angelorum tuorum, qui non opus habent suspicere firmamentum hoc et legendo cognoscere verbum tuum. vident enim faciem tuam semper, et ibi legunt sine syllabis temporum quid velit aeterna voluntas tua. legunt eligunt et diligunt; semper legunt et numquam praeterit quod legunt. eligendo enim et diligendo legunt ipsam incommutabilitatem consilii tui. non clauditur codex eorum nec plicatur liber eorum, quia tu ipse illis hoc es et es in aeternum, quia super hoc firmamentum ordinasti eos, quod firmasti super infirmitatem inferiorum populorum, ubi suspicerent et cognoscerent misericordiam tuam temporaliter enuntiantem te, qui fecisti tempora. in caelo enim, domine, misericordia tua et veritas tua usque ad nubes. transeunt nubes, caelum autem manet. transeunt praedicatores verbi tui ex hac vita in aliam vitam, scriptura vero tua usque in finem saeculi super

populos extenditur. sed et caelum et terra transibunt, sermones autem
tui non transibunt, quoniam et pellis plicabitur et faenum super quod
extendebatur cum claritate sua praeteriet, verbum autem tuum manet
in aeternum. quod nunc in aenigmate nubium et per speculum caeli,
non sicuti est, apparet nobis, quia et nos quamvis filio tuo dilecti
sumus, nondum apparuit quod erimus. attendit per retia carnis et
blanditus est et inflammavit, et currimus post odorem eius. sed cum
apparuerit, similes ei erimus, quoniam videbimus eum sicuti est. sicuti
est, domine, videre nostrum, quod nondum est nobis.

6   (19) Nam sicut omnino tu es, tu scis solus, qui es incommutabiliter et
scis incommutabiliter et vis incommutabiliter, et essentia tua scit et vult
incommutabiliter, et scientia tua est et vult incommutabiliter, et voluntas
tua est et scit incommutabiliter, nec videtur iustum esse coram te ut,
quemadmodum se scit lumen incommutabile, ita sciatur ab inluminato
commutabili. ideoque anima mea tamquam terra sine aqua tibi, quia
sicut se inluminare de se non potest, ita se satiare de se non potest. sic
enim apud te fons vitae, quomodo in lumine tuo videbimus lumen.

7   (20) Quis congregavit amaricantes in societatem unam? idem
namque illis finis est temporalis et terrenae felicitatis, propter quam
faciunt omnia, quamvis innumerabili varietate curarum fluctuent. quis,
domine, nisi tu, qui dixisti ut congregarentur aquae in congregationem
unam et appareret arida sitiens tibi, quoniam tuum est et mare et tu
fecisti illud, et aridam terram manus tuae formaverunt? neque enim
amaritudo voluntatum sed congregatio aquarum vocatur mare. tu enim
coherces etiam malas cupiditates animarum et figis limites, quousque
progredi sinantur aquae ut in se comminuantur fluctus earum, atque ita
facis mare ordine imperii tui super omnia.

(21) At animas sitientes tibi et apparentes tibi alio fine distinctas a
societate maris occulto et dulci fonte inrigas, ut et terra det fructum
suum. et dat fructum suum et te iubente, domino deo suo, germinat
anima nostra opera misericordiae secundum genus, diligens proximum
in subsidiis necessitatum carnalium, habens in se semen secundum
similitudinem, quoniam ex nostra infirmitate compatimur ad subveniendum indigentibus similiter opitulantes, quemadmodum nobis
vellemus opem ferri, si eodem modo indigeremus, non tantum in
facilibus tamquam in herba seminali, sed etiam in protectione adiutorii
forti robore, sicut lignum fructiferum, id est beneficum ad eripiendum
eum qui iniuriam patitur de manu potentis et praebendo protectionis
umbraculum valido robore iusti iudicii.

8   (22) Ita, domine, ita, oro te, oriatur, sicuti facis, sicuti das hilaritatem

et facultatem, oriatur de terra veritas, et iustitia de caelo respiciat, et fiant in firmamento luminaria. frangamus esurienti panem nostrum et egenum sine tecto inducamus in domum nostram, nudum vestiamus et domesticos seminis nostri non despiciamus. quibus in terra natis fructibus, vide quia bonum est, et erumpat temporanea lux nostra, et de ista inferiore fruge actionis in delicias contemplationis verbum vitae superius obtinentes appareamus sicut luminaria in mundo, cohaerentes firmamento scripturae tuae. ibi enim nobiscum disputas, ut dividamus inter intellegibilia et sensibilia tamquam inter diem et noctem vel inter animas alias intellegibilibus, alias sensibilibus deditas, ut iam non tu solus in abdito diiudicationis, sicut antequam fieret firmamentum, dividas inter lucem et tenebras, sed etiam spiritales tui in eodem firmamento positi atque distincti manifestata per orbem gratia tua luceant super terram et dividant inter diem et noctem et significent tempora, quia vetera transierunt, ecce facta sunt nova, et quia propior est nostra salus quam cum credidimus, et quia nox praecessit, dies autem appropinquavit, et quia benedicis coronam anni tui, mittens operarios in messem tuam, in qua seminanda alii laboraverunt, mittens etiam in aliam sementem, cuius messis in fine est. ita das vota optanti et benedicis annos iusti, tu autem idem ipse es et in annis tuis, qui non deficiunt, horreum praeparas annis transeuntibus.

Aeterno quippe consilio propriis temporibus bona caelestia das super terram, (23) quoniam quidem alii datur per spiritum sermo sapientiae tamquam luminare maius propter eos qui perspicuae veritatis luce delectantur tamquam in principio diei, alii autem sermo scientiae secundum eundem spiritum tamquam luminare minus, alii fides, alii donatio curationum, alii operationes virtutum, alii prophetia, alii diiudicatio spirituum, alteri genera linguarum, et haec omnia tamquam stellae. omnia enim haec operatur unus atque idem spiritus, dividens propria unicuique prout vult et faciens apparere sidera in manifestatione ad utilitatem. sermo autem scientiae, qua continentur omnia sacramenta quae variantur temporibus tamquam luna, et ceterae notitiae donorum, quae deinceps tamquam stellae commemorata sunt, quantum differunt ab illo candore sapientiae quo gaudet praedictus dies, tantum in principio noctis sunt. his enim sunt necessaria, quibus ille prudentissimus servus tuus non potuit loqui quasi spiritalibus, sed quasi carnalibus, ille qui sapientiam loquitur inter perfectos. animalis autem homo tamquam parvulus in Christo lactisque potator, donec roboretur ad solidum cibum et aciem firmet ad solis aspectum, non habeat desertam noctem suam, sed luce lunae stellarumque contentus sit. haec nobiscum disputas sapientissime, deus noster, in libro tuo, firmamento tuo, ut discernamus omnia contemplatione mirabili, quamvis adhuc in signis et in temporibus et in diebus et in annis.

9 (24) 'Sed prius lavamini, mundi estote, auferte nequitiam ab animis vestris atque a conspectu oculorum meorum, ut appareat arida. discite bonum facere, iudicate pupillo et iustificate viduam, ut germinet terra herbam pabuli et lignum fructiferum. et venite, disputemus', dicit dominus, 'ut fiant luminaria in firmamento caeli, et luceant super terram.' quaerebat dives ille a magistro bono quid faceret ut vitam aeternam consequeretur; dicat ei magister bonus, quem putabat hominem et nihil amplius (bonus est autem, quia deus est), dicat ei ut, si vult venire ad vitam, servet mandata, separet a se amaritudinem malitiae atque nequitiae, non occidat, non moechetur, non furetur, non falsum testimonium dicat, ut appareat arida et germinet honorem matris et patris et dilectionem proximi. 'feci', inquit, 'haec omnia.' unde ergo tantae spinae, si terra fructifera est? vade, extirpa silvosa dumeta avaritiae, vende quae possides et implere frugibus dando pauperibus, et habebis thesaurum in caelis, et sequere dominum si vis esse perfectus, eis sociatus inter quos loquitur sapientiam ille qui novit quid distribuat diei et nocti, ut noris et tu, ut fiant et tibi luminaria in firmamento caeli. quod non fiet, nisi fuerit illic cor tuum; quod item non fiet, nisi fuerit illi thesaurus tuus, sicut audisti a magistro bono. sed contristata est terra sterilis, et spinae offocaverunt verbum.

(25) Vos autem genus electum, infirma mundi, qui dimisistis omnia ut sequeremini dominum: ite post eum et confundite fortia, ite post eum, speciosi pedes, et lucete in firmamento, ut caeli enarrent gloriam eius, dividentes inter lucem perfectorum, sed nondum sicut angelorum, et tenebras parvulorum, sed non desperatorum. lucete super omnem terram, et dies sole candens eructet diei verbum sapientiae et nox luna lucens annuntiet nocti verbum scientiae. luna et stellae nocti lucent, sed nox non obscurat eas, quoniam ipsae inluminant eam pro modulo eius. ecce enim tamquam deo dicente, 'fiant luminaria in firmamento caeli', factus est subito de caelo sonus, quasi ferretur flatus vehemens, et visae sunt linguae divisae quasi ignis, qui et insedit super unumquemque illorum, et facta sunt luminaria in firmamento caeli verbum vitae habentia. ubique discurrite, ignes sancti, ignes decori. vos enim estis lumen mundi nec estis sub modio. exaltatus est cui adhaesistis, et exaltavit vos. discurrite et innotescite omnibus gentibus.

20   (26) Concipiat et mare et pariat opera vestra, et producant aquae reptilia animarum vivarum. separantes enim pretiosum a vili facti estis os dei, per quod diceret, 'producant aquae' non animam vivam, quam terra producet, sed 'reptilia animarum vivarum et volatilia volantia super terram'. repserunt enim sacramenta tua, deus, per opera sanctorum tuorum inter medios fluctus temptationum saeculi ad imbuendas gentes nomine tuo in baptismo tuo. et inter haec facta sunt magnalia mirabilia tamquam ceti grandes et voces nuntiorum tuorum volantes super terram iuxta firmamentum libri tui, praeposito illo sibi ad auctoritatem, sub quo volitarent quocumque irent. neque enim sunt loquellae neque sermones quorum non audiantur voces eorum, quando in omnem terram exiit sonus eorum et in fines orbis terrae verba eorum, quoniam tu, domine, benedicendo multiplicasti haec.

(27) Numquid mentior aut mixtione misceo neque distinguo lucidas cognitiones harum rerum in firmamento caeli et opera corporalia in undoso mari et sub firmamento caeli? quarum enim rerum notitiae sunt solidae et terminatae sine incrementis generationum tamquam lumina sapientiae et scientiae, earundem rerum sunt operationes corporales multae ac variae, et aliud ex alio crescendo multiplicantur in benedictione tua, deus, qui consolatus es fastidia sensuum mortalium, ut in cognitione animi res una multis modis per corporis motiones figuretur atque dicatur. aquae produxerunt haec, sed in verbo tuo. necessitates alienatorum ab aeternitate veritatis tuae populorum produxerunt haec, sed in evangelio tuo, quoniam ipsae aquae ista eiecerunt, quarum amarus languor fuit causa ut in tuo verbo ista procederent.

(28) Et pulchra sunt omnia faciente te, et ecce tu inenarrabiliter pulchrior, qui fecisti omnia. a quo si non esset lapsus Adam, non diffunderetur ex utero eius salsugo maris, genus humanum profunde curiosum et procellose tumidum et instabiliter fluvidum, atque ita non opus esset ut in aquis multis corporaliter et sensibiliter operarentur dispensatores tui mystica facta et dicta. sic enim mihi nunc occurrerunt reptilia et volatilia, quibus imbuti et initiati homines corporalibus sacramentis subditi non ultra proficerent, nisi spiritaliter vivesceret anima gradu alio et post initii verbum in consummationem respiceret.

21   (29) Ac per hoc in verbo tuo non maris profunditas, sed ab aquarum amaritudine terra discreta eicit non reptilia animarum vivarum et volatilia, sed animam vivam. neque enim iam opus habet baptismo, quo gentibus opus est, sicut opus habebat cum aquis tegeretur. non enim intratur aliter in regnum caelorum ex illo quo instituisti ut sic intretur, nec magnalia mirabilium quaerit quibus fiat fides. neque enim nisi

signa et prodigia viderit, non credit, cum iam distincta sit terra fidelis
ab aquis maris infidelitate amaris, et linguae in signo sunt non fidelibus
sed infidelibus. nec isto igitur genere volatili, quod verbo tuo
produxerunt aquae, opus habet terra quam fundasti super aquas.
immitte in eam verbum tuum per nuntios tuos, opera enim eorum
narramus. sed tu es qui operaris in eis, et operentur animam vivam.
terra producit eam, quia terra causa est ut haec agant in ea, sicut mare
fuit causa ut agerent reptilia animarum vivarum et volatilia sub
firmamento caeli, quibus iam terra non indiget, quamvis piscem
manducet levatum de profundo in ea mensa quam parasti in conspectu
credentium; ideo enim de profundo levatus est, ut alat aridam. et aves
marina progenies, sed tamen super terram multiplicantur. primarum
enim vocum evangelizantium infidelitas hominum causa extitit, sed et
fideles exhortantur et benedicuntur eis multipliciter de die in diem. at
vero anima viva de terra sumit exordium, quia non prodest nisi iam
fidelibus continere se ab amore huius saeculi, ut anima eorum tibi
vivat, quae mortua erat in deliciis vivens, deliciis, domine, mortiferis,
nam tu puri cordis vitales deliciae.

(30) Operentur ergo iam in terra ministri tui, non sicut in aquis
infidelitatis annuntiando et loquendo per miracula et sacramenta et
voces mysticas, ubi intenta fit ignorantia mater admirationis in timore
occultorum signorum (talis enim est introitus ad fidem filiis Adam
oblitis tui, dum se abscondunt a facie tua et fiunt abyssus), sed
operentur etiam sicut in arida discreta a gurgitibus abyssi et sint forma
fidelibus vivendo coram eis et excitando ad imitationem. sic enim non
tantum ad audiendum sed etiam ad faciendum audiunt, 'quaerite deum
et vivet anima vestra, ut producat terra animam viventem; nolite
conformari huic saeculo, continete vos ab eo.' evitando vivit anima,
quae appetendo moritur. continete vos ab immani feritate superbiae, ab
inerti voluptate luxuriae, et a fallaci nomine scientiae, ut sint bestiae
mansuetae et pecora edomita et innoxii serpentes. motus enim animae
sunt isti in allegoria; sed fastus elationis et delectatio libidinis et
venenum curiositatis motus sunt animae mortuae, quia non ita moritur
ut omni motu careat, quoniam discedendo a fonte vitae moritur atque
ita suscipitur a praetereunte saeculo et conformatur ei.

(31) Verbum autem tuum, deus, fons vitae aeternae est et non
praeterit. ideoque in verbo tuo cohibetur ille discessus, dum dicitur
nobis, 'nolite conformari huic saeculo,' ut producat terra in fonte vitae
animam viventem, in verbo tuo per evangelistas tuos animam continentem imitando imitatores Christi tui. hoc est enim secundum

genus, quoniam aemulatio viri ab amico est: 'estote', inquit, 'sicut ego, quia et ego sicut vos.' ita erunt in anima viva bestiae bonae in mansuetudine actionis. mandasti enim dicens, 'in mansuetudine opera tua perfice et ab omni homine diligeris.' et pecora bona neque si manducaverint, abundantia, neque si non manducaverint, egentia, et serpentes boni non perniciosi ad nocendum, sed astuti ad cavendum et tantum explorantes temporalem naturam, quantum sufficit, ut per ea quae facta sunt intellecta conspiciatur aeternitas. serviunt enim rationi haec animalia, cum a progressu mortifero cohibita vivunt et bona sunt.

22   (32) Ecce enim, domine deus noster, creator noster, cum cohibitae fuerint affectiones ab amore saeculi, quibus moriebamur male vivendo, et coeperit esse anima vivens bene vivendo, completumque fuerit verbum tuum quo per apostolum tuum dixisti, 'nolite conformari huic saeculo', consequetur et illud quod adiunxisti statim et dixisti, 'sed reformamini in novitate mentis vestrae', non iam secundum genus, tamquam imitantes praecedentem proximum nec ex hominis melioris auctoritate viventes. neque enim dixisti, 'fiat homo secundum genus', sed 'faciamus hominem ad imaginem et similitudinem nostram', ut nos probemus quae sit voluntas tua. ad hoc enim dispensator ille tuus generans per evangelium filios, ne semper parvulos haberet quos lacte nutriret et tamquam nutrix foveret, 'reformamini', inquit, 'in novitate mentis vestrae ad probandum vos quae sit voluntas dei, quod bonum et beneplacitum et perfectum.' ideoque non dicis, 'fiat homo', sed 'faciamus', nec dicis, 'secundum genus', sed 'ad imaginem et simili-tudinem nostram.' mente quippe renovatus et conspiciens intellectam veritatem tuam homine demonstratore non indiget ut suum genus imitetur, sed te demonstrante probat ipse quae sit voluntas tua, quod bonum et beneplacitum et perfectum, et doces eum iam capacem videre trinitatem unitatis vel unitatem trinitatis. ideoque pluraliter dicto 'faciamus hominem', singulariter tamen infertur, 'et fecit deus hominem', et pluraliter dicto 'ad imaginem nostram', singulariter infertur, 'ad imaginem dei.' ita homo renovatur in agnitione dei secundum imaginem eius, qui creavit eum, et spiritalis effectus iudicat omnia, quae utique iudicanda sunt, ipse autem a nemine iudicatur.

23   (33) Quod autem iudicat omnia, hoc est, quod habet potestatem piscium maris et volatilium caeli et omnium pecorum et ferarum et omnis terrae et omnium repentium quae repunt super terram. hoc enim agit per mentis intellectum, per quem percipit quae sunt spiritus dei. alioquin homo in honore positus non intellexit; comparatus est iumentis insensatis et similis factus est eis. ergo in ecclesia tua, deus

noster, secundum gratiam tuam, quam dedisti ei, quoniam tuum sumus
figmentum creati in operibus bonis, non solum qui spiritaliter praesunt
sed etiam hi qui spiritaliter subduntur eis qui praesunt (masculum
enim et feminam fecisti hominem hoc modo in gratia tua spiritali, ubi
secundum sexum corporis non est masculus et femina, quia nec
Iudaeus neque graecus neque servus neque liber)—spiritales ergo, sive
qui praesunt sive qui obtemperant, spiritaliter iudicant, non de
cognitionibus spiritalibus, quae lucent in firmamento (non enim
oportet de tam sublimi auctoritate iudicare); neque de ipso libro tuo,
etiam si quid ibi non lucet, quoniam summittimus ei nostrum intellectum certumque habemus etiam quod clausum est aspectibus nostris
recte veraciterque dictum esse (sic enim homo, licet iam spiritalis et
renovatus in agnitione dei secundum imaginem eius qui creavit eum,
factor tamen legis debet esse, non iudex); neque de illa distinctione
iudicat, spiritalium videlicet atque carnalium hominum, qui tuis, deus
noster, oculis noti sunt et nullis adhuc nobis apparuerunt operibus ut
ex fructibus eorum cognoscamus eos, sed tu, domine, iam scis eos et
divisisti et vocasti in occulto, antequam fieret firmamentum; neque de
turbidis huius saeculi populis quamquam spiritalis homo iudicat—
quid enim ei de his qui foris sunt iudicare, ignoranti quis inde venturus
sit in dulcedinem gratiae tuae et quis in perpetua impietatis
amaritudine remansurus?

(34) Ideoque homo, quem fecisti ad imaginem tuam, non accepit
potestatem luminarium caeli neque ipsius occulti caeli neque diei et
noctis, quae ante caeli constitutionem vocasti, neque congregationis
aquarum, quod est mare, sed accepit potestatem piscium maris et
volatilium caeli et omnium pecorum et omnis terrae et omnium
repentium quae repunt super terram. iudicat enim et approbat quod
recte, improbat autem quod perperam invenerit, sive in ea sollemnitate
sacramentorum quibus initiantur quos pervestigat in aquis multis
misericordia tua, sive in ea qua ille piscis exhibetur quem levatum de
profundo terra pia comedit, sive in verborum signis vocibusque
subiectis auctoritati libri tui tamquam sub firmamento volitantibus,
interpretando, exponendo, disserendo, disputando, benedicendo atque
invocando te, ore erumpentibus atque sonantibus signis, ut respondeat
populus, 'amen'. quibus omnibus vocibus corporaliter enuntiandis
causa est abyssus saeculi et caecitas carnis, qua cogitata non possunt
videri, ut opus sit instrepere in auribus. ita, quamvis multiplicentur
volatilia super terram, ex aquis tamen originem ducunt. iudicat etiam
spiritalis approbando quod rectum, improbando autem quod perperam

invenerit in operibus moribusque fidelium, elemosynis tamquam terra
fructifera et de anima viva mansuefactis affectionibus, in castitate, in
ieiuniis, in cogitationibus piis de his quae per sensum corporis
percipiuntur. de his enim iudicare nunc dicitur, in quibus et
potestatem corrigendi habet.

24   (35) Sed quid est hoc et quale mysterium est? ecce benedicis
homines, o domine, ut crescant et multiplicentur et impleant terram.
nihilne nobis ex hoc innuis, ut intellegamus aliquid? cur non ita
benedixeris lucem quam vocasti diem nec firmamentum caeli nec
luminaria nec sidera nec terram nec mare? dicerem te, deus noster, qui
nos ad imaginem tuam creasti, dicerem te hoc donum benedictionis
homini proprie voluisse largiri, nisi hoc modo benedixisses pisces et
cetos, ut crescerent et multiplicarentur et implerent aquas maris, et
volatilia multiplicarentur super terram. item dicerem ad ea rerum
genera pertinere benedictionem hanc quae gignendo ex semet ipsis
propagantur, si eam reperirem in arbustis et frutectis et in pecoribus
terrae. nunc autem nec herbis et lignis dictum est nec bestiis et
serpentibus, 'crescite et multiplicamini', cum haec quoque omnia sicut
pisces et aves et homines gignendo augeantur genusque custodiant.

(36) Quid igitur dicam, lumen meum, veritas? quia vacat hoc, quia
inaniter ita dictum est? nequaquam, pater pietatis; absit ut hoc dicat
servus verbi tui. et si ego non intellego quid hoc eloquio significes,
utantur eo melius meliores, id est intellegentiores quam ego sum,
unicuique quantum sapere dedisti. placeat autem et confessio mea
coram oculis tuis, qua tibi confiteor credere me, domine, non incassum
te ita locutum, neque silebo quod mihi lectionis huius occaso suggerit.
verum est enim, nec video quid impediat ita me sentire dicta figurata
librorum tuorum. novi enim multipliciter significari per corpus, quod
uno modo mente intellegitur, et multipliciter mente intellegi, quod uno
modo per corpus significatur. ecce simplex dilectio dei et proximi,
quam multiplicibus sacramentis et innumerabilibus linguis et in
unaquaque lingua innumerabilibus locutionum modis corporaliter
enuntiatur! ita crescunt et multiplicantur fetus aquarum. attende
iterum quisquis haec legis: ecce quod uno modo scriptura offert et vox
personat, 'in principio deus fecit caelum et terram', nonne multipliciter
intellegitur, non errorum fallacia, sed verarum intellegentiarum
generibus? ita crescunt et multiplicantur fetus hominum.

(37) Itaque si naturas ipsas rerum non allegorice sed proprie
cogitemus, ad omnia quae de seminibus gignuntur convenit verbum
'crescite et multiplicamini'. si autem figurate posita ista tractemus

(quod potius arbitror intendisse scripturam, quae utique non super-
vacue solis aquatilium et hominum fetibus istam benedictionem
attribuit), invenimus quidem multitudines et in creaturis spiritalibus
atque corporalibus tamquam in caelo et terra, et in animis iustis et
iniquis tamquam in luce et tenebris, et in sanctis auctoribus per quos
lex ministrata est tamquam in firmamento quod solidatum est inter
aquam et aquam, et in societate amaricantium populorum tamquam in
mari, et in studio piarum animarum tamquam in arida, et in operibus
misericordiae secundum praesentem vitam tamquam in herbis
seminalibus et lignis fructiferis, et in spiritalibus donis manifestatis ad
utilitatem sicut in luminaribus caeli, et in affectibus formatis ad
temperantiam tamquam in anima viva: in his omnibus nanciscimur
multitudines et ubertates et incrementa. sed quod ita crescat et
multiplicetur, ut una res multis modis enuntietur et una enuntiatio
multis modis intellegatur, non invenimus nisi in signis corporaliter
editis et rebus intellegibiliter excogitatis. signa corporaliter edita
generationes aquarum propter necessarias causas carnalis profundita-
tis, res autem intellegibiliter excogitatas generationes humanas propter
rationis fecunditatem intelleximus. et ideo credidimus utrique horum
generi dictum esse abs te, domine, 'crescite et multiplicamini.' in hac
enim benedictione concessam nobis a te facultatem ac potestatem
accipio et multis modis enuntiare quod uno modo intellectum tenueri-
mus, et multis modis intellegere quod obscure uno modo enuntiatum
legerimus. sic implentur aquae maris, quae non moventur nisi variis
significationibus, sic et fetibus humanis impletur et terra, cuius ariditas
apparet in studio, et dominatur ei ratio.

25   (38) Volo etiam dicere, domine deus meus, quod me consequens tua
scriptura commonet, et dicam nec verebor. vera enim dicam te mihi
inspirante quod ex eis verbis voluisti ut dicerem. neque enim alio
praeter te inspirante credo me verum dicere, cum tu sis veritas, omnis
autem homo mendax, et ideo qui loquitur mendacium, de suo loquitur.
ergo ut verum loquar, de tuo loquor. ecce dedisti nobis in escam omne
faenum sativum seminans semen quod est super omnem terram, et
omne lignum quod habet in se fructum seminis sativi. nec nobis solis
sed et omnibus avibus caeli et bestiis terrae atque serpentibus; piscibus
autem et cetis magnis non dedisti haec. dicebamus enim eis terrae
fructibus significari et in allegoria figurari opera misericordiae, quae
huius vitae necessitatibus exhibentur ex terra fructifera. talis terra erat
pius Onesiphorus, cuius domui dedisti misericordiam, quia frequenter
Paulum tuum refrigeravit et catenam eius non erubuit. hoc fecerunt et

fratres et tali fruge fructificaverunt qui quod ei deerat suppleverunt ex Macedonia. quomodo autem dolet quaedam ligna quae fructum ei debitum non dederunt, ubi ait, 'in prima mea defensione nemo mihi adfuit, sed omnes me dereliquerunt: non illis imputetur.' esca enim debetur eis qui ministrant doctrinam rationalem per intellegentias divinorum mysteriorum, et ita eis debetur tamquam hominibus. debetur autem eis (sicut animae vivae) praebentibus se ad imitandum in omni continentia. item debetur eis tamquam volatilibus propter benedictiones eorum, quae multiplicantur super terram, quoniam in omnem terram exiit sonus eorum.

26 (39) Pascuntur autem his escis qui laetantur eis, nec illi laetantur eis, quorum deus venter. neque enim et in illis qui praebent ista, ea quae dant fructus est, sed quo animo dant. itaque ille qui deo serviebat non suo ventri, video plane unde gaudeat, video et congratulor ei valde. acceperat enim a Philippensibus quae per Epaphroditum miserant; sed tamen unde gaudeat, video. unde autem gaudet, inde pascitur, quia in veritate loquens 'gavisus sum', inquit, 'magnifice in domino, quia tandem aliquando repullulastis sapere pro me, in quo sapiebatis; taedium autem habuistis.' isti ergo diuturno taedio marcuerant et quasi exaruerant ab isto fructu boni operis, et gaudet eis, quia repullularunt, non sibi, quia eius indigentiae subvenerunt. ideo secutus ait, 'non quod desit aliquid dico; ego enim didici in quibus sum sufficiens esse. scio et minus habere, scio et abundare; in omnibus et in omni imbutus sum, et satiari et esurire et abundare et penuriam pati: omnia possum in eo qui me confortat.'

(40) Unde ergo gaudes, o Paule magne? unde gaudes, unde pasceris, homo renovate in agnitione dei secundum imaginem eius qui creavit te, et anima viva tanta continentia et lingua volatilis loquens mysteria? talibus quippe animantibus ista esca debetur. quid est quod te pascit? laetitia. quod sequitur audiam: 'verum tamen', inquit, 'bene fecistis communicantes tribulationi meae.' hinc gaudet, hinc pascitur, quia illi bene fecerunt, non quia eius angustia relaxata est, qui dicit tibi, 'in tribulatione dilatasti mihi', quia et abundare et penuriam pati novit in te, qui confortas eum. 'scitis enim', inquit, 'etiam vos, Philippenses, quoniam in principio evangelii, cum ex Macedonia sum profectus, nulla mihi ecclesia communicavit in ratione dati et accepti nisi vos soli, quia et Thessalonicam et semel et iterum usibus meis misistis.' ad haec bona opera eos redisse nunc gaudet et repullulasse laetatur tamquam revivescente fertilitate agri.

(41) Numquid propter usus suos, quia dixit, 'usibus meis misistis',

numquid propterea gaudet? non propterea. et hoc unde scimus? quoniam ipse sequitur dicens, 'non quia quaero datum, sed requiro fructum.' didici a te, deus meus, inter datum et fructum discernere. datum est res ipsa quam dat qui impertitur haec necessaria, veluti est nummus, cibus, potus, vestimentum, tectum, adiutorium. fructus autem bona et recta voluntas datoris est. non enim ait magister bonus 'qui susceperit prophetam' tantum, sed addidit 'in nomine prophetae'; neque ait tantum 'qui susceperit iustum', sed addidit 'in nomine iusti'; ita quippe ille mercedem prophetae, iste mercedem iusti accipiet. nec solum ait 'qui calicem aquae frigidae potum dederit uni ex minimis meis', sed addidit 'tantum in nomine discipuli', et sic adiunxit 'amen dico vobis, non perdet mercedem suam.' datum est suscipere prophetam, suscipere iustum, porrigere calicem aquae frigidae discipulo; fructus autem in nomine prophetae, in nomine iusti, in nomine discipuli hoc facere. fructu pascitur Helias a vidua sciente quod hominem dei pasceret et propter hoc pasceret; per corvum autem dato pascebatur. nec interior Helias sed exterior pascebatur, qui posset etiam talis cibi egestate corrumpi.

7   (42) Ideoque dicam quod verum est coram te, domine, cum homines idiotae atque infideles, quibus initiandis atque lucrandis necessaria sunt sacramenta initiorum et magnalia miraculorum, quae nomine piscium et cetorum significari credidimus, suscipiunt corporaliter reficiendos aut in aliquo usu praesentis vitae adiuvandos pueros tuos, cum id quare faciendum sit et quo pertineat ignorent, nec illi istos pascunt nec isti ab illis pascuntur, quia nec illi haec sancta et recta voluntate operantur nec isti eorum datis, ubi fructum nondum vident, laetantur. inde quippe animus pascitur, unde laetatur. et ideo pisces et ceti non vescuntur escis quas non germinat nisi iam terra ab amaritudine marinorum fluctuum distincta atque discreta.

8   (43) Et vidisti, deus, omnia quae fecisti, et ecce bona valde, quia et nos videmus ea, et ecce omnia bona valde. in singulis generibus operum tuorum, cum dixisses ut fierent, et facta essent, illud atque illud vidisti quia bonum est. septies numeravi scriptum esse te vidisse quia bonum est quod fecisti; et hoc octavum est quia vidisti omnia quae fecisti, et ecce non solum bona sed etiam valde bona tamquam simul omnia. nam singula tantum bona erant, simul autem omnia et bona et valde. hoc dicunt etiam quaeque pulchra corpora, quia longe multo pulchrius est corpus quod ex membris pulchris omnibus constat quam ipsa membra singula quorum ordinatissimo conventu completur universum, quamvis et illa etiam singillatim pulchra sunt.

29   (44) Et attendi, ut invenirem utrum septies vel octies videris quia
bona sunt opera tua, cum tibi placuerunt, et in tua visione non inveni
tempora per quae intellegerem quod totiens videris quae fecisti, et dixi,
'o domine, nonne ista scriptura tua vera est, quoniam tu verax et veritas
edidisti eam? cur ergo tu mihi dicis non esse in tua visione tempora, et
ista scriptura tua mihi dicit per singulos dies ea quae fecisti te vidisse
quia bona sunt, et cum ea numerarem, inveni quotiens?' ad haec tu
dicis mihi, quoniam tu es deus meus et dicis voce forti in aure interiore
servo tuo, perrumpens meam surditatem et clamans: 'o homo, nempe
quod scriptura mea dicit, ego dico. et tamen illa temporaliter dicit,
verbo autem meo tempus non accedit, quia aequali mecum aeternitate
consistit. sic ea quae vos per spiritum meum videtis ego video, sicut ea
quae vos per spiritum meum dicitis ego dico. atque ita cum vos
temporaliter ea videatis, non ego temporaliter video, quemadmodum,
cum vos temporaliter ea dicatis, non ego temporaliter dico.'

30   (45) Et audivi, domine deus meus, et elinxi stillam dulcedinis ex tua
veritate, et intellexi quoniam sunt quidam quibus displicent opera tua,
et multa eorum dicunt te fecisse necessitate compulsum, sicut fabricas
caelorum et compositiones siderum, et hoc non de tuo, sed iam fuisse
alibi creata et aliunde, quae tu contraheres et compaginares atque
contexeres, cum de hostibus victis mundana moenia molireris, ut ea
constructione devincti adversus te iterum rebellare non possent; alia
vero nec fecisse te nec omnino compegisse, sicut omnes carnes et
minutissima quaeque animantia et quidquid radicibus terram tenet,
sed hostilem mentem naturamque aliam non abs te conditam tibique
contrariam in inferioribus mundi locis ista gignere atque formare.
insani dicunt haec, quoniam non per spiritum tuum vident opera tua
nec te cognoscunt in eis.

31   (46) Qui autem per spiritum tuum vident ea, tu vides in eis. ergo cum
vident quia bona sunt, tu vides quia bona sunt, et quaecumque propter
te placent, tu in eis places, et quae per spiritum tuum placent nobis, tibi
placent in nobis. quis enim scit hominum quae sunt hominis, nisi
spiritus hominis qui in ipso est? sic et quae dei sunt nemo scit nisi
spiritus dei. 'nos autem', inquit, 'non spiritum huius mundi accepimus,
sed spiritum, qui ex deo est, ut sciamus quae a deo donata sunt nobis.'
et admoneor ut dicam, 'certe nemo scit quae dei sunt, nisi spiritus dei.
quomodo ergo scimus et nos quae a deo donata sunt nobis?'
respondetur mihi quoniam quae per eius spiritum scimus etiam sic
nemo scit nisi spiritus dei. sicut enim recte dictum est, 'non enim vos
estis, qui loquimini', eis qui in dei spiritu loquerentur, sic recte dicitur,

'non vos estis, qui scitis', eis qui in dei spiritu sciunt. nihilo minus igitur
recte dicitur, 'non vos estis, qui videtis', eis qui in spiritu dei vident. ita
quidquid in spiritu dei vident quia bonum est, non ipsi sed deus videt,
quia bonum est. aliud ergo est ut putet quisque malum esse quod
bonum est, quales supra dicti sunt; aliud ut quod bonum est videat
homo quia bonum est, sicut multis tua creatura placet, quia bona est,
quibus tamen non tu places in ea, unde frui magis ipsa quam te volunt;
aliud autem ut, cum aliquid videt homo quia bonum est, deus in illo
videat quia bonum est, ut scilicet ille ametur in eo quod fecit, qui non
amaretur nisi per spiritum quem dedit, quoniam caritas dei diffusa est
in cordibus nostris per spiritum sanctum, qui datus est nobis, per quem
videmus quia bonum est, quidquid aliquo modo est: ab illo enim est qui
non aliquo modo est, sed est est.

(47) Gratias tibi, domine! videmus caelum et terram, sive corporalem partem superiorem atque inferiorem sive spiritalem corporalemque creaturam, atque in ornatu harum partium, quibus constat
vel universa mundi moles vel universa omnino creatura, videmus
lucem factam divisamque a tenebris. videmus firmamentum caeli, sive
inter spiritales aquas superiores et corporales inferiores, primarium
corpus mundi, sive hoc spatium aeris, quia et hoc vocatur caelum, per
quod vagantur volatilia caeli inter aquas, quae vaporaliter ei superfe-
runtur et serenis etiam noctibus rorant, et has quae in terris graves
fluitant. videmus congregatarum aquarum speciem per campos maris
et aridam terram vel nudatam vel formatam, ut esset visibilis et composita, herbarumque atque arborum materiem. videmus luminaria fulgere
desuper, solem sufficere diei, lunam et stellas consolari noctem atque
his omnibus notari et significari tempora. videmus umidam usquequaque naturam piscibus et beluis et alitibus fecundatam, quod aeris
corpulentia, quae volatus avium portat, aquarum exhalatione con-
crescit. videmus terrenis animalibus faciem terrae decorari homi-
nemque ad imaginem et similitudinem tuam cunctis inrationabilibus
animantibus ipsa tua imagine ac similitudine, hoc est rationis et intellegentiae virtute, praeponi, et quemadmodum in eius anima aliud est
quod consulendo dominatur, aliud quod subditur ut obtemperet, sic
viro factam esse etiam corporaliter feminam, quae haberet quidem in
mente rationalis intellegentiae parem naturam, sexu tamen corporis ita
masculino sexui subiceretur, quemadmodum subicitur appetitus
actionis ad concipiendam de ratione mentis recte agendi sollertiam.
videmus haec et singula bona et omnia bona valde.

(48) Laudant te opera tua ut amemus te, et amamus te ut laudent te

opera tua. habent initium et finem ex tempore, ortum et occasum, profectum et defectum, speciem et privationem. habent ergo consequentia mane et vesperam, partim latenter partim evidenter. de nihilo enim a te, non de te facta sunt, non de aliqua non tua vel quae antea fuerit, sed de concreata, id est simul a te creata materia, quia eius informitatem sine ulla temporis interpositione formasti. nam cum aliud sit caeli et terrae materies, aliud caeli et terrae species, materiem quidem de omnino nihilo, mundi autem speciem de informi materia, simul tamen utrumque fecisti, ut materiam forma nulla morae intercapedine sequeretur.

34   (49) Inspeximus etiam propter quorum figurationem ista vel tali ordine fieri vel tali ordine scribi voluisti, et vidimus quia bona sunt singula et omnia bona valde in verbo tuo, in unico tuo, caelum et terra, caput et corpus ecclesiae, in praedestinatione ante omnia tempora sine mane et vespera. ubi autem coepisti praedestinata temporaliter exequi, ut occulta manifestares et incomposita nostra componeres (quoniam super nos erant peccata nostra et in profundum tenebrosum abieramus abs te, et spiritus tuus bonus superferebatur ad subveniendum nobis in tempore opportuno), et iustificasti impios et distinxisti eos ab iniquis et solidasti auctoritatem libri tui inter superiores, qui tibi dociles essent, et inferiores, qui ei subderentur, et congregasti societatem infidelium in unam conspirationem, ut apparerent studia fidelium, ut tibi opera misericordiae parerent, distribuentes etiam pauperibus terrenas facultates ad adquirenda caelestia. et inde accendisti quaedam luminaria in firmamento, verbum vitae habentes sanctos tuos et spiritalibus donis praelata sublimi auctoritate fulgentes; et inde ad imbuendas infideles gentes sacramenta et miracula visibilia vocesque verborum secundum firmamentum libri tui, quibus etiam fideles benedicerentur, ex materia corporali produxisti; et deinde fidelium animam vivam per affectus ordinatos continentiae vigore formasti, atque inde tibi soli mentem subditam et nullius auctoritatis humanae ad imitandum indigentem renovasti ad imaginem et similitudinem tuam, praestantique intellectui rationabilem actionem tamquam viro feminam subdidisti, omnibusque tuis ministeriis ad perficiendos fideles in hac vita necessariis ab eisdem fidelibus ad usus temporales fructuosa in futurum opera praeberi voluisti. haec omnia videmus et bona sunt valde, quoniam tu ea vides in nobis, qui spiritum quo ea videremus et in eis te amaremus dedisti nobis.

35   (50) Domine deus, pacem da nobis (omnia enim praestitisti nobis), pacem quietis, pacem sabbati, pacem sine vespera. omnis quippe iste

ordo pulcherrimus rerum valde bonarum modis suis peractis
36 transiturus est. et mane quippe in eis factum est et vespera. (51) dies
autem septimus sine vespera est nec habet occasum, quia sanctificasti
eum ad permansionem sempiternam, ut id, quod tu post opera tua bona
valde, quamvis ea quietus feceris, requievisti septimo die, hoc
praeloquatur nobis vox libri tui, quod et nos post opera nostra ideo
bona valde, quia tu nobis ea donasti, sabbato vitae aeternae
requiescamus in te.

37   (52) Etiam tunc enim sic requiesces in nobis, quemadmodum nunc
operaris in nobis, et ita erit illa requies tua per nos, quemadmodum
sunt ista opera tua per nos. tu autem, domine, semper operaris et
semper requiescis, nec vides ad tempus nec moveris ad tempus nec
quiescis ad tempus, et tamen facis et visiones temporales et ipsa
tempora et quietem ex tempore.

38   (53) Nos itaque ista quae fecisti videmus, quia sunt, tu autem quia
vides ea, sunt. et nos foris videmus quia sunt, et intus quia bona sunt; tu
autem ibi vidisti facta, ubi vidisti facienda. et nos alio tempore moti
sumus ad bene faciendum, posteaquam concepit de spiritu tuo cor
nostrum; priore autem tempore ad male faciendum movebamur
deserentes te: tu vero, deus une bone, numquam cessasti bene facere. et
sunt quaedam bona opera nostra ex munere quidem tuo, sed non
sempiterna: post illa nos requieturos in tua grandi sanctificatione
speramus. tu autem bonum nullo indigens bono semper quietus es,
quoniam tua quies tu ipse es. et hoc intellegere quis hominum dabit
homini? quis angelus angelo? quis angelus homini? a te petatur, in te
quaeratur, ad te pulsetur: sic, sic accipietur, sic invenietur, sic
aperietur.